JN202139

Flutterで始める はじめての モバイルアプリ開発

作って試してを繰り返して開発の要点を学ぶ

Tamappe［著］

技術評論社

●本書をお読みになる前に

・本書に記載された内容は、情報の提供のみを目的としています。したがって、本書を用いた運用は、必ずお客様自身の責任と判断によって行ってください。これらの情報の運用の結果について、技術評論社および著者はいかなる責任も負いません。

・本書記載の情報は、2024年10月現在のものを掲載していますので、ご利用時には、変更されている場合もあります。

・また、ソフトウェアに関する記述は、特に断わりのないかぎり、本書の第1章(p.7)に記載しているバージョンをもとにしています。ソフトウェアはバージョンアップされる場合があり、本書での説明とは機能内容や画面図などが異なってしまうこともあり得ます。本書ご購入の前に、必ずバージョン番号をご確認ください。

以上の注意事項をご承諾いただいたうえで、本書をご利用願います。これらの注意事項をお読みいただかずに、お問い合わせいただいても、技術評論社および著者は対処しかねます。あらかじめ、ご承知おきください。

●商標、登録商標について

はじめに

Flutter（フラッター）はGoogle社が開発したモバイルアプリケーションフレームワークでiOSとAndroidのアプリを1つのコードベースで開発（クロスプラットフォーム開発）できるツールです。つまり、同じコードから両方のプラットフォーム向けのアプリを作れるため、開発にかかる時間やコストを大幅に削減できるメリットがあります。少ない労力で多くの人に向けてアプリをリリースしたい場合にとても便利です。

Flutterは「Dart」というプログラミング言語を使用しています。この言語もGoogle社が開発したもので、シンプルで覚えやすいことが特徴です。Flutterを使えば、アプリの画面やボタンなどの「UIコンポーネント」を自分の好きなようにデザインして配置できます。見た目を簡単にカスタマイズできるうえ、動きやアニメーションも豊富で、初心者でもすぐにアプリの見た目を整えやすいのが特徴です。

さらに、Flutterは「ホットリロード」と呼ばれる機能を持っています。コードを変更して保存するたびにすぐにアプリの画面に反映されるため、プログラミング中の結果が即座に確認できます。この機能により試行錯誤をしながらアプリを作りやすく、初心者にもやさしい開発体験が得られます。

Flutterの特徴はこれだけではありません。ネイティブアプリに匹敵する高いパフォーマンスを実現し、滑らかな操作感を提供することが可能です。その結果、メルカリ、じゃらん、スシローといった多岐にわたる業界の企業で導入されています。こうした実績が示すように、Flutterは信頼性が高く、また、開発者コミュニティも非常に活発で多くの学習リソースが存在する点でも魅力的です。

筆者がFlutterに初めて触れたのは2018年、まだFlutterがβ版として提供されていたころでした。当時、医療系アプリの保守運用を行っていた筆者は、効率的な開発手法を探していた中でFlutterと出会いました。その直感的な構文や「一度書いたらどこでも動く」ことに強い将来性を感じ、試験的にプロジェクトに導入しました。2021年には、新規事業でFlutterを採用し、iOSとAndroidのアプリをフルスクラッチで開発・リリースする経験も得ました。現在では業務だけでなく個人プロジェクトでもFlutterを活用し、その利便性を日々実感しています。

本書は、モバイルアプリ開発初心者や、Webアプリ開発の経験を活かしてFlutterを学びたい方を対象としています。本書の最大の特徴は、実際にアプリを作成しながら、Flutterの基本的な使い方やDartの文法を自然に学べる点にあります。とくに初心者がつまずきやすい環境構築やウィジェットの使い方については、丁寧に解説しています。また、簡単なカウンターアプリやTodoアプリを作成する実践的な内容を通じて、Flutterの開発フローを身につけられるよう工夫しました。

さらに、本書では初心者に寄り添った視点を大切にしています。プログラミング初心者にとって、膨大な公式ドキュメントやすべての文法を網羅した教科書的な内容は、かえってハードルが高いかもしれません。本書は、必要な知識をコンパクトにまとめつつ、手を動かしながら学べる実践的なアプローチを採用しています。読者のみなさんが「わかる」だけでなく、「できる」を実感できる内容になるよう心がけました。

Flutterは、開発者の創造力を最大限に引き出し、アプリ開発をより楽しく、効率的なものにするツールです。本書を通じて、Flutterの魅力を存分に味わいながら、新しいスキルを身につけていただけることを願っています。

2024年11月　Tamappe

本書の紙面の見方

ターミナルにおけるコマンド操作や実行結果は、次のような形式で表現しています。行頭の「$ 」はプロンプトを表しており、読者のみなさんが実際にコマンドを入力する際は記述する必要はありません。

```
$ flutter doctor
(..略..)
[✓] Android Studio (version 2022.3)
```

ソースコードや設定ファイルは、次のような形式で表現しています。行頭の「01: 」などは行番号を表しています（行番号を記載していない場合もあります）。コメント部分は黒いマーカーで装飾し、コード部分と区別しています。読者のみなさんがコードを書くときは、行番号やコメントは記述する必要はありません。

```
01: import 'package:flutter/material.dart';  // パッケージのインポート
02:
03: void main() {  // アプリ起動時に最初に処理される箇所
04:   runApp(const MyApp());
05: }
```

プログラムの構文や書式などは、次のような形式で表現しています。下線の付いている項目は、任意のコードや値が入る項目であることを表しています。

```
void 関数名() {
  処理
}
```

本書のサポートページ

本書に掲載しているサンプルコードは、次のサポートページからダウンロードできます。

- **『Flutterで始めるはじめてのモバイルアプリ開発』サポートページ**
  https://gihyo.jp/book/2025/978-4-297-14639-9

サポートページには、第2章で扱う開発環境の構築に関する補足情報や、本書発売後に発見された誤記の訂正情報（正誤表）なども掲載していく予定です。適宜、ご参照ください。

目次

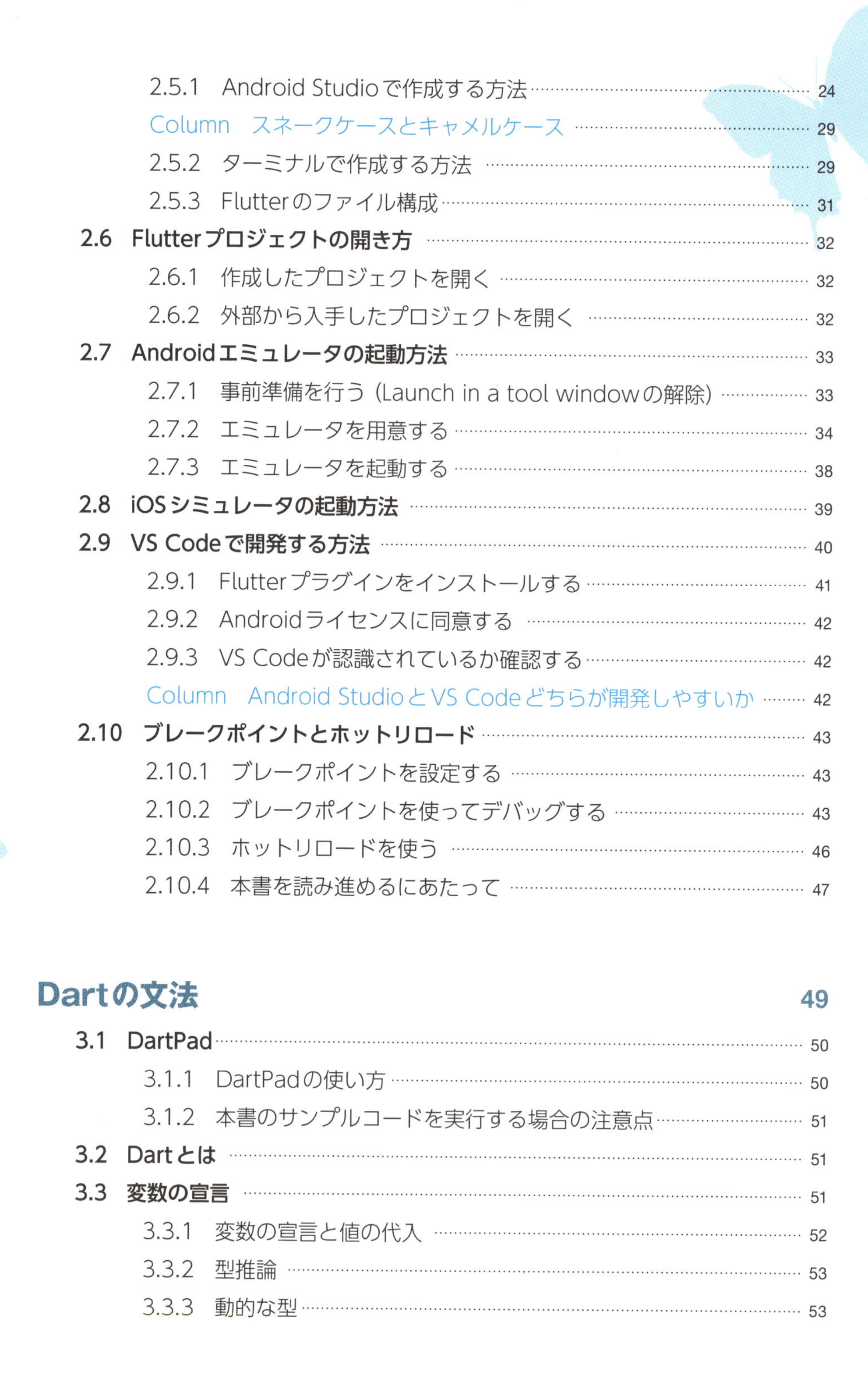

第6章 クラスの作り方 173

第7章 アプリケーションの画面遷移 211

第1章

Flutterで アプリ開発を学ぶにあたって

1.1 Flutterとは

Flutter（フラッター）とは、Google社が開発したフリーかつオープンソースのクロスプラットフォームのモバイルアプリケーションフレームワークです（**図1.1**）。

▼**図1.1** Flutterの公式サイト（https://flutter.dev/）

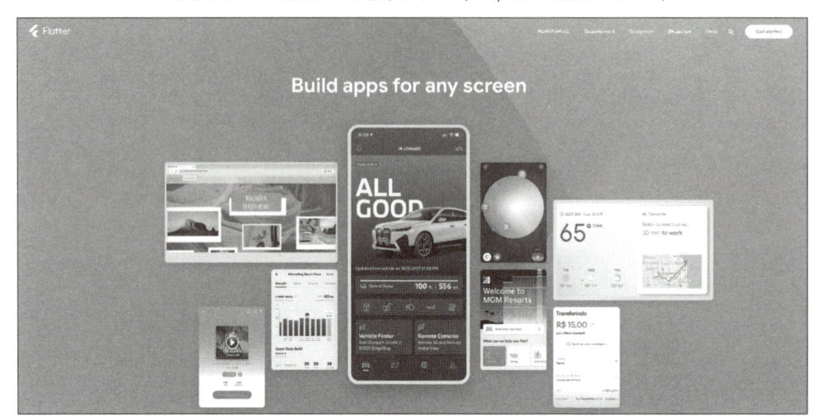

Flutterは、2018年12月4日にロンドンで開催されたFlutter Live '18というイベントで、Flutter 1.0としてリリースが発表されました。それ以前はβ版として公開されていました。β版のFlutterでもモバイルアプリを開発できましたが、動作の保証はありませんでした。しかし、正式に発表されたことにより、Googleが動作の保証を担保してくれることで人気が一気に爆発しました。

1.2 Flutterの特徴

Flutterのおもな特徴として、次の3つが挙げられます。

・クロスプラットフォーム開発
・宣言的UI
・ホットリロード

それぞれの特徴について詳しく説明していきます。

1.2.1 クロスプラットフォーム開発

Flutterの一番の特徴は**クロスプラットフォーム開発**ができるという点です。「クロスプラットフォーム開発」というのは、単一のコードでAndroidアプリとiOSアプリを開発できるということです。また、そのような環境やしくみのことを「クロスプラットフォーム」と言います。一般的にネイティブアプリ開発では、iOSアプリの場合はApple社が提供するXcodeという開発環境でSwiftかObjective-Cというプログラミング言語を使用して開発する必要があります。また、Androidアプリの場合はGoogleが提供するAndroid Studioという開発環境でKotlinかJavaというプログラミング言語を使用して開発する必要があります。このようにネイティブアプリ開発では、プラットフォーム（iOS/Android）ごとに別の言語を使用して開発することになります。

しかし、Flutterを使えば、Dartというプログラミング言語を使ってiOSアプリとAndroidアプリの両方を開発できるようになります。

モバイルアプリの歴史においては、これまでにもFlutterの前身となるようなクロスプラットフォームになるツールがありました。例を挙げると、**表1.1**のようになります。

▼表1.1　代表的なクロスプラットフォームツール

ツール名	内容
Titanium Mobile	JavaScriptでモバイルアプリを開発できるAppcelerator社製のツール
Xamarin	C#でモバイルアプリを開発できるMicrosoft社提供のツール
Unity	C#でモバイルゲームアプリを開発できるUnity Technologies社製のツール
React Native	JavaScriptでモバイルアプリを開発できるFacebook社（現在のMeta社）製のツール

2010年代前半はTitanium Mobileが非常に有名なツールでした。当時、筆者が使用してみたところ、これで開発したアプリは動作がモッサリするなどモバイルアプリとしてはいまひとつの触り心地でした。今では、Appcelerator社による開発／サポートは終了しています。それからXamarinが登場したり、ReactというWebアプリ開発フレームワークのコンポーネントを利用してモバイルアプリを開発できるReact Nativeが登場したりしました。このようにクロスプラットフォームはいろいろな変遷を経て、さまざまなツールが登場しています。

FlutterはAndroid OSを提供しているGoogleが直接クロスプラットフォームを開発していることが特徴です。このFlutterを使ってモバイルアプリを開発すれば、少なくともAndroidアプリの開発についてはGoogleが品質を担保してくれるという信頼感があります。FlutterはモバイルアプリだけでなくWebアプリケーションも開発できます。ただし、本書ではモバイルアプリ開発だけを扱い、Webアプリケーション開発は扱いません。

1.2.2 宣言的UI

Flutterのもう1つの特徴は宣言的UI（declarative UI）[注1]を採用している点です。宣言的UIとは、開発者にUI（ユーザーインターフェース）の最初の状態を記述させ、その状態の遷移はフレームワークに任せる書き方です。

従来のUIフレームワークでは手続き型（imperative）が採用されています。手続き型とは、UIの初期状態が一度記述され、その後の状態はユーザーのイベントに応じて実行時にコードによって個別に更新されるアプローチです。このアプローチの課題は、アプリケーションの開発が進むにつれてUIの設計が複雑になることと、状態変化によりUI全体がどのように更新されていくのかを開発者が都度意識しながら開発する必要があるということです。

一方、Flutterが採用している宣言的UIは、UIとロジックを分離しやすくUIのパーツを再利用しやすくするメリットがあります。

注1　https://flutter.dev/docs/get-started/flutter-for/declarative

1.2.3 ホットリロード

ホットリロード[注2]とは、最初にアプリのソースコードを一度ビルドしておくと、ソースコードに変更があっても再度ビルドしなくてもボタン1つで画面に変更内容を反映できる機能のことです。ホットリロードが利用できることでUIデザインの反映や追加機能の開発などをすばやく行えるようになります。

本書の開発環境構築の章（第2章）でも解説していますが、これまでのモバイルアプリ開発ではソースコードを修正するたびにビルドする必要がありました。アプリは開発を重ねていくにつれてプロジェクトファイルが肥大化するため、統合開発環境（IDE）などでビルドする時間が徐々に長くなります。ちょっとソースコードの一部を変更して一度ビルドを走らせるだけでも4、5分かかり、さらに、プロジェクトファイルそのものが古い場合には下手すれば10〜20分ものビルド時間がかかることもあり得ます。ホットリロードを活用すると、このビルド時間を短縮できるため開発の効率化が図れます。

Column 宣言的UIを採用しているフレームワーク

宣言的UIの思想を取り入れているフレームワークはほかにもあります。

- SwiftUI
- Jetpack Compose
- React (React Native)

宣言的UIの書き方に慣れると派生的なメリットとして、プラットフォームや言語が変わっても、上述した宣言的UIを取り入れているフレームワークであれば宣言のしかたが似通っているため学習コストが低くなるということが挙げられます。

◆SwiftUI

SwiftUIはAppleが2019年にリリースした宣言的UIのアプローチを採用しているiOSネイティブアプリ開発のためのフレームワークです。WWDC19というイベントにて突然発表され、Xcode 11以降で利用可能になりました。

それまでのiOSアプリは手続き型のUI構築を採用していましたが、このSwiftUIを使うとSwiftというプログラミング言語を使って宣言的にUIを構築できるようになります。

◆Jetpack Compose

Jetpack ComposeはGoogleが開発する、Androidネイティブアプリ向けの新しいUIツールキットです。このJetpack Composeも宣言的UIのアプローチを採用しています。

それまでのAndroidアプリ開発はiOSアプリと同様に手続き型のUI構築を採用した開発スタイルでしたが、Jetpack Composeを利用するとAndroidアプリのUIを宣言的に構築できるようになります。

◆React (React Native)

ReactはFacebook社（現在のMeta社）が開発したWebアプリケーション向けのUIフレームワークです。Reactはこれまで紹介してきたフレームワークで一番最初に宣言的UIのアプローチを採用しました。Webアプリ（Webサイト）の開発でReactを採用すると自然に宣言的UIでUIを構築できます。ReactはJavaScriptあるいはTypeScriptを使ってWebアプリを開発します。

注2 https://flutter.dev/docs/development/tools/hot-reload

React NativeはReactのリソースを用いてモバイルアプリを開発するためのフレームワークです。

◆Flutter と React Native との違い

モバイルアプリのクロスプラットフォーム開発にFlutterを採用するのか、React Nativeを採用するのかということがよく議論になります。本書ではどちらがいいなどという結論は出しませんが、筆者のこれまでの知見やそれぞれの思想やアプローチを考慮すると次のようなことが言えそうです。

- **モバイルアプリ開発経験者の場合、Flutterを使うとモバイルアプリの知見を活かしてクロスプラットフォーム開発を行える。**
- **Webアプリ開発経験者の場合、React Nativeを使うとWebアプリの知見を活かしてクロスプラットフォーム開発を行える。**

そのため、筆者は、「Web開発やReactでの開発の知見がすでにある場合はReact Nativeを採用し、モバイルアプリ開発の知見がすでにある場合はFlutterを採用するほうが、快適にアプリを開発できる」と考えています。

1.3 本書の内容について

本書に取り組んでいただく前に、注意事項を述べておきます。

本書ではサンプルアプリを作りながらFlutterでのアプリ開発の流れ、方法、考え方を理解していく構成にしています。プログラミングに必要な文法の解説は最小限にして、Flutterの使い方と機能、そして「どのような流れで開発を進めていくのか」といった細かな手順を説明する方針をとっています。あえてクラスや機能を網羅的に紹介することはせず、アプリ開発でよく使う機能やノウハウを重点的に解説していきます。

本書で扱っていないFlutterの細かい機能やDartの深い文法知識を学習したいという方は、公式ドキュメントを活用することをお勧めします。

- Flutter公式ドキュメント： https://docs.flutter.dev/
- Dart公式ドキュメント： https://dart.dev/guides

1.3.1 各章の概要

本書の各章の内容を簡単に紹介します。

第1章（この章）では、なぜ今モバイルアプリ界隈でFlutterが人気になってきているのかについて、歴史と経緯に触れながら説明しつつ、Flutterの特徴を紹介しました。

第2章では、Flutterでアプリ開発をするための開発環境の構築について解説します。この章ではFlutterのプロジェクトを作成し、サンプルアプリをビルドするところまでを目標にしています。また、プログラミング初心者やモバイルアプリ開発初心者の場合は、この開発環境の構築で挫折することが多いので、多くのページを割いてとくに丁寧に説明を行っています。

第3章では、Flutterで採用されているDartの文法について解説します。すべての文法には触れずに、本書のサンプルアプリの開発で必要になる部分のみをピックアップして解説しています。

第4章では、Flutterのウィジェットの基本について解説します。Flutterプロジェクトを新規に作成したときに生成される初期コードをもとに、アプリの根幹になっているウィジェットの内容とその役割を見ていきます。その後に、さまざまなUIコンポーネントとなり得るウィジェットとその使い方を紹介していきます。最後にサンプルアプリとしてカウンターアプリを開発します。

第5章では、テキスト入力とウィジェットの状態管理の基本について解説します。ウィジェットの生成や破棄について学びつつ、それに関連するテキスト入力の実装のしかたを紹介していきます。最後にサンプルアプリとしてTodoアプリを開発します。

第6章では、Dartの文法に戻ってクラスの説明をしながら、ウィジェットを分割する方法について解説します。Flutterのアプリはすべてがウィジェットで構成されます。カスタムクラスの実装方法を学び、その知識をウィジェットに応用して、細かい使い回しのできるウィジェットにする方法を学んでいきます。最後に第5章で開発したサンプルアプリを分割していきます。

第7章では、Flutterにおける画面遷移の実装方法を解説します。この章を学習することで複数画面から成るアプリを開発できるようになります。第5、6章で開発したサンプルアプリを拡張して複数画面のサンプルアプリを開発します。

第8章では、各プラットフォームに対応させるための方法を解説します。画面回転の対応や各OSの判定方法を学習し、iOS風のデザインを実現するCupertinoウィジェットの理解を深めます。最後にサンプルアプリを拡張させてiOS端末のときとAndroid端末のときとで画面の見せ方を変えるサンプルアプリを開発します。

第9章では、Flutterでアプリをリリースする方法について解説します。参考としてiOSアプリをApp Storeにリリースする流れを紹介しています。

「まず基本的な概念を紹介し、その後にサンプルアプリ開発を通してその理解を深める」、本書ではそのような流れで解説していきます。

1.3.2 対象読者

本書はおもに次のような読者を想定しています。

- モバイルアプリ開発初心者（プログラミングの基礎を習得していること）
- モバイルアプリ開発をしたいWebアプリ開発経験者

1.3.3 本書が前提とする環境

本書は**表1.2**の環境を前提にして解説しています。実際に学習する際はこの開発環境の最新版を使用することが望ましいですが、開発環境のバージョンが**表1.2**のものと異なる場合は、本書に記載している動作と異なる場合があります。ご了承ください。

▼表1.2　本書が前提とする環境

開発環境	バージョン
macOS	Ventura (13.6.2)
Flutter	3.13.9
Dart	3.1.5
Android Studio	2022.3.1 Patch 3
Xcode	15.0.1[注3]
CocoaPods	1.14.2
VS Code	1.83.1

本書を執筆開始した当初はFlutter 1でした。その後、Flutter 2がリリースされ、さらにFlutter 3も正式にリリースされました。Flutter 2における大きな変更点は、DartのNull Safetyが導入されたことです。Flutter 3でももちろんNull Safetyが使えます。本書ではなるべくNull Safetyの影響がないように執筆していますが、一部必要な場面があるときにNull Safetyの解説を加えています。

注3　過去のバージョンのXcodeは次のURLからダウンロードすることが可能です（Apple Account（以前のApple ID）でサインインする必要があります）。
https://developer.apple.com/download/all/

第2章

Flutterの開発環境の構築・準備

2.1 本章で解説すること

本章ではFlutterの開発環境の構築のしかたを解説します。具体的には次のことを説明します。

- SDKのインストールと開発環境の設定
- Android StudioとXcodeのインストール／セットアップ
- Flutterのプロジェクト作成
- Flutterプロジェクトの開き方
- 各エミュレータ／シミュレータの起動方法
- ブレークポイントとホットリロード

2.2 SDKのインストールと開発環境の設定

FlutterでアプリPを開発するときは、FlutterのSDK（Software Development Kit）を使用します。そのため、本節ではFlutter SDKの環境を設定する方法を説明します。

2.2.1 Flutter SDKをインストールする

まずはFlutter SDKのインストールから始めます。Flutterの公式ページにSDKのダウンロードページがあります（**図2.1**）。ページ内にある［macOS］をクリックします（本書はmacOSで開発することを前提に解説しています。ほかのOSで開発する場合はそれぞれのOSに合わせたSDKをダウンロードしてください）。

▼**図2.1** Flutterインストールページ（https://docs.flutter.dev/get-started/install）

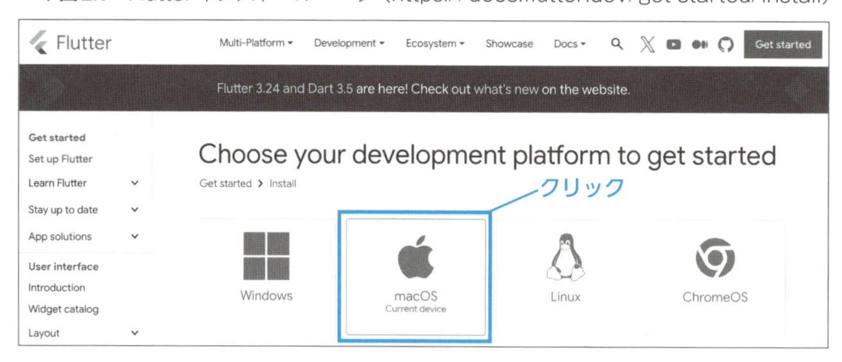

次のページでは、最初にどのプラットフォームのアプリを開発するかを尋ねられます。［iOS］［Android］［Web］［Desktop］の選択肢がありますが、本書ではまず［iOS］を選んで進めましょう。

次のページに移動したら、いくらかページを下にスクロールします。ページの半ばに［Install the Flutter SDK］という項目があります。そこに［Use VS Code to install］と［Download and install］というタブメニューがあるため、［Download and install］を選択します。

すると、[Download then install Flutter] という項目が表示され、青色の [flutter_macos_*.*.*-stable.zip] と [flutter_macos_arm64_*.*.*-stable.zip] と書かれたボタンがあります (*.*.*の部分は数字が入ります)。**図2.2**では [flutter_macos_3.24.3-stable.zip] と [flutter_macos_arm64_3.24.3-stable.zip] ですが、Flutterは日々アップデートされていくので、時期によってこの*.*.*の部分の数字は変わります。そのため、**図2.2**の青色の矢印で示したボタンをクリックすると覚えておくと良いでしょう。

[Intel Processer] と [Apple Silicon] の2種類がありますが、M1チップやM2チップを搭載しているMacを使用している方は、[Apple Silicon] のほうをダウンロードしてください。それ以外は [Intel Processor] をダウンロードすれば問題ありません。

▼**図2.2** Flutter SDKのダウンロード

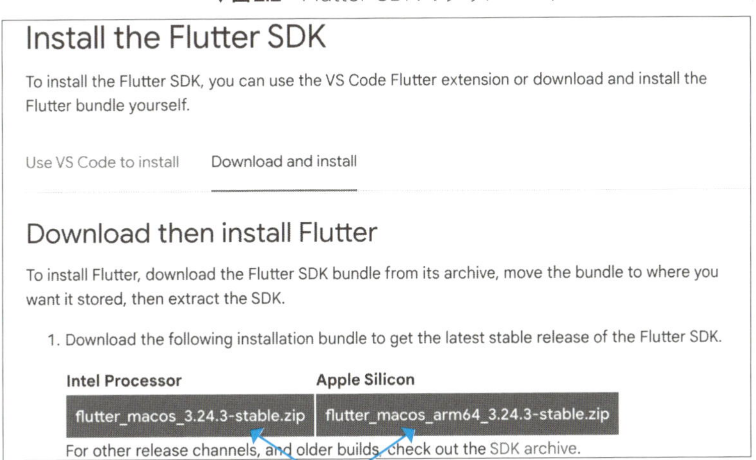

MacのFinderの「ダウンロード」フォルダに、ダウンロードしたFlutterのSDKファイルがあれば成功です。

ここで1つ注意があります。Flutterのインストールページは頻繁に更新されています。そのため、読者のみなさんがインストールするときは、本書に掲載している画面と変わっているかもしれません。おおよそ似たような画面や選択肢になっているはずですので、本書の内容を参考に同様の手順を実施してください。

SDKがダウンロードできたら、Macのターミナルで次のコマンドを実行すればFlutter SDKが解凍されます。

```
$ cd ~/development  ←developmentディレクトリに移動
$ unzip ~/Downloads/flutter_macos_arm64_3.24.3-stable.zip  ←SDKを解凍
```

注意すべきことは、自分のPCのホームディレクトリにdevelopmentディレクトリが存在していない場合は展開ができないことです。存在していない場合は、次のように「developmentディレクトリが存在していない」というエラーが表示されます。

```
$ cd ~/development
cd: no such file or directory: /Users/tamappe/development  ←エラーが表示される
```

このエラーが発生する場合は、mkdirコマンドでdevelopmentディレクトリを作成しましょう。

```
$ mkdir ~/development
```

これでホームディレクトリにdevelopmentディレクトリが作成されます。このあとに再度、先ほどのSDKを解凍するコマンドを実行してください。無事にSDKを解凍できるはずです。

```
$ cd ~/development
$ unzip ~/Downloads/flutter_macos_arm64_3.24.3-stable.zip
```

SDKを解凍すると、**図2.3**のように、developmentディレクトリの中にflutterディレクトリが作成されます。

▼図2.3 flutterディレクトリ

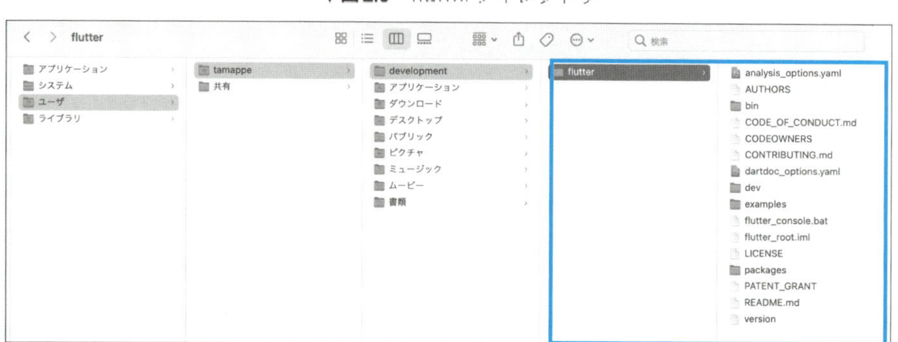

2.2.2 flutterコマンドを使えるようにする

次に、flutterコマンドを使えるようにするために、Flutterのツールが入っているディレクトリをパスに追加する（パスを通す）という作業を行います。Macのターミナルから次のコマンドを実行します。

```
$ vi ~/.zprofile
```

これでターミナル上でviというエディタが起動し、ホームディレクトリにある.zprofileというファイルが開きます。 I （Iのキー）をタイプしてINSERT（挿入）モードに切り替え、次の1行のコードを入力します（**図2.4**）。

```
export PATH="$PATH:$HOME/development/flutter/bin"
```

▼図2.4 viのINSERTモードで、~/.zprofileにパスを追加する

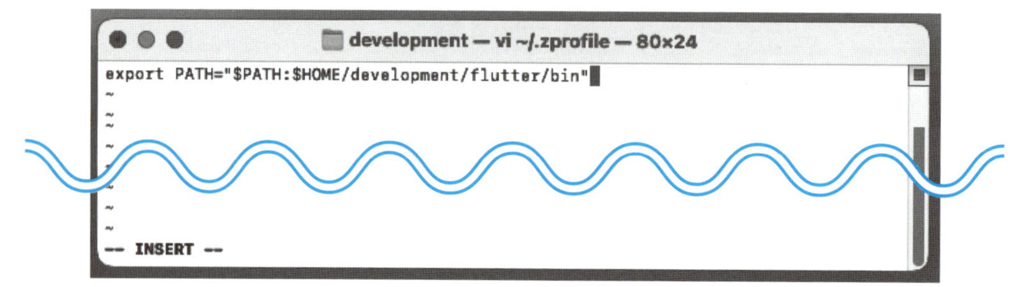

編集が完了したら、esc キーを押してINSERTモードを終了します。そして、「:wq」(保存してviを終了)を入力し(**図2.5**)、Enter キーで編集を終了させます。

▼図2.5 ~/.zprofileを保存してviを終了する

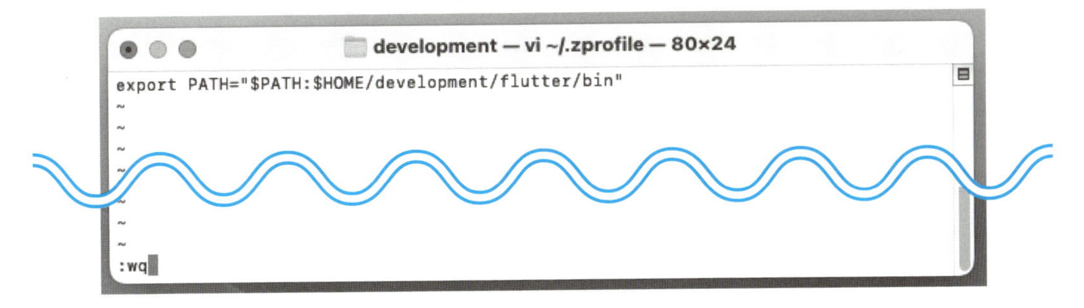

編集が完了してviを閉じたら、ターミナルでflutterコマンドを実行できるように次のコマンドで~/.zprofileを読み込みます。

```
$ source ~/.zprofile
```

これで~/.zprofileの内容が適用されます。

2.2.3 必要な環境が設定ができているかをチェックする

次に、flutter doctorを実行します[注1]。このflutter doctorとは、Flutterでアプリを開発するうえで必要な環境設定ができているかどうかをチェックするためのコマンドです。

```
$ flutter doctor
```

もし現在のPCにまだAndroid StudioとXcodeがインストールされていない場合、**図2.6**のようなAndroid StudioとXcodeがインストールされていないというメッセージが表示されます。

注1 flutter doctorを実行した際に、ご自身のMacに「コマンドラインデベロッパツール」やプログラムのバージョン管理ツールの「Git」が導入されていない場合、それらのインストールを求めるメッセージが出力されることがあります。その場合は、メッセージに従って各ツールをインストールしてください。

▼図2.6 flutter doctor実行後のターミナル画面

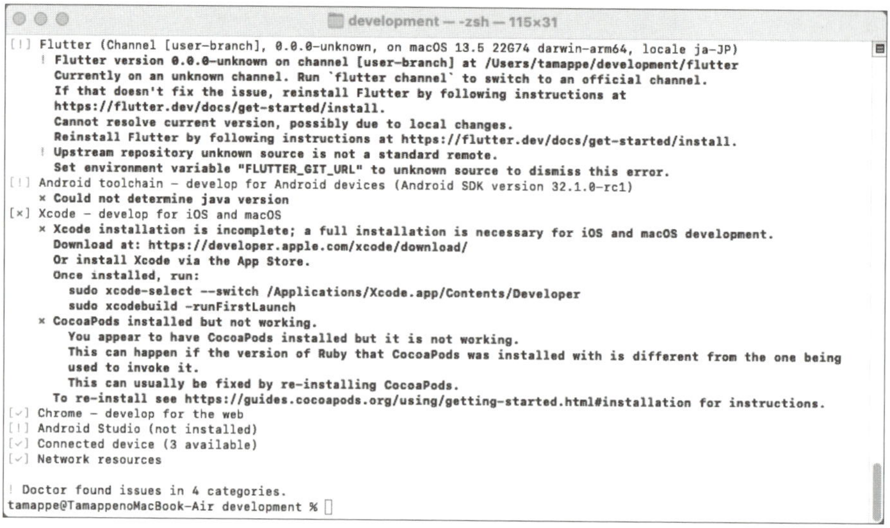

```
development — -zsh — 115×31
[!] Flutter (Channel [user-branch], 0.0.0-unknown, on macOS 13.5 22G74 darwin-arm64, locale ja-JP)
    ! Flutter version 0.0.0-unknown on channel [user-branch] at /Users/tamappe/development/flutter
      Currently on an unknown channel. Run `flutter channel` to switch to an official channel.
      If that doesn't fix the issue, reinstall Flutter by following instructions at
      https://flutter.dev/docs/get-started/install.
      Cannot resolve current version, possibly due to local changes.
      Reinstall Flutter by following instructions at https://flutter.dev/docs/get-started/install.
    ! Upstream repository unknown source is not a standard remote.
      Set environment variable "FLUTTER_GIT_URL" to unknown source to dismiss this error.
[!] Android toolchain - develop for Android devices (Android SDK version 32.1.0-rc1)
    × Could not determine java version
[×] Xcode - develop for iOS and macOS
    × Xcode installation is incomplete; a full installation is necessary for iOS and macOS development.
      Download at: https://developer.apple.com/xcode/download/
      Or install Xcode via the App Store.
      Once installed, run:
        sudo xcode-select --switch /Applications/Xcode.app/Contents/Developer
        sudo xcodebuild -runFirstLaunch
    × CocoaPods installed but not working.
        You appear to have CocoaPods installed but it is not working.
        This can happen if the version of Ruby that CocoaPods was installed with is different from the one being
        used to invoke it.
        This can usually be fixed by re-installing CocoaPods.
      To re-install see https://guides.cocoapods.org/using/getting-started.html#installation for instructions.
[✓] Chrome - develop for the web
[!] Android Studio (not installed)
[✓] Connected device (3 available)
[✓] Network resources

! Doctor found issues in 4 categories.
tamappe@TamappenoMacBook-Air development %
```

そこで、次にそれぞれの統合開発環境のインストールをしていきます。

2.3 Android Studioのインストール／セットアップ

本書では**統合開発環境**（**IDE**）の**Android Studio**を使ってアプリ開発を進めます。そこで、本節ではAndroid Studioの環境をセットアップする方法を説明します。

2.3.1 Android Studioをダウンロード／インストールする

Android Studioは**図2.7**のWebページからダウンロードできます。画面の［Download Android Studio Giraffe］をクリックすると、最新版がダウンロードできます[注2]。ダウンロードするバージョンは基本的に最新版で問題ありません。

注2 図2.7のAndroid Studioの公式サイトのスクリーンショットは本書執筆時点の画面です。時期によっては、サイトのデザインやクリックするボタンの文言が多少変わっている可能性があります。とくに［Download Android Studio Giraffe］ボタンの「Giraffe」の部分は、Android Studioのバージョンによって変わります。

▼**図2.7** Android Studioダウンロードページ（https://developer.android.com/studio?hl=ja）

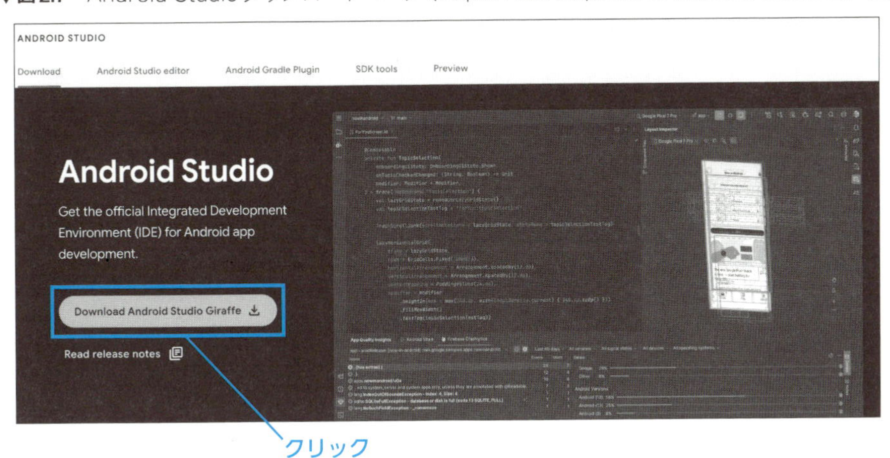

［Download Android Studio Giraffe］をクリックすると、利用規約が表示されます。利用規約の内容を確認したら、利用規約の一番下にある**図2.8**の［I have read and agree with the above terms and conditions］のチェックボックスにチェックを入れます。そして、M1やM2チップ搭載のMacを使用している方は［Mac with Apple chip］のほうをクリックしてください。すると、M1/M2対応のAndroid Studioのdmgファイルがダウンロードされます。Intelチップ搭載のMacを使用している方は［Mac with Intel chip］をクリックし、ダウンロードしてください。

▼**図2.8** 利用規約の同意とダウンロードするdmgファイルの選択

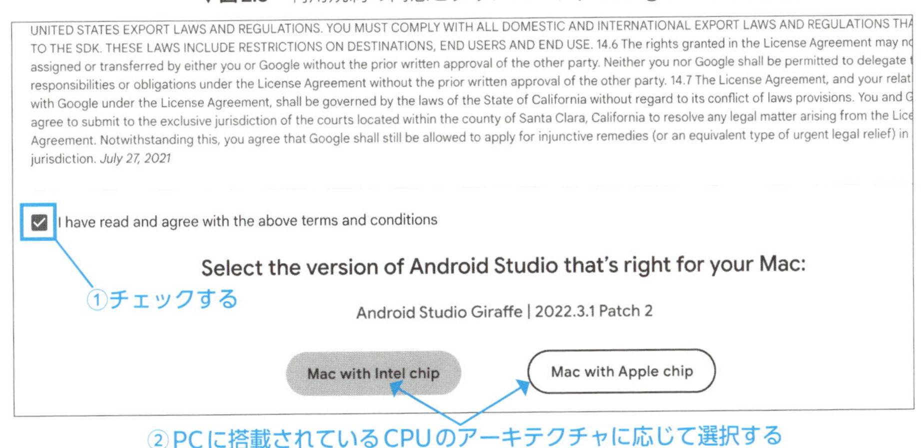

ダウンロードが完了したら、「ダウンロード」フォルダにあるdmgファイル[注3]をダブルクリックします。**図2.9**

注3 Apple chipを選択した場合のファイル名は「android-studio-****.**.**.**-mac_arm.dmg」です。Intel chipを選択した場合のファイル名は「android-studio-****.**.**.**-mac.dmg」です。それぞれ「****.**.**.**」の部分に入る数字はバージョンによって異なります。

の画面が表示されるので、画面上のAndroid StudioのアイコンをApplicationsディレクトリのアイコンにドラッグ&ドロップします。これでインストール完了です。

▼図2.9 Android Studioをインストールする

2.3.2 Android Studioの初期設定を行う

Launchpad（または、Applicationsディレクトリ）からAndroid Studioのアイコンをクリックして起動します。Android Studioの初期設定ができていない場合、Setup Wizard（セットアップウィザード）が表示されます（**図2.10**）。セットアップウィザードの最初の画面では［Next］をクリックします。

▼図2.10 Setup WizardのWelcome画面

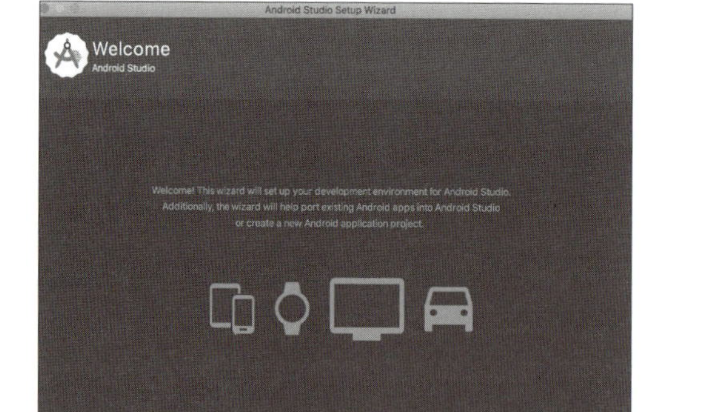

次に、Install Type画面が表示されます（**図2.11**）。［Standard］が選択された状態で［Next］をクリックします。

▼**図2.11** Install Type画面

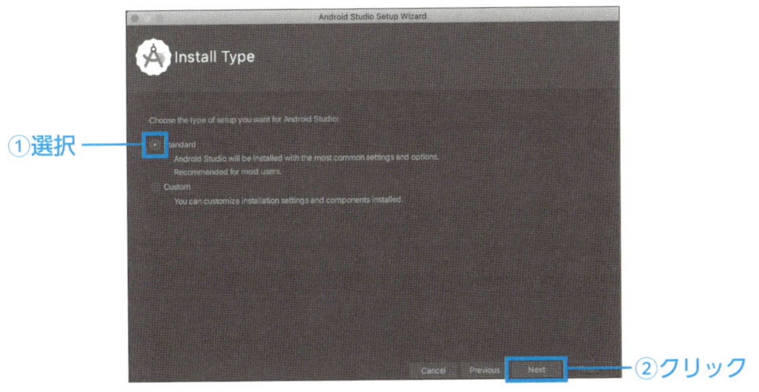

次は、Select UI Theme画面です（**図2.12**）。Android Studioのテーマ（背景色など）を選べます。ここではデフォルトで設定されている［Darcula］を選択して［Next］をクリックします。

▼**図2.12** Select UI Theme画面

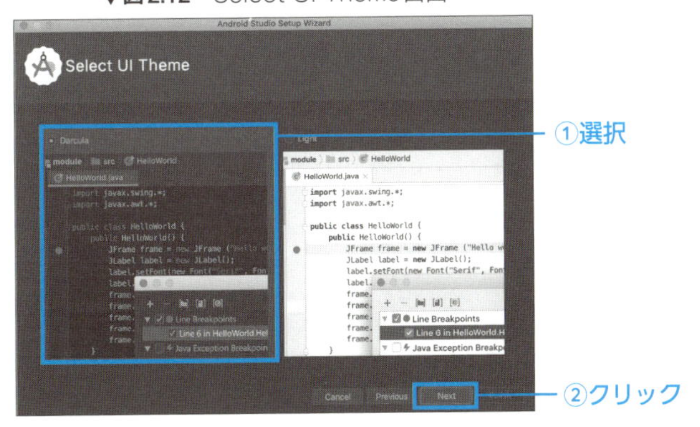

その次は、Verify Settings画面です（**図2.13**）。こちらはそのまま［Next］をクリックします。

▼**図2.13** Verify Settings画面

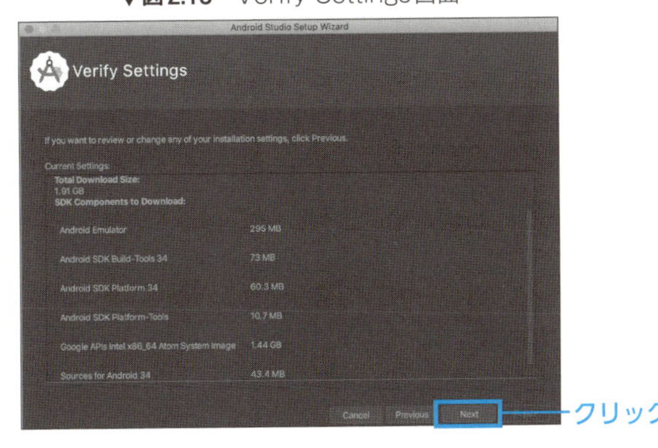

次に、License Agreement画面です（**図2.14**）。この画面には［Decline］と［Accept］の2種類のラジオボタンがあります。こちらは画面左に記載されているすべてのLicensesで［Accept］を選択すると、［Finish］ボタンが活性化します。すべてのLicensesが［Accept］になっていることを確認して［Finish］をクリックします。すると、セットアップの処理が始まります。

▼**図2.14** License Agreement画面

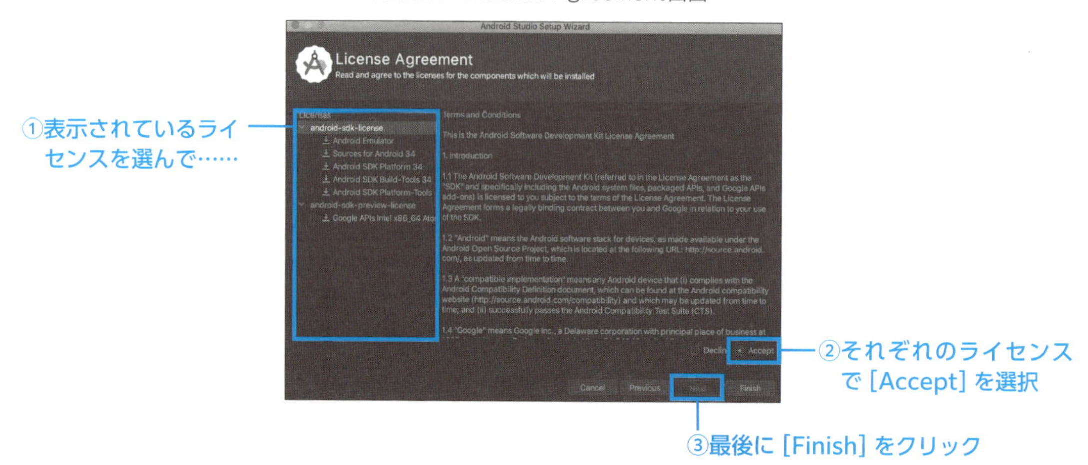

セットアップが完了すると、Welcome to Android Studioと書かれたAndroid Studioのスタート画面が表示されます（**図2.15**）。

▼**図2.15** スタート画面

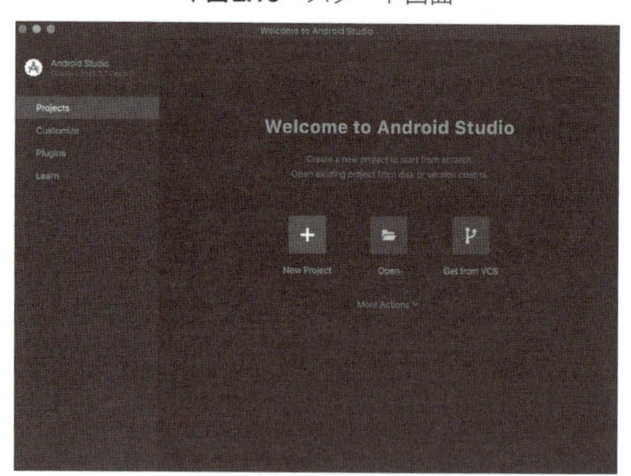

2.3.3 Flutterプラグインと Dartプラグインをインストールする

Android Studioを起動できることが確認できたら、Flutterのプロジェクトを作成できるようにするために、2つのプラグイン「Flutterプラグイン」と「Dartプラグイン」をインストールしましょう。

Android Studioでプラグインをインストールする場合は、画面の左側に［Plugins］ボタンがありますのでそれをクリックします。すると、**図2.16**の画面が表示されます。

▼**図2.16** Plugins画面

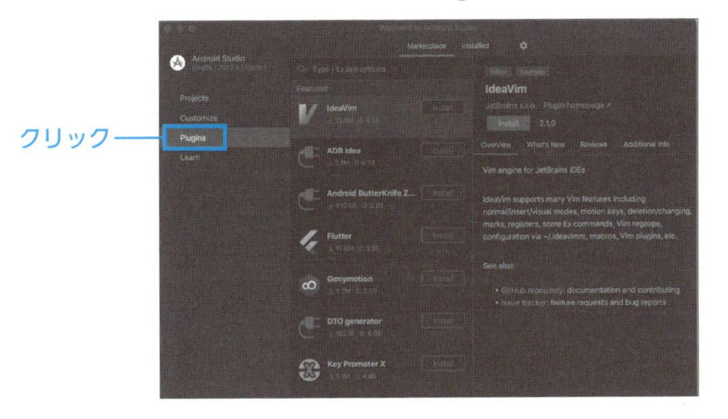

左上にプラグインの選択窓があるので「flutter」と入力して検索します（**図2.17**）。Flutterプラグインが表示されたら、右側の［Install］ボタンをクリックします。

▼**図2.17** Plugins画面で「flutter」と検索し、インストール

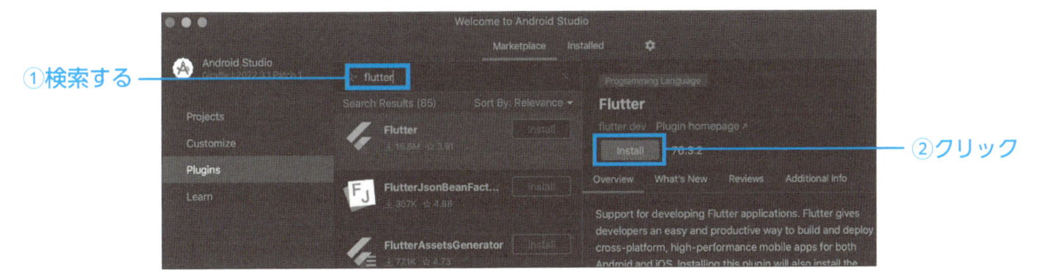

すると、**図2.18**のように「Dartもインストールするように」というアラートが表示されるので、［Install］をクリックして同意してインストールを開始します（環境によってはアラートは表示されず、自動でインストールされる場合もあります）。

▼**図2.18** Dartもインストールする旨のアラート

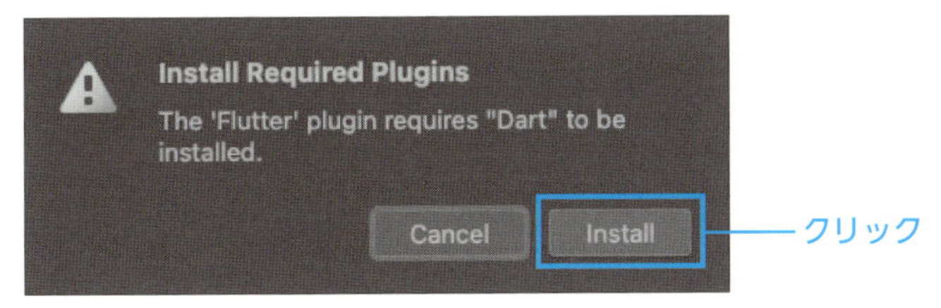

インストールが完了すると、［Plugins］画面に戻ります。**図2.19**のように先ほどの［Install］ボタンが［Restart IDE］ボタンに変わっているため、そのボタンをクリックしてAndroid Studioを再起動します。

▼図2.19　Android Studioを再起動する

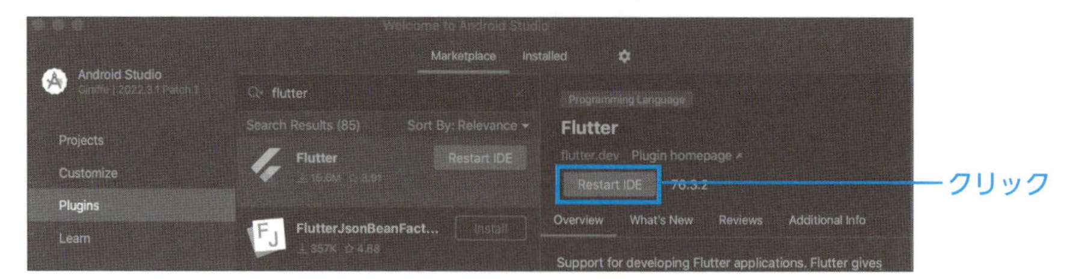

Android Studioの再起動が完了するとスタート画面に［New Flutter Project］ボタンが表示されます（**図2.20**）。

▼図2.20　Android Studio再起動後

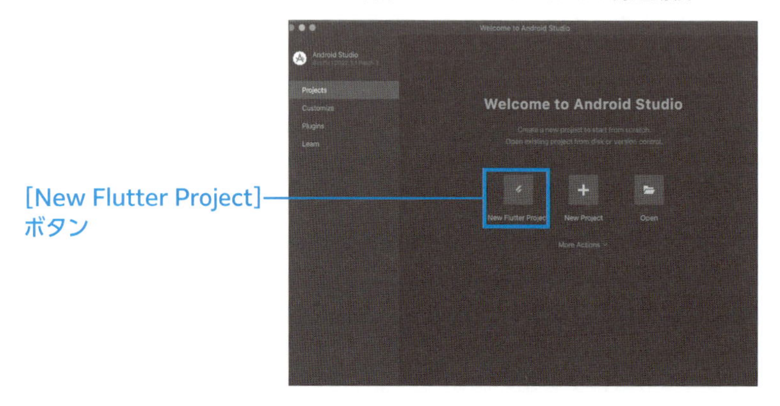

Dartのプラグインのインストールがまだの場合は、同じようにしてインストールしましょう。前述のとおり、環境によってはFlutterプラグインのインストール時にDartもインストールされることもあります。その場合は、すでにDartプラグインがインストールされていて使えるようになっているはずです。

Flutterプラグインと Dartプラグインのインストールが完了したら、Flutterプロジェクトを作成できるようになります。ここで`flutter doctor`を実行するとAndroid Studioの設定ができていることを確認できます。

```
$ flutter doctor
(..略..)
[✓] Android Studio (version 2022.3)
```

2.4 Xcodeのインストール

あなたがもしiOSアプリ開発を行うなら、Apple社が提供している**Xcode**をインストールする必要があります。その方法を説明します（Androidアプリだけで十分という方は本節の作業は必要ありません）。

2.4.1 Xcodeをダウンロード／インストールする

XcodeはApp Storeからダウンロードしてきましょう。MacからApp Storeのアプリを起動します。トップ画面が表示されたらどこか（たとえば画面の左上に）検索窓がありますので、検索窓に「Xcode」と入力し検索します（**図2.21**）。

▼**図2.21**　App StoreでXcodeを検索

検索でヒットしたXcodeのアプリをインストールします。［入手］ボタンをクリックし、続けて表示される［インストール］ボタンをクリックします。Apple Accountの入力が求められるため、Apple Accountを入力します。すると、インストールが開始されます（**図2.22**）。

▼**図2.22**　Xcodeをインストールする

2.4.2 Xcodeのライセンスに同意する

無事にインストールが完了すると、Xcodeが使えるようになります。ここで試しに`flutter doctor`を実行してみましょう（**図2.23**）。

▼図2.23　flutter doctorを実行（Xcodeインストール直後）

```
$ flutter doctor
(..略..)
[!] Xcode - develop for iOS and macOS (Xcode 15.0)
    ✗ Xcode end user license agreement not signed; open Xcode or run the command 'sudo xcodebuild ⏎
 -license'.
    ✗ Xcode requires additional components to be installed in order to run.
      Launch Xcode and install additional required components when prompted or run:
        sudo xcodebuild -runFirstLaunch
    ✗ CocoaPods not installed.
        CocoaPods is used to retrieve the iOS and macOS platform side¥'s plugin code that responds ⏎
to your plugin usage on the Dart
        side.
        Without CocoaPods, plugins will not work on iOS or macOS.
        For more info, see https://flutter.dev/platform-plugins
      To install see https://guides.cocoapods.org/using/getting-started.html#installation for ⏎
instructions.
```

「×」印の付いたメッセージが3つ表示されています。このうちの一番上のメッセージを見ると、どうやらXcodeのライセンスに同意しないといけないようです。この場合の対処方法はメッセージにあるとおりに次のコマンドを実行します。パスワードを求められる場合は、PCにログインするときのパスワードを入力します。

```
$ sudo xcodebuild -license
Password: xxx
```

何もなければそのままライセンスに同意できたことになりますが、場合によっては**図2.24**のようなメッセージが表示されます。この場合は Enter キーを入力する必要があります。

▼図2.24　Enter（Return）キーの入力が促される

```
You have not agreed to the Xcode license agreements. You must agree to both license agreements below ⏎
in order to use Xcode.

Hit the Return key to view the license agreements at '/Applications/Xcode.app/Contents/Resources/ ⏎
English.lproj/License.rtf'
```

さらに、場合によっては**図2.25**のように、Xcodeの開発者ツールのソフトウェアのライセンスにも同意するように求められることがあります。

▼図2.25　Xcodeの開発者ツールのライセンスへの同意を求めるメッセージ

```
"Apple SDKs" means the macOS SDK, and the Apple-proprietary Software Development Kits (SDKs) provided ⏎
 hereunder, including but not limited to header files, APIs, libraries, simulators, and software ⏎
 (source code and object code) labeled as part of the iOS SDK, watchOS SDK, iPadOS SDK, and/or tvOS ⏎
SDK and included in the Xcode Developer Tools (..略..)
Software License Agreements Press 'space' for more, or 'q' to quit
```

その場合は、しばらく space キーを入力して、**図2.26**のメッセージが表示されたら「agree」を入力して Enter キーを入力しましょう。

▼図2.26　Xcodeの開発者ツールのライセンスに同意する

```
By typing 'agree' you are agreeing to the terms of the software license agreements. Type 'print' to ⏎
print them or anything else to cancel, [agree, print, cancel] agree
```

そうすると、Xcodeに必要なライセンスに同意することができます。再度flutter doctorを実行すると、**図2.23**の上2つの「×」印のメッセージは解消しているかと思います(**図2.27**)。

▼**図2.27** flutter doctorを実行(Xcodeのライセンスに同意後)

```
$ flutter doctor
(..略..)
[!] Xcode - develop for iOS and macOS (Xcode 15.0)
    × CocoaPods not installed.
      (..略..)
```

なお、普段からXcodeでiOSアプリを開発している方でしたら上記の対応は必要ありません。

2.4.3 CocoaPodsをインストールする

次は「CocoaPods not installed.」のメッセージを解決していきます。CocoaPods(cocoapods)はXcodeでiOSアプリを開発するときに使うライブラリ管理ツールです。このメッセージは、「現在のPCにcocoapodsが入っていないためインストールしてください」という意味になります。次のコマンドを実行する[注4]と、インストールされ、認識されるはずです。

```
$ sudo gem install cocoapods
```

無事にcocoadposがインストールできたら、もう一度flutter doctorを実行します。

お使いのPC環境によっては次のような警告メッセージが出るかもしれません。

```
[!] Xcode - develop for iOS and macOS (Xcode 15.0)
    × Unable to get list of installed Simulator runtimes.
```

シミュレータのランタイムのリストを取得できないという警告です。この場合は、ターミナルから次のコマンドを実行して、シミュレータのランタイムをダウンロードおよびインストールすれば解決できます。

```
$ xcodebuild -downloadPlatform iOS
```

再度、flutter doctorを実行します(**図2.28**)。

▼**図2.28** flutter doctorを実行(cocoapodsのインストール後)

```
$ flutter doctor
(..略..)
[✓] Xcode - develop for iOS and macOS (Xcode 15.0)
```

これで無事にXcodeが認識されていることが確認できました。

ほかの警告メッセージが出た場合も、ターミナルに表示されているコマンドを実行すると解決できます。ここは粘り強く個々の問題に対処していただければと思います。

注4　ここで「drb requires Ruby version >= 2.7.0. The current ruby version is 2.6.10.210」のようなエラーが発生する場合があります。このエラーを解消するにはいくつかの作業が必要なため、本書のサポートページ(https://gihyo.jp/book/2025/978-4-297-14639-9)にてその手順を掲載します。

2.5 Flutterプロジェクトの作成とファイル構成

Android StudioとXcodeをインストールできましたので、ここからはFlutterの**プロジェクト**を作成する方法について解説します。プロジェクトとは、アプリケーションを開発するための一連のファイルや設定をまとめた単位のことを指します。ソースコード、アプリで使う画像や音声などのファイル、ビルドやデバッグに必要なファイルなどを1つのプロジェクトとしてまとめて管理できます。Flutterのプロジェクトを作成する方法には、Android Studioを使う方法と、ターミナルを使う方法があります。

2.5.1 Android Studioで作成する方法

まずはAndroid Studioを使う方法を紹介します。Android Studioを起動します。**図2.29**のようにAndroid Studioのスタート画面から［New Flutter Project］をクリックします。

▼**図2.29**　Android Studioのスタート画面

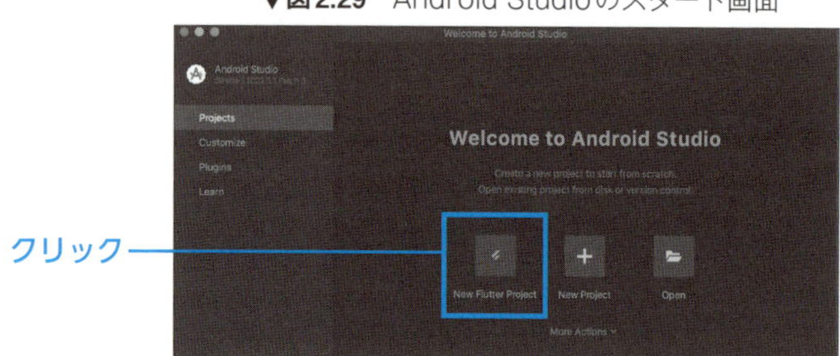

●Flutter SDKのパスを通す

次のNew Project画面（**図2.30**）では、左側のメニューから［Flutter］を選択します。

▼**図2.30**　New Project画面で［Flutter］を選択する

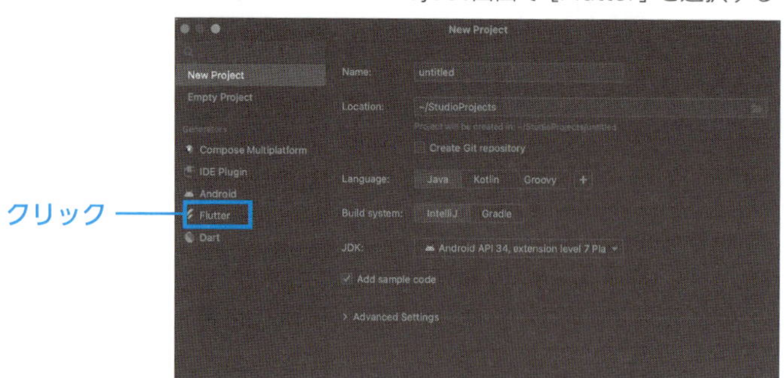

まず、Flutter SDKのパスを通す作業を行います。**図2.31**のように［Flutter SDK path］の右にある四角い［...］のボタンをクリックします。

▼図2.31　Flutter SDKのパスを通す

図2.32のようにFinderが起動するので、Flutter SDKを解凍したときに作成されたflutterディレクトリ（2.2節を参照）を選択し［Open］をクリックします。

▼図2.32　flutterディレクトリを選択する

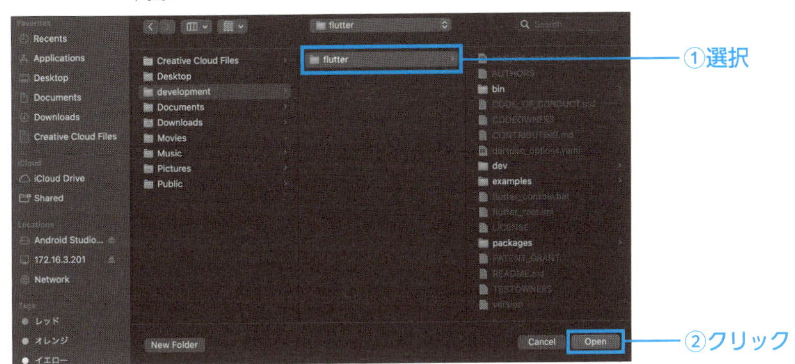

すると、Android StudioがFlutter SDKを認識します。SDKの認識に成功したら［Next］がクリックできるようになりますので、左側のメニューで［Flutter］が選択されていることを確認しながら**図2.33**のように右下の［Next］をクリックします。

▼図2.33　［Next］をクリック

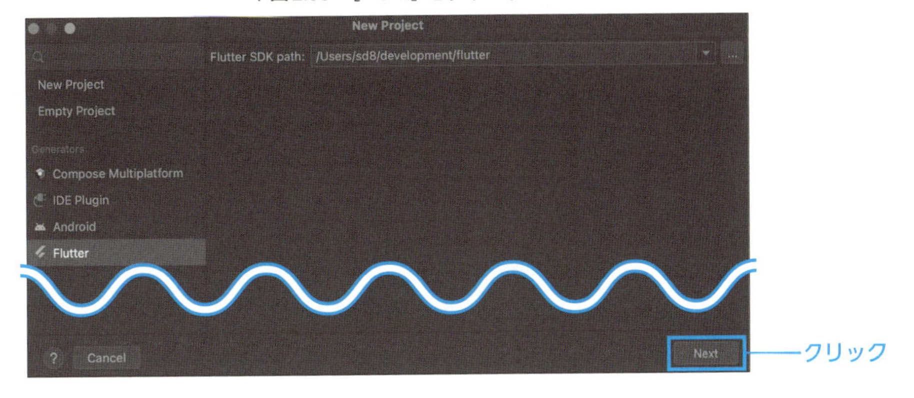

●Flutterプロジェクトを作成する

図2.34のNew Project画面が表示されるため、**表2.1**に従って各入力欄に値を入力します。

▼**図2.34** New Project画面

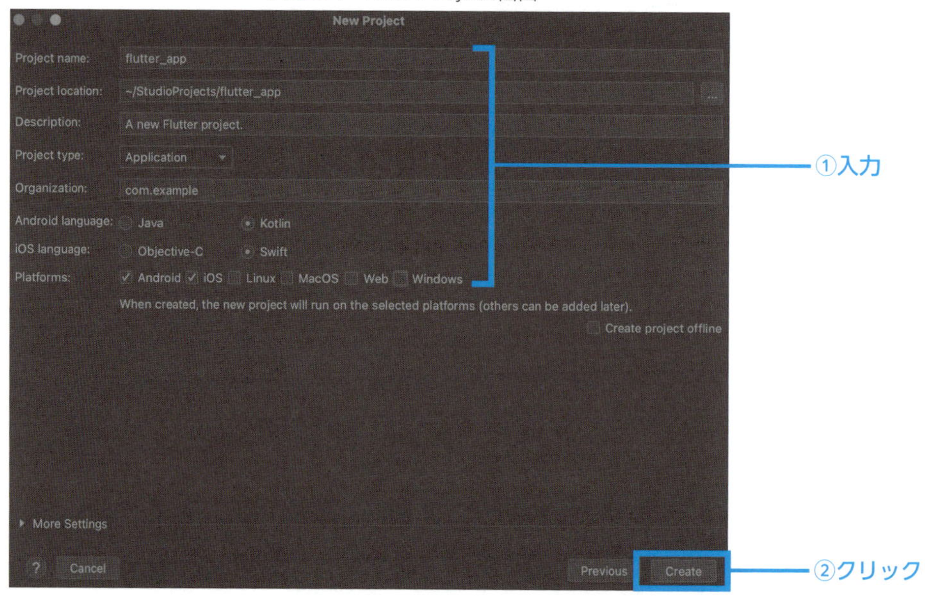

▼**表2.1** New Project画面で入力する内容

項目	内容	本書で入力する値
Project name	Flutterプロジェクトのルート（起点となるディレクトリ）の名称	flutter_app
Project location	Flutterプロジェクトを作成する場所	~/StudioProjects/flutter_app
Description	Flutterプロジェクトの説明	A new Flutter project.
Project type	アプリケーションなのか、モジュールなのか	Application
Organization	パッケージ名。Flutterプロジェクトのパッケージの名称	com.example
Android language	Androidプロジェクトと連携する際の言語	Kotlin
iOS language	iOSプロジェクトと連携する際の言語	Swift
Platform	対応するプラットフォーム	Android、iOS

［Project name］は半角英数字であれば何でも入力できます。一般的にFlutterの場合は「スネークケース」(本章のコラム「スネークケースとキャメルケース」を参照）と呼ばれる命名記法に従う傾向があります。今回は「flutter_app」と入力します。

［Project location］はFlutterプロジェクトを作成する場所です。ファイルを保存する場所にこだわりがない場合はそのままで問題ありません。ここでは簡易的にそのままの場所で作成します（アプリ開発において、一度作成したプロジェクトは、よほどのことがないかぎり作成した場所のまま動かさないでください。動かしてしまうとアプリを起動できないことが多いです）。

このまま、**図2.34**のように［Create］をクリックすると、Flutterプロジェクトが作成されます。

すべてのリソースの生成が完了すると**図2.35**のような画面が表示されます。これが表示されたらAndroid Studioでのセットアップは完了になります（ただ、Android Studioのバージョンによっては画面の見え方が異なるかもしれません）。

▼図2.35　Android Studio画面

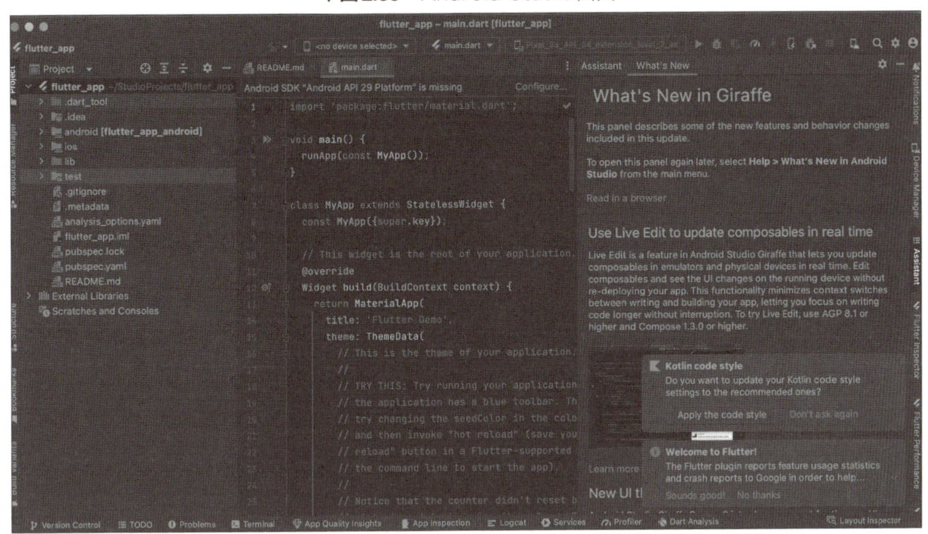

●Android SDK関連の設定を行う

このタイミングでターミナル上で`flutter doctor`コマンドを実行するとAndroid Studioの設定が認識されているかどうかを確認できます。

ただ、筆者のPCでは、Android toolchainの項目で「cmdline-tools component is missing」と「Android license status unknown.」というメッセージが表示されていて認識に失敗しました（**図2.36**）。

▼図2.36　flutter doctor実行時のAndroid toolchainのエラーのメッセージ

```
$ flutter doctor
(..略..)
[!] Android toolchain - develop for Android devices (Android SDK version 32.1.0-rc1)s
    ✕ cmdline-tools component is missing
      Run `path/to/sdkmanager --install "cmdline-tools;latest"`
      See https://developer.android.com/studio/command-line for more details.
    ✕ Android license status unknown.
      Run `flutter doctor --android-licenses` to accept the SDK licenses.
      See https://flutter.dev/docs/get-started/install/macos#android-setup for more details.
```

「cmdline-tools component is missing」のエラーが表示されている場合は、Android SDKのCommand-line Toolsをインストールする必要があります。

Android Studioを開いた時に表示されるプロジェクト選択画面（**図2.37**）で、右上にある設定ボタンをクリックします。

▼図2.37　Android Studioのプロジェクト選択画面

図2.38のようなメニューが表示されるため、[SDK Manager] を選択します。

▼図2.38　[SDK Manager] を選択する

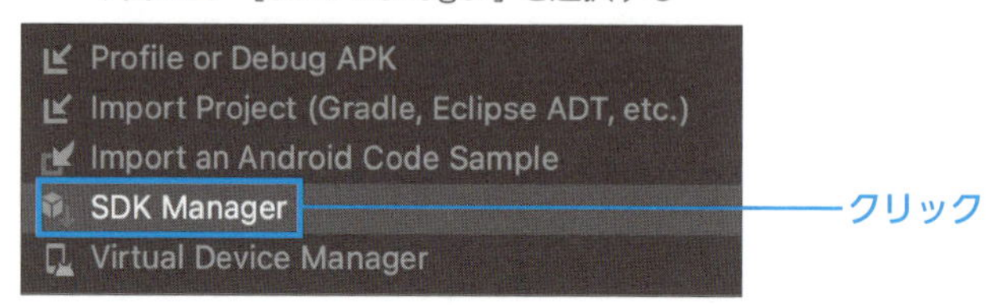

Android SDKの設定画面（**図2.39**）が開いたら、[SDK Tools] のタブを選択し、その下のツール一覧から [Android SDK Command-line Tools (latest)] のチェックボックスにチェックを入れます。そして、画面下の [Apply] をクリックします。

▼図2.39　Android SDK Command-line Toolsをインストールする

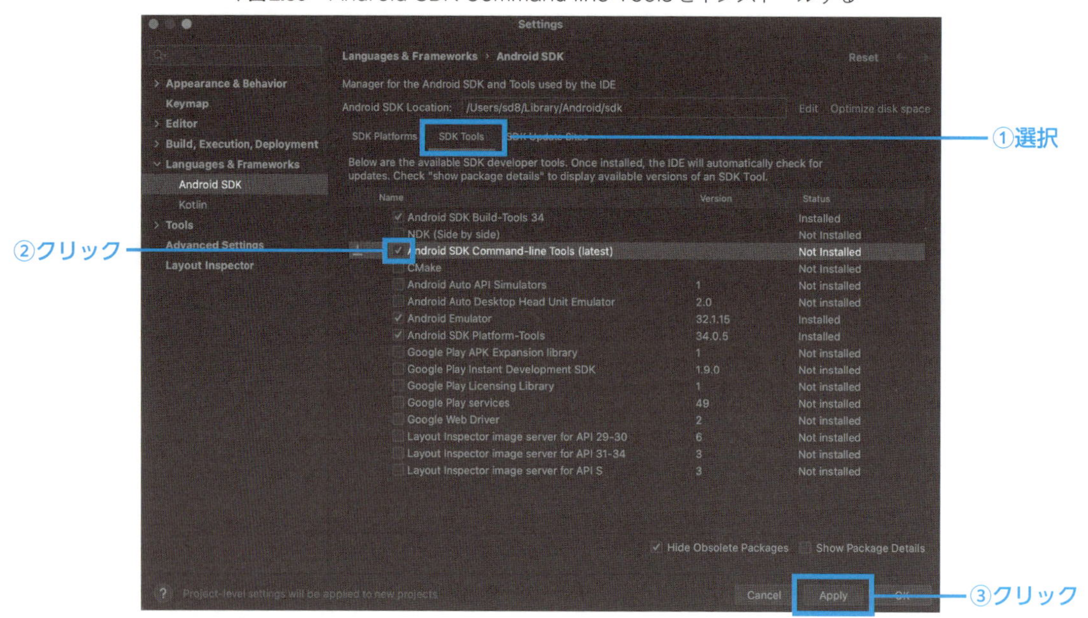

すると、インストールの確認のウィンドウが表示されるため［OK］を選択すると、インストールが行われます。これで「cmdline-tools component is missing」のエラーは解消するはずです。

「Android license status unknown.」のエラーは、先ほどのflutter doctorのエラーメッセージ（**図2.36**）に解決方法が記載されているので、素直にそのコマンドを実行します。

```
$ flutter doctor --android-licenses
```

何回かライセンスが表示されて「y」か「N」で同意するかどうかを問われます。同意するということで「y」を入力して Enter キーを押して同意していきましょう。

すべて同意すると「All SDK package licenses accepted」というメッセージが表示され完了します。再度、flutter doctorを実行すると**図2.40**のようにチェックが入っている状態になっているはずです。

▼図2.40　flutter doctorを実行する（Androidライセンス同意後）

```
$ flutter doctor
(..略..)
[✓] Android toolchain - develop for Android devices (Android SDK version 32.1.0-rc1)
(..略..)
```

Column　スネークケースとキャメルケース

プログラミング用語の話になりますが、ソースコードの命名規則は大きく2種類に分類されます。

▼表2.2　スネークケースとキャメルケース

種類	規則	例
スネークケース	単語は小文字のみ、複数単語はアンダーバーで区切る	flutter_app
キャメルケース（アッパーキャメルケース）	単語の最初の文字は大文字、複数単語は大文字で区切る	FlutterApp

このように2種類の命名規則が存在します。Flutterでのアプリ開発はファイル名やディレクトリ（フォルダ）名、クラス名はスネークケースで、変数名や関数名はキャメルケースを採用していることが多いです。

ですが、ソースコードの書き手によってはスネークケースだったり、キャメルケースだったりとバラバラなこともあります。本書では特段こだわりがない限りはFlutterでの一般的な命名規則を採用します。ファイル名やディレクトリ名、クラス名はスネークケースで、ソースコードの部分はキャメルケースで解説していきます。

2.5.2　ターミナルで作成する方法

次に、ターミナルでFlutterのプロジェクトを作成する方法について解説します。

●ターミナルでよく使うコマンド

解説の前にFlutterでアプリを開発するときにターミナルでよく使うコマンドを**表2.3**に整理しておきます。

▼表2.3 よく使うコマンド

コマンド	内容
pwd	現在のパス（カレントディレクトリ）を表示する。
cd パス	指定したパスに移動する。
cd ~	ホームディレクトリに移動する。
mkdir ディレクトリ名	指定した名前のディレクトリを作成する。

このあたりのコマンドを頻繁に使います。それでは、ターミナルでFlutterのプロジェクトを作成していきます。まずターミナルでログインした直後のパスを確認しましょう。筆者の場合は次のようになっています。

```
$ pwd
/Users/tamappe
```

ここから書類ディレクトリ（Documentsディレクトリ）に移動したい場合は、次のコマンドを実行します。

```
$ cd Documents
```

もう一度現在のパスを確認します。

```
$ pwd
/Users/tamappe/Documents
```

このように表示されれば成功です。

●Flutterプロジェクトを作成する

それでは、プロジェクトを作成したい場所まで移動してから「flutter create プロジェクト名」コマンドを実行しましょう（図2.41の例では/Users/tamappe/Documents/WorkSpace/Flutterというディレクトリを作成して、そこでflutter create my_appと実行しています）。

▼図2.41 flutter createコマンドでmy_appプロジェクトを作成する

```
$ mkdir -p ./Documents/WorkSpace/Flutter  ←Flutterディレクトリを作成
$ cd /Documents/WorkSpace/Flutter       ←Flutterディレクトリに移動
$ flutter create my_app                 ←プロジェクトを作成
(..略..)
Run "flutter doctor" for information about installing additional components.

In order to run your application, type:

  $ cd my_app
  $ flutter run

Your application code is in my_app/lib/main.dart.
```

実行が完了すると、図2.42のように現在のディレクトリの中にmy_appというプロジェクト（のディレクトリ）が作成されます。

▼**図2.42** my_appプロジェクトが作成される

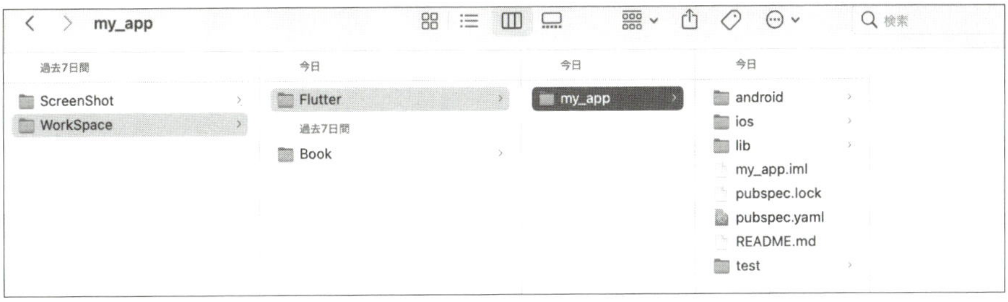

2.5.3 Flutterのファイル構成

前項まででFlutterのプロジェクトを作成できました。この節の最後としてFlutterプロジェクトのファイル構成（**図2.43**）について見ていきましょう。

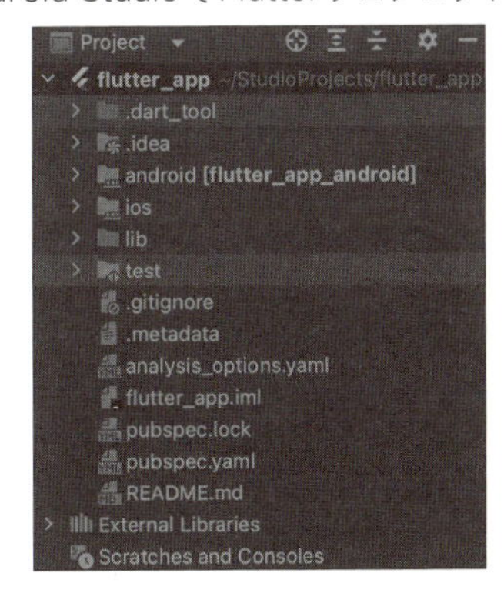

▼**図2.43** Android StudioでFlutterプロジェクトを開いたところ

ここでは全部は取り上げずに、よく使うものだけを**表2.4**に抜粋します。

▼**表2.4** Flutterのアプリ開発でよく使うディレクトリ

ディレクトリ名	内容
android	Androidアプリで使うファイル類が格納される場所
ios	iOSアプリで使うファイル類が格納される場所
lib	Dartのクラスファイルが格納される場所
test	ユニットテスト関連のクラスファイルが格納される場所

おもに使用するのはlibディレクトリです。ここにはmain.dartファイルが格納されています。基本的にFlutterではUIコンポーネントのファイルはlib上で作成していきます。

2.6 Flutterプロジェクトの開き方

Flutterプロジェクトを Android Studioで開く方法を説明します。

2.6.1 作成したプロジェクトを開く

Flutterプロジェクトの開き方について解説します。Android StudioでPCのローカル環境上に1つでもプロジェクトを作成すると、Android Studioの履歴にプロジェクト名が表示されます（**図2.44**）。ここに表示されるプロジェクト名の部分をクリックすると選択したプロジェクトが開きます。

▼図2.44 Andriod Studioの履歴

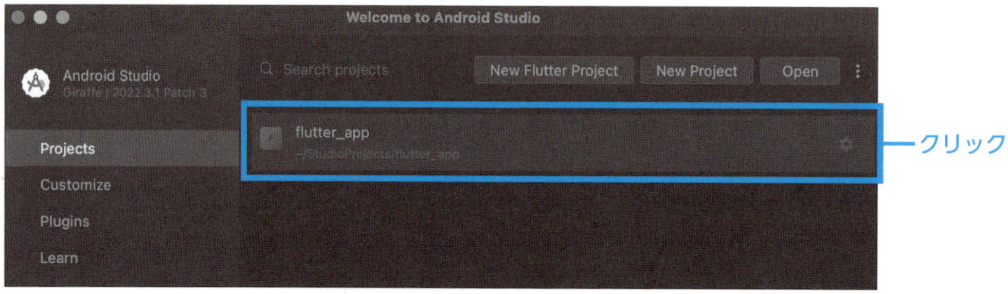

2.6.2 外部から入手したプロジェクトを開く

Webからのダウンロードなどで外部から入手したFlutterプロジェクトを開く場合、**図2.45**のようにAndroid Studioの初期画面のメニュー画面から［Open］をクリックします。すると、Finderが開くので、**図2.46**のようにFlutterプロジェクトのルートディレクトリを選択して［Open］をクリックします。これでAndroid StudioがFlutterプロジェクトとして認識してくれます。

このとき、どのディレクトリがルートディレクトリか迷うかもしれません。その場合は「ルートディレクトリとは『lib』や『android』『ios』ディレクトリが入っているディレクトリである」と覚えておき、その基準に当てはまるディレクトリを選択してください。

▼図2.45 外部から入手したFlutterプロジェクトを開く

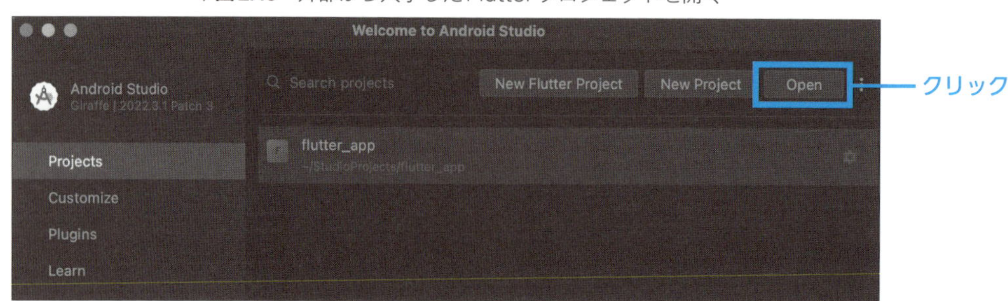

▼図2.46 Finderからルートディレクトリを選択する

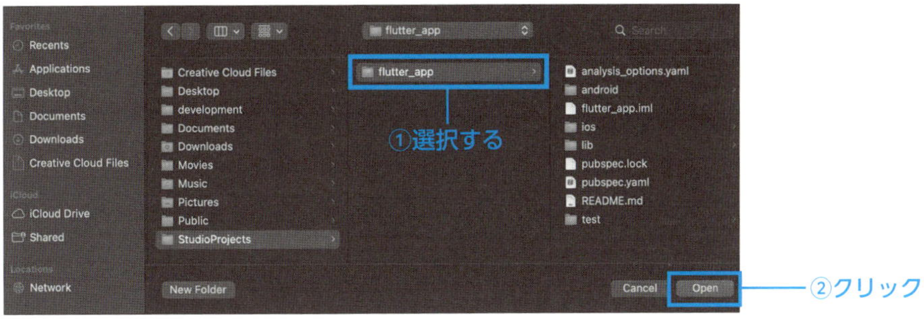

これで、すでにあるFlutterプロジェクトを開けます。

2.7 Androidエミュレータの起動方法

本節では、アプリの動作確認を行う際に必要となる**Androidエミュレータ**を起動する方法を説明します。

2.7.1 事前準備を行う（Launch in a tool window の解除）

Androidエミュレータを起動する前に準備することがあります。Android Studioのエミュレータの設定によっては、［Launch in a tool window］というオプションにチェックが入っていることがあります。このオプションのチェックを外します注5。Macのメニューから［Android Studio］を選択して［Settings...］をクリックします（**図2.47**）。

▼図2.47 ［Settings...］をクリックする

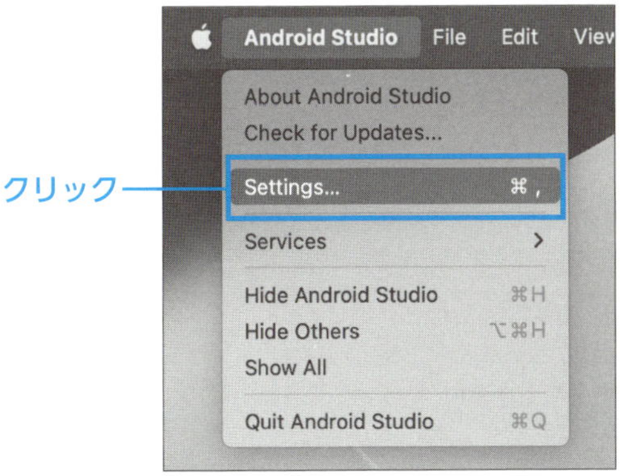

Settings画面が開くので、［Tools］の［Emulator］のメニューを開きます。

注5 ［Launch in a tool window］のオプションは、Androidでエミュレータを起動するときにAndroid Studioのウィンドウ内にエミュレータを表示させるか、Android Studioとは別に新しいウィンドウでエミュレータを起動するかを選択できるオプションです。このオプションのチェックを外すと、Android Studioとは別のウィンドウでAndroidエミュレータが起動します。

ここに［Launch in a tool window］の項目がありますので、チェックが付いていたらチェックを外し、その後［Apply］をクリックし、［OK］をクリックして閉じます（**図2.48**）。

▼**図2.48**　Launch in a tool windowのチェックを外す

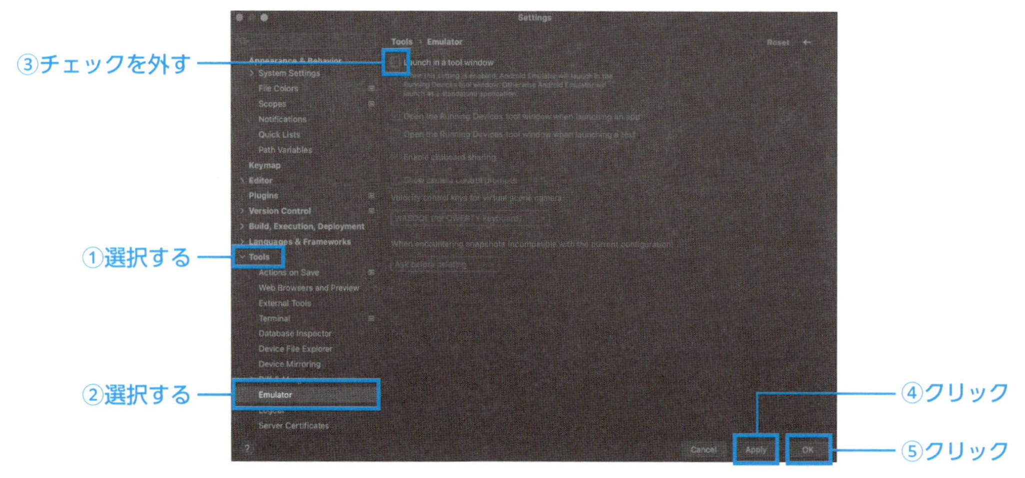

2.7.2　エミュレータを用意する

それでは、Androidエミュレータをセットアップする方法を解説します。まずは、前節の手順に従って既存のFlutterプロジェクトを開きます。プロジェクトが開いたら、画面の右上のほうに「Device Manager」のボタンがあります（**図2.49**）。それをクリックします。

▼**図2.49**　Device Managerのボタンをクリック

すると、**図2.50**のように画面右側にDevice Managerのウィンドウが表示されます。ウィンドウ上にある一覧にはすでにダウンロードしているAndroidエミュレータの詳細が表示されています。

▼**図2.50**　Device Managerウィンドウ

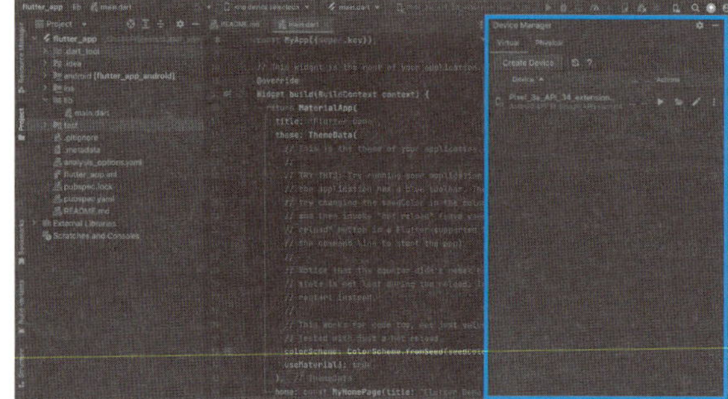

筆者のローカル環境ではすでに「Pixel_3a_API_34」というエミュレータがダウンロードされていて使えますが、環境によっては何もないこともあると思います。

そこで、新たにAndroidエミュレータをダウンロードしてみます。新しいAndroidエミュレータをダウンロードする場合は**図2.51**のように［Create device］のボタンをクリックします。

▼**図2.51**　［Create Device］をクリックする

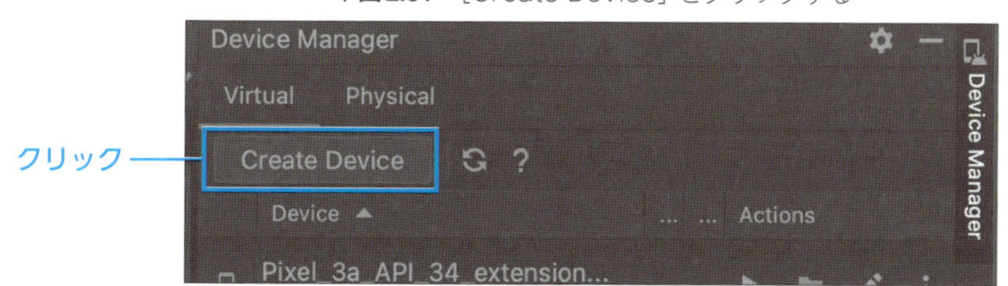

すると、Virtual Device Configuration画面が開きます。ここでダウンロードしたいエミュレータ端末の情報を選択します。本書では「Pixel 5」を選択します。**図2.52**のように選択した状態で［Next］ボタンをクリックします。

▼**図2.52**　エミュレータ端末を選択する

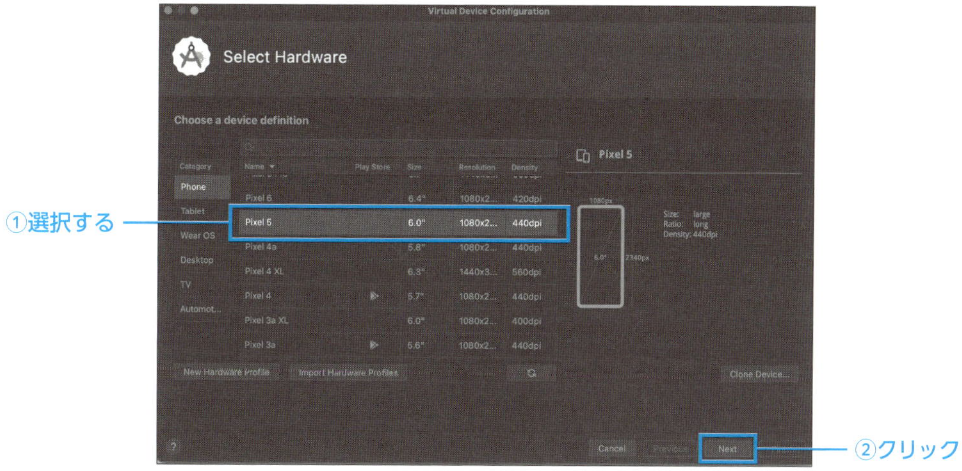

次の画面で、端末に入れるOSを選択します。実務であれば、動作確認したいOSをダウンロードして選択しますが、とくにこだわりがなければ最新版のOSで問題ありません。本書では、**図2.53**のように「S」(Android 12.0)を選択します。「S」のダウンロードアイコンをクリックすると、OSのダウンロードが始まるのでしばらく待ちましょう。

▼図2.53　OSをダウンロードする

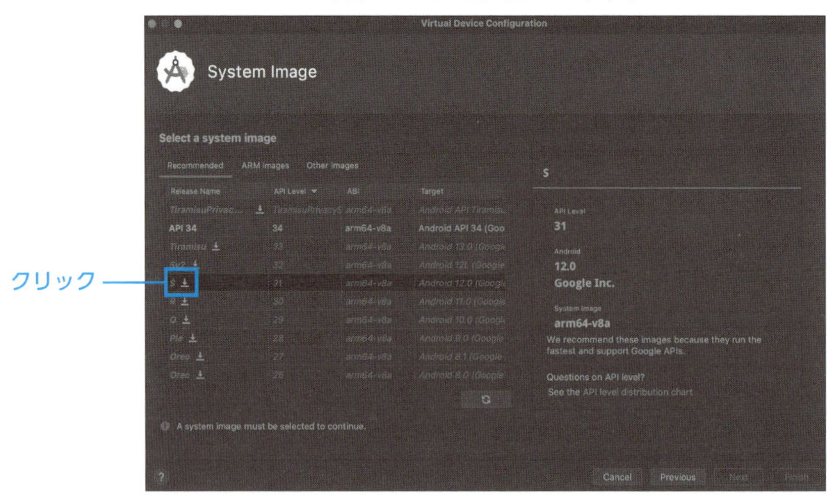

ダウンロードが完了したら［Finish］ボタンをクリックして画面を閉じましょう（**図2.54**）。

▼図2.54　ダウンロード完了

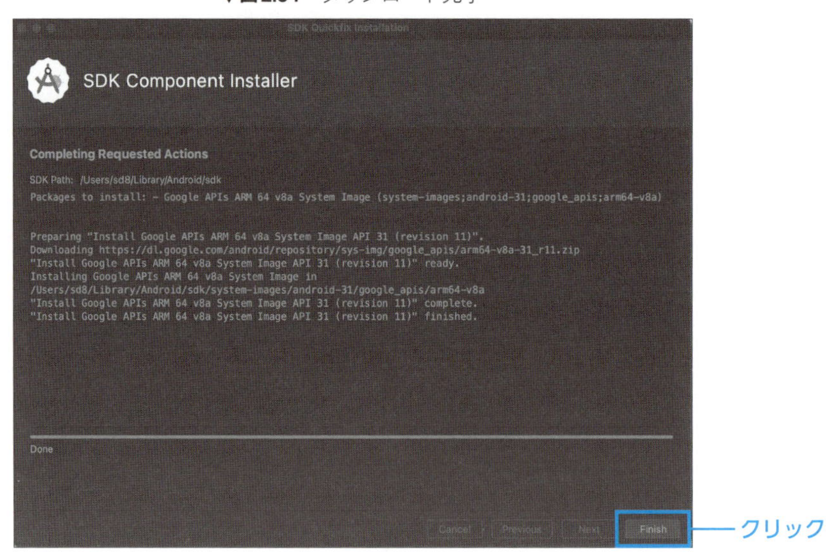

Virtual Device Configurationの画面に戻りますので、**図2.55**のようにダウンロードしたOSを選択して［Next］ボタンをクリックします。

▼図2.55 OSを選択する

次の画面ではエミュレータに名前を付けることができます。普段の開発エミュレータとしてわかりやすい名前を付けてもいいですし、とくに付けるべき名前がなければデフォルトの名前でも問題ありません。今回は**図2.56**のように、そのままデフォルトの名前の状態で［Finish］ボタンをクリックします。

▼図2.56 エミュレータに名前を付ける

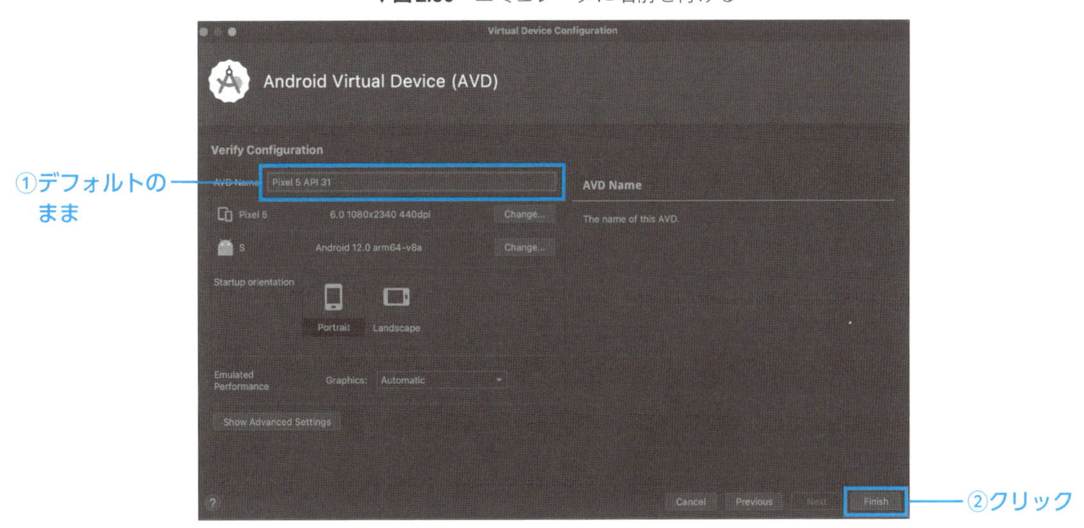

すると、Device Manager画面に戻ります。また、新しいエミュレータ端末が一覧に追加されたことがわかります（**図2.57**）。

▼図2.57 Device Managerに新しい端末が追加されている

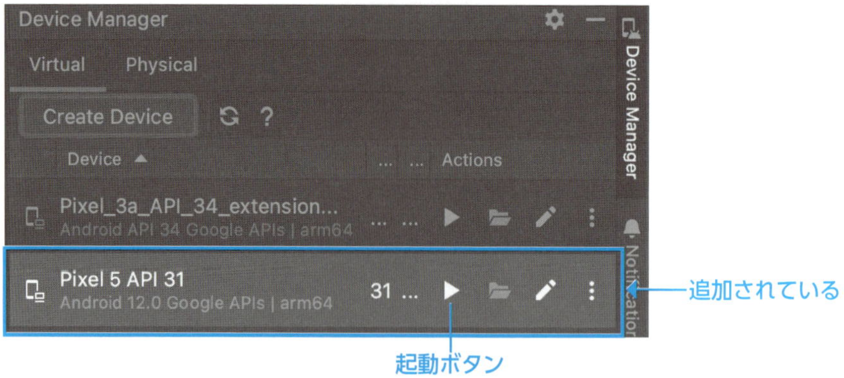

2.7.3 エミュレータを起動する

これで新しいエミュレータが使えるようになりました。では、このエミュレータを起動してみます。**図2.57**のように▶マークの起動ボタンがあるので、そのボタンをクリックします。これでAndroidエミュレータを起動できます。

▼図2.58 Androidエミュレータが起動する

エミュレータの詳しい操作については、次のAndroid Studioの公式ドキュメントをご覧ください。

- **Android Emulator上でアプリを実行する（Android Studio公式ドキュメント）**
  https://developer.android.com/studio/run/emulator?hl=ja

エミュレータを終了するには、**図2.58**の右上にある［×］ボタンをクリックします。

2.8 iOSシミュレータの起動方法

次に、**iOSシミュレータ**を起動する方法について解説していきます。
こちらは非常に簡単で、次のコマンドをターミナル上で実行します。

```
$ open -a Simulator
```

するとiOSシミュレータが起動します（**図2.59**）。

▼**図2.59** iOSシミュレータが起動する

iOSシミュレータを終了するには、**図2.59**の左上にある［×］ボタンをクリックします。
iOSシミュレータの詳しい操作については、英語ですが次のドキュメントが参考になります。

- **Interacting with your app in the iOS and iPadOS simulator** https://developer.apple.com/documentation/xcode/interacting-with-your-app-in-the-ios-or-ipados-simulator

Android Studioが開いている状態であれば、シミュレータを起動すると自動で認識してくれるので、**図2.60**のように起動端末の一覧に表示されます。

▼**図2.60** iOSシミュレータが一覧に表示される

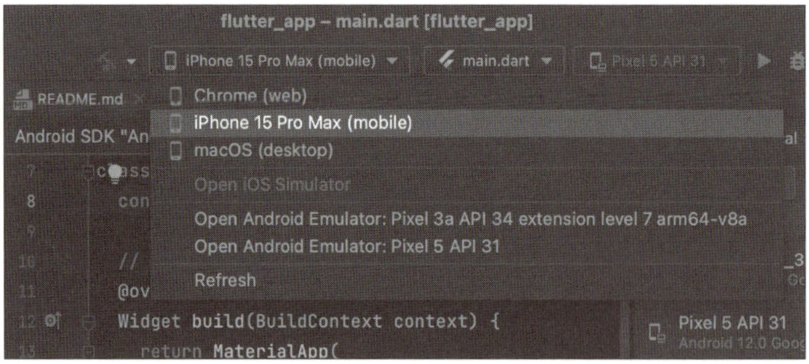

また、iOSシミュレータの端末やOSを変更したい場合は、MacであればDock上に出現するiOSシミュレータのアイコンを右クリックします。すると［Device］というメニューがあります。そのメニューにカーソルを合わせると対応しているiOSシミュレータの一覧が表示されます（**図2.61**）。

▼**図2.61** Dockからシミュレータを選択する

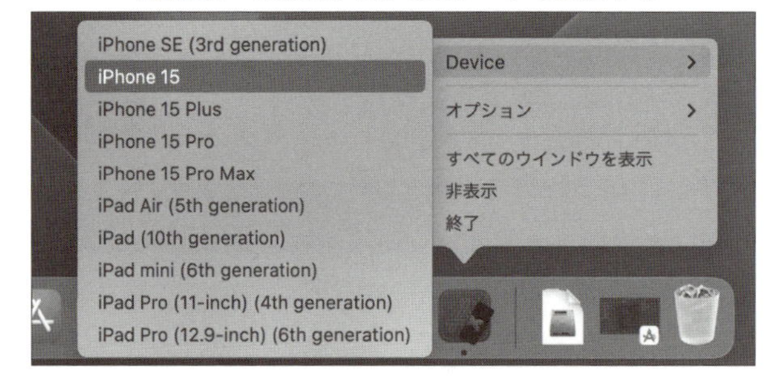

そのどれかを選択すれば、お好きな端末を起動して開発デバイスにすることができます。

本書では必要に応じて、Androidエミュレータを使ったりiOSシミュレータを使ったりしますが、基本はどちらを使って学習しても問題ありません。一部、OSに依存する機能の開発では、そのOS専用の端末を使うことになるので、その際は都度解説を加えます。

2.9 VS Codeで開発する方法

本書は、Android Studioでの解説が主になりますが、Flutterの公式ページでは**Visual Studio Code**（**VS Code**）にも対応していると記載されています。そのため、VS CodeでもFlutterアプリの開発ができます。

- **Visual Studio Code（Flutter公式サイト）**
  https://docs.flutter.dev/tools/vs-code

ここではVS Codeで開発したい方のためにVS Codeでのセットアップ方法について簡単に解説します。VS Codeは次のサイトからダウンロードして、インストールしてください。

- **Download Visual Studio Code**
  https://code.visualstudio.com/download

本書では次の内容を紹介します。

- Flutterプラグインをインストールする。
- Androidライセンスを承諾する。
- flutter doctorを実行してVS Codeを認識しているか確認する。

2.9.1 Flutterプラグインをインストールする

ここからはVS Code上の操作の説明になります。

図2.62のように左タブの［Extensions］をクリックし、VS Codeの拡張機能からFlutterプラグインをインストールしましょう。

▼**図2.62** ExtensionsからFlutterプラグインをインストール

① ［Extensions］をクリック
② 「Flutter」で検索
③インストール

2.9.2 Android ライセンスに同意する

ターミナルで次のコマンドを実行します。

```
$ flutter doctor --android-licenses
```

「zsh: command not found: flutter」などと表示されてflutterコマンドを実行できない場合は、flutterコマンドのパスが認識されなくなっています。その場合は、次のコマンドを実行して再度認識させたうえで、flutter doctorコマンドを再実行しましょう。

```
$ export PATH="$PATH:$HOME/development/flutter/bin"
$ flutter doctor --android-licenses
```

2.9.3 VS Code が認識されているか確認する

最後に、次のコマンドを実行してFlutterがVS Codeを認識しているかを確認します。

```
$ flutter doctor
```

無事に認識している場合は、**図2.63**のようにチェックマークが表示されるはずです。

▼図2.63　flutter doctorを実行する（Androidライセンス同意後）

```
$ flutter doctor
(..略..)
[✓] VS Code (version 1.83.1)
(..略..)
```

これでVS Codeを用いてFlutter開発ができるようになっています。

Column　Android StudioとVS Codeどちらが開発しやすいか

ここでは、Android StudioとVS Codeのどちらが開発しやすいかについて、筆者なりの考察をしていきます。本書ではAndroid Studioを用いた解説をしていますので、Android Studioでの学習を推奨しています。どちらが開発しやすいかは、基本的にはその人のバックグラウンドで決まるのではないかと思っています。

AndroidやiOSなどのモバイルアプリ開発者であれば、UIはAndroid Studioのほうが見やすいため開発しやすいと思います。iOSアプリ開発者であれば、今までXcodeを使っていたのではないでしょうか。Xcodeでのアプリ開発に慣れているなら、Android Studioの画面もUIが違うだけで同じような機能があるので、Xcodeとの比較で各ボタンの役割などを理解できると思います。

それに対して、VS Codeの適任者はWeb開発者の方かなと筆者は考えています。Web開発経験者であれば、Android StudioやXcodeよりもVS Codeを今まで使っていただろうと思われます。VS Codeのほうが慣れているのに、わざわざAndroid Studioを起動する必要はないでしょう。また、FlutterでWebアプリを開発する際にはVS Codeのほうがサクサク動かせます。

大まかに整理すると、

・モバイルアプリ開発者の場合には、Android Studio

・Web開発者の場合には、VS Code

で開発するのが適しているのではないかと思います。

2.10 ブレークポイントとホットリロード

この章の最後に、Futter開発で重要なブレークポイント（breakpoint）の設定のしかたと、ホットリロード（Hot Reload）について解説します。

2.10.1 ブレークポイントを設定する

ブレークポイントはデバッグのための機能です。プログラム中にブレークポイントを設定すると、プログラムを実行したときにブレークポイントの箇所で処理を止めることができます。そして、その時点の変数の状態を確認したりできるので、自分の実装したロジックが意図どおりに動いているかどうかをすばやく確認できます。

ブレークポイントの設定のしかたは簡単です。Android Studioのソースコード画面の左側に行番号が表示されていますので、**図2.64**のとおりに行番号の右側をクリックします。すると、赤い丸が表示されます。これがブレークポイントになります。

図2.64では、2.5節で作成したFlutterプロジェクトのlibディレクトリにあるmain.dart（サンプルアプリのプログラム）の67行目あたりの「`_counter++;`」の行にブレークポイントを設定しています。同じように設定してみてください。

▼**図2.64** ブレークポイントを作る

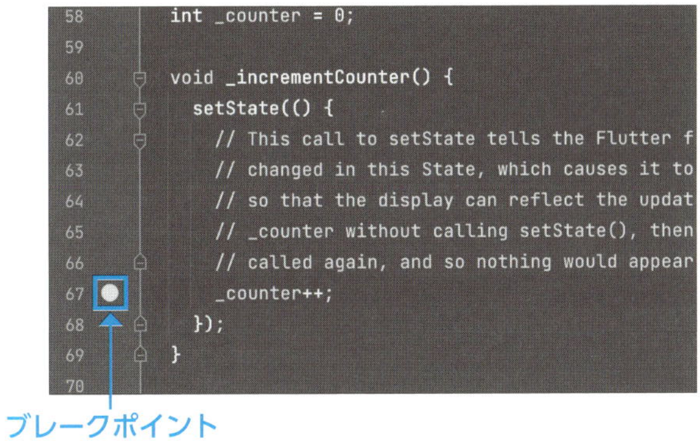

```
58    int _counter = 0;
59
60    void _incrementCounter() {
61      setState(() {
62        // This call to setState tells the Flutter f
63        // changed in this State, which causes it to
64        // so that the display can reflect the updat
65        // _counter without calling setState(), then
66        // called again, and so nothing would appear
67  ●     _counter++;
68      });
69    }
70
```

ブレークポイント

2.10.2 ブレークポイントを使ってデバッグする

プログラムを実行し、ブレークポイントで処理が止まることを確認してみましょう。ブレークポイントでプログラムの動作を止めるにはDebugモードでアプリをビルド／実行する必要があります。

アプリのビルド／実行方法にはDebugモードとRunモードの2種類があります。Debugモードとは開発用で使うビルド／実行モードで、局所局所で処理を止めて、コードが意図どおりに実行されているかを確認する（つまりデバッグする）ことができます。Runモードとはアプリの挙動確認のために使うビルド/実行モードで、処理を止めるといったデバッグの機能はなく開発したアプリの挙動の確認だけに使います。

Android StudioでDebugモードでビルド／実行するボタンは、▶マーク（Runボタン）の隣にある虫マークのボタンになります（**図2.65**）。

▼**図2.65**　Debugビルドのボタン

試しにデバッグビルドボタンをクリックしてアプリをビルド／実行してみます[注6]。そして、エミュレータでサンプルアプリが起動したら右下の［＋］ボタンをタップ（クリック）してみます（**図2.66**）。

▼**図2.66**　サンプルアプリの［＋］ボタンをタップする

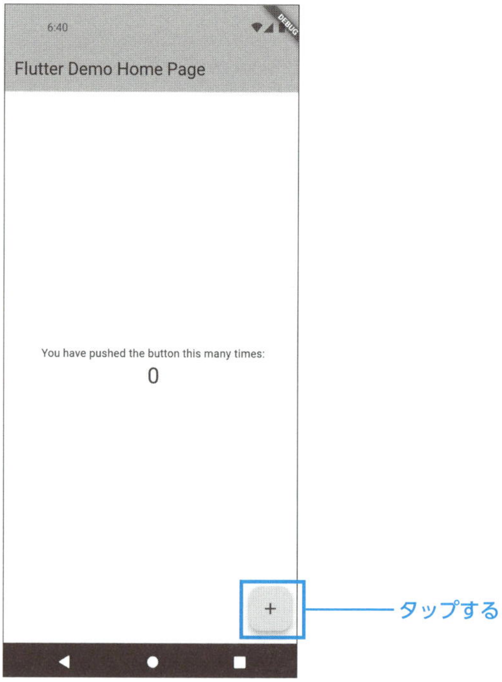

するとアプリが止まったように見えます。Android Studioでは**図2.67**のようにプログラム実行が停止した行（ブ

注6　デバッグビルドボタンをクリックする前に、2.7.3項に記載した手順でエミュレータを起動しておく必要があります。

レークポイントが設定された行）がハイライトされます。これがDebugモードです。これを使えば、たとえばプログラム実行中の変数_counterの値を確認できます。

▼図2.67 ブレークポイントによるハイライト状態

```
57  class _MyHomePageState extends State<MyHomePage> {
58    int _counter = 0;  _counter: 0
59
60    void _incrementCounter() {
61      setState(() {
62        // This call to setState tells the Flutter framework that something has
63        // changed in this State, which causes it to rerun the build method below
64        // so that the display can reflect the updated values. If we changed
65        // _counter without calling setState(), then the build method would not be
66        // called again, and so nothing would appear to happen.
67        _counter++;
68      });
69    }
70
71    @override
72    Widget build(BuildContext context) {
73      // This method is rerun every time setState is called, for instance as done
74      // by the _incrementCounter method above.
75      //
76      // The Flutter framework has been optimized to make rerunning build methods
77      // fast, so that you can just rebuild anything that needs updating rather
```

実際に_counterの中身を確認してみましょう。**図2.68**のようにAndroid Studioの下側にEvaluate expressionのエリアがあります。

▼図2.68 Evaluate expressionエリア

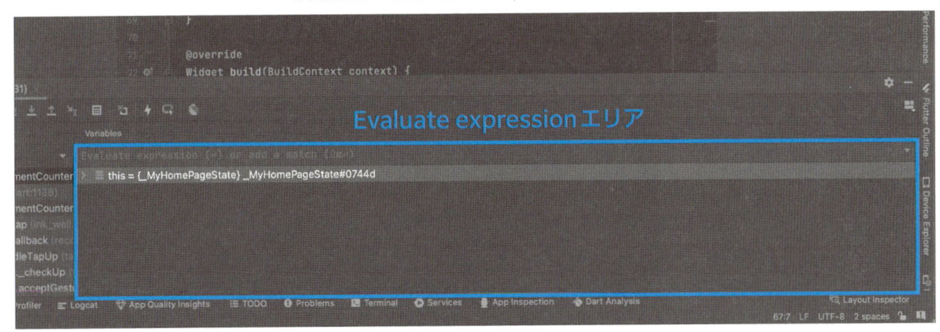

このエリアの中に_counterの変数が表示されています（**図2.69**）。今、_counterにどんな値が入っているのかを確認することができます。

▼図2.69 _counterの中身を確認する

```
Evaluate expression (⏎) or add a watch (⇧⌘⏎)
∨ this = {_MyHomePageState} _MyHomePageState#0744d
  > _widget = {MyHomePage} MyHomePage
  > _debugLifecycleState = {_StateLifecycle} _StateLifecycle.ready
  > _element = {StatefulElement} MyHomePage(dependencies: [_InheritedTheme, _LocalizationsScope-[GlobalKey#60133]], s
    _counter = 0
```

ブレークポイントで止めたプログラム実行を再開するには、**図2.70**の［Resume Program］ボタンをクリックします。Debugモードでの実行をやめるには［Stop］ボタンをクリックします。

▼**図2.70**　プログラム実行を再開する

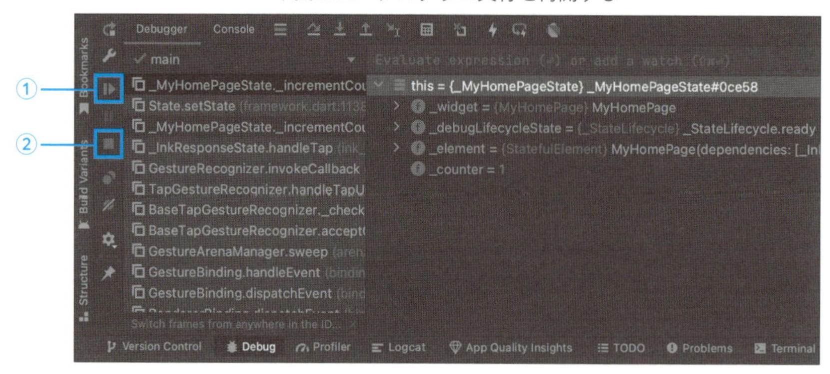

Android Studioのブレークポイントやデバッグの機能についてより詳しく知りたい場合は以下の公式ドキュメントを参照してください。

- **アプリをデバッグする（Android Studio公式ドキュメント）**
  https://developer.android.com/studio/debug?hl=ja

2.10.3　ホットリロードを使う

次に**ホットリロード**について説明します。Android Studioであれば、**図2.71**のように画面上部に「雷」マークがあります。この「雷」マークがFlutterのホットリロードのボタンです。

▼**図2.71**　Hot Reloadボタン

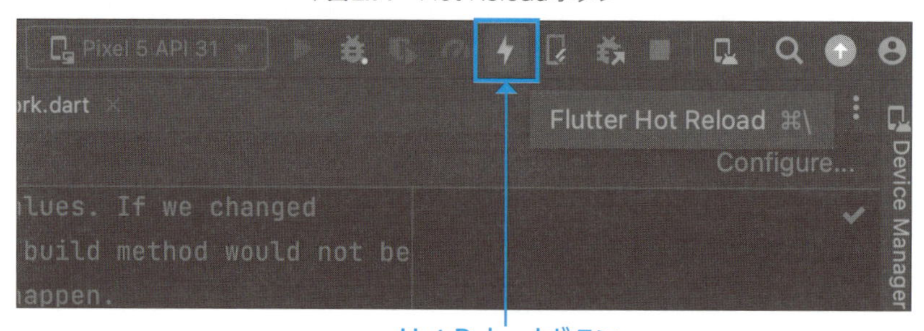

RunモードやDebugモードでアプリを起動したあと、このホットリロードボタンをクリックすれば（またはソースコードの修正を保存すれば）、アプリの実行中でもソースコードの修正が即時に反映されます。

2.10.4 本書を読み進めるにあたって

アプリを開発するには、ブレークポイントやホットリロード以外にも、外部リソースやライブラリをインポートする方法なども知る必要があります。それらについては、今後、随時触れていきます。本書では必要に応じて知識をつけていけば自ずとアプリを作れるように各トピックを組み立てています。

プログラミング学習に限らず新しいことを学習する際は、初めは広く浅く学び、理解度に応じて徐々に深めていくほうが無理なく学習を続けられます。まずは挫折しないことが大切です。

これでこの章の内容はすべて終わりになります。次章では、Flutterの開発で使うDart言語の文法について解説していきます。

第3章

Dartの文法

3.1 DartPad

本章ではDartの文法について解説していきます。実際にコードをタイピングしながら文法を学習したい場合は、図3.1のDartPadを利用することでコードを実行しながら挙動を確認できます。

▼図3.1 DartPad (https://dartpad.dev/)

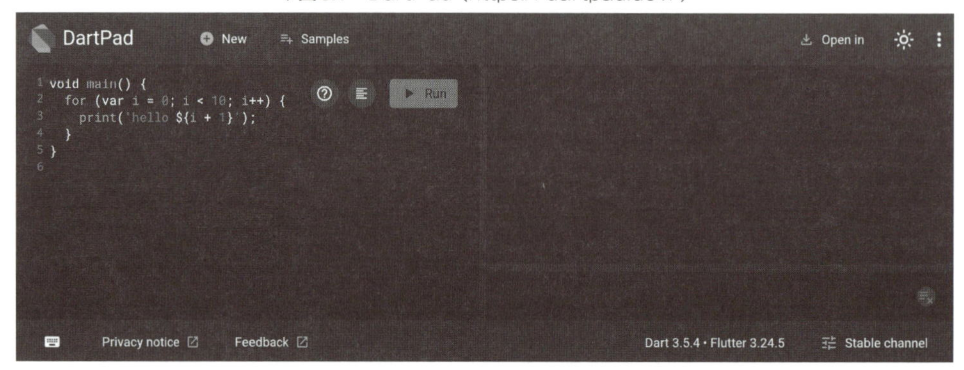

この章に記載されているコードを、DartPadを使って自分でタイピングして実行すればDartの雰囲気をつかめると思います。

3.1.1 DartPadの使い方

DartPadのページを開くと**リスト3.1**のコード（いわゆる「Hello World」）がデフォルトで記載されています[注1]。

▼リスト3.1 DartPadを開くとデフォルトで「Hello World」のコードが記載されている

```
void main() {
  for (var i = 0; i < 10; i++) {
    print('hello ${i + 1}');
  }
}
```

「Hallo World」のコードが書かれた状態で、**図3.2**のように［Run］をクリックすると、コードが実行されその結果がConsoleのエリアに出力されます。

注1 過去にDartPadを開いてコードを実行したことがある場合は、そのときのコードが記載されていることがあります。その場合は、画面上の［New］をクリックし、その後に表示されるメニューで［Dart snippet］を選べば、「Hello World」のコードが記載された状態になります。

▼図3.2 ［Run］ボタンをクリックしてコードを実行する

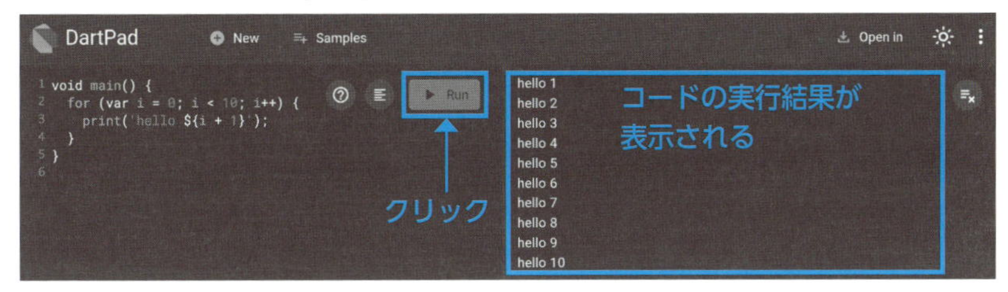

3.1.2 本書のサンプルコードを実行する場合の注意点

本章に掲載しているサンプルコードをDartPadで実行する場合は、**リスト3.2**のように、void main()の {}の中にサンプルコードを記入して［Run］をクリックしてください[注2]。

▼リスト3.2 本章のサンプルコードをDartPadで実行する場合は、main関数の中に該当のコードを記入する

```
void main() {

// ここに本章に掲載されているサンプルコードを記入する

}
```

3.2 Dartとは

Dartの文法はJavaやJavaScriptと似ています。JavaとJavaScriptを足して2で割ったような言語です。Dartの開発はGoogleのDartチームによって行われ、日々改善されているため便利な機能が頻繁に追加されています。2022年5月にFlutter 3がリリースされました。本書のサンプルコードはFlutter 3.13.9に搭載されているDart 3.1.5で動作確認しています。

Dart構文について深く学習したい方は「Introduction to Dart」のサイトがあります。そちらも参考にしながら学習すると理解が深まります。

- **Introduction to Dart**
  https://dart.dev/language

それでは、一緒に文法を見ていきましょう。

3.3 変数の宣言

Dartで**変数**を宣言する方法にはさまざまな方法があります。

注2 本書のサポートページでダウンロード提供しているサンプルコードについては、void main(){ }の部分も含んだコードですので、そのままDartPadにコピー＆ペーストして実行できます。

3.3.1 変数の宣言と値の代入

Dartは静的型付け言語ですので、基本的に変数宣言では、**構文3.1**のように型（データ型）と変数名を記載します。

▼構文3.1 変数を宣言し、値を代入する

```
型 変数名 = 値;
```

変数を宣言し、値を代入する具体例を**リスト3.3**に示します。

リスト3.3のprint(count);は変数countの内容をコンソールに出力するコードです。コンソールに出力される内容は// => というコメントを使って表しています（以降のリストも同様に表現します）。

▼リスト3.3 変数を宣言し、値を代入する

```
/// int 型（数値型）の変数 count を宣言し、1 を代入する
int count = 1;
// 変数 count の値をコンソールに出力する
print(count); // => 1
// 変数 count に別の値を再代入する
count = 2;
print(count); // => 2

/// String 型（文字列型）の text を宣言し、hello を代入する
String text = 'hello';
print(text); // => hello
text = 'hello world';
print(text); // => hello world
```

先頭にfinalのキーワードを付けると変更不可（immutable）の変数を宣言できます（**構文3.2、リスト3.4**）。これにより、一度宣言した変数に再度別の値を代入することはできなくなります。代入しようとするとコンパイルエラーになります（**リスト3.5**）。

▼構文3.2 変更不可の変数を宣言し、値を代入する

```
final 型 変数名 = 値;
```

▼リスト3.4 変更不可の変数を宣言する

```
/// int 型の変更不可の変数 count を宣言する
final int count = 1;
print(count); // => 1

/// String 型の変更不可の変数 text を宣言する
final String text = 'hello';
print(text); // => hello
```

▼リスト3.5 finalで宣言した変数に再代入を行うとコンパイルエラーになる

```
final int count = 1;
count = 2; // => コンパイルエラーになる
```

3.3.2 型推論

Dartには**型推論**という、型の記述を省略しても代入する値などから型を推論してくれる機能があります。変数名の前にvarを付けて宣言することで型推論が行われるようになり、具体的な型の記述を省略できます。(**構文3.3、リスト3.6、3.7**)。これにより、JavaScriptのように型を記述せずに変数を宣言することができます。

▼構文3.3 型の記述を省略して、変数を宣言する

```
var 変数名 = 値;
```

▼リスト3.6 型の記述を省略して、変数を宣言する

```
var count = 1;
print(count); // => 1

var text = 'hello';
print(text); // => hello
```

▼リスト3.7 型推論により変数が適切な型で宣言されていることを確認する

```
var count = 1; // 型推論によりcountはint型で宣言される
count = 2;     // int型の値は再代入できる
count = 'abc'; // String型の値を再代入しようとすると、コンパイルエラーになる
```

型推論は、varだけでなく、finalで宣言したときにも機能します(**リスト3.8**)。

▼リスト3.8 finalだけを記述した場合も型推論が働く(型を省略できる)

```
final a = 1;
final b = 'abc';
print(a); // => 1
print(b); // => abc
```

`final var`のような宣言方法は、コンパイルエラーになります(**リスト3.9**)。

▼リスト3.9 finalとvarを同時に記述することはできない

```
final var a = 1;
print(a); // コンパイルエラーになる
```

3.3.3 動的な型

これまで紹介した以外に、dynamicというキーワードによる変数の宣言の方法があります。Dartは基本的には静的型付け言語ですが、dynamicで宣言した変数には数値でも文字列でもどんな型のデータでも格納できます(**構文3.4、リスト3.10**)。varと違って、dynamicで宣言した変数には、最初に代入した値と異なる型の値を再代入することができます。

▼構文3.4 どんな型でも代入可能な変数を宣言する

```
dynamic 変数名 = 値;
```

▼リスト3.10 どんな型でも代入可能な変数を宣言する

```
dynamic count = 1;
count = 'hello'; // 数値が入っているcountに文字列を再代入できる
print(count); // => hello

dynamic text = 'hello world';
text = 10; // 文字列が入っているtextに数値を再代入できる
print(text); // => 10
```

3.3.4 コンパイル時定数

constというキーワードで変数を宣言する方法もあります。constは**コンパイル時定数**(compile-time constant。単に**定数**とも呼ぶ)を意味します。つまり、コンパイル時に確定している値であることを示す宣言方法で、変数の宣言後に値を再代入することはできません(**構文3.5、リスト3.11**)。

▼構文3.5 コンパイル時定数を宣言する

```
const 変数名 = 値;
```

▼リスト3.11 コンパイル時定数を宣言する

```
const count = '1';
count = 2; // コンパイルエラーになる

const message = 'Hello';
message = 'Hello World'; // コンパイルエラーになる
```

constとfinalとの違いですが、簡単に説明すると次のとおりになります。

・final:コンパイル段階では決定されていないが、実行段階で値が決定される。
・const:コンパイル段階で値が決定される。

constのほうが、値が決定されるのが早いと覚えるとそれぞれを区別しやすいです。
たとえば、finalで宣言した変数には、別の変数を代入することが可能です(**リスト3.12**)。

▼リスト3.12 finalで宣言した変数には、別の変数を代入できる

```
var count = 1;
final one = count;
print(one); // => 1
```

一方で、constで宣言した変数に別の変数を代入すると、コンパイルの段階で値を決定できないため、コンパイルエラーが発生します(**リスト3.13**)。

▼リスト3.13 constで宣言した定数には変数を代入できない

```
var count = 1;
const one = count; // コンパイルエラーになる
print(one);
```

これまで紹介したように、Dartにはvar、final、dynamic、constの宣言方法があります。近年、実務ではimmutableな（再代入できない）変数でのプログラミングが好まれます。

本書の対象者は初心者向けと位置付けていますので、基本的にはvarで変数を宣言する方針にしています。しかし、FlutterやIDEが自動生成するコードにはこれらのキーワードが使われていることがあるため、意味は理解しておきましょう。

3.4 基本的なデータ型

Dartの基本的な**データ型**は**表3.1**のものがあります。変数を宣言するときは、これらの型を指定できます。

▼**表3.1**　Dartの基本的なデータ型

型	内容
int	整数
double	浮動小数点数
String	文字列
bool	真偽値
List	配列
Set	ユニークな配列
Map	Key/Valueペア

3.4.1 int、double（数値型）

intは整数を扱うための型です。doubleは小数（浮動小数点数）を扱うための型になります（**リスト3.14**）。

▼**リスト3.14**　数値型の変数を扱う

```
int number = 10;
print(number); // => 10

double pi = 3.14;
print(pi); // => 3.14
```

3.4.2 String（文字列型）

Stringは文字列を扱うための型です。文字列の値はダブルクォーテーション（" "）、またはシングルクォーテーション（' '）でくくって表現します（**リスト3.15**）。

▼**リスト3.15**　文字列型の変数を扱う

```
String hello = 'hello';
print(hello); // => hello
```

```
String world = "world";
print(world); // => world
```

3.4.3 bool（真偽値型）

boolは**真偽値**（trueまたはfalse）を扱うための型です。trueが真、falseが偽を表します（**リスト3.16**）。真偽値は「結果の判定」や「ウィジェットの表示／非表示」などで使われます。

▼**リスト3.16**　真偽値型の変数を扱う

```
bool visible = false;
print(visible); // => false

visible = true;
print(visible); // => true
```

3.4.4 List（配列）

配列は同じ型の値を複数格納できる型です。Dartで配列の変数を宣言するには、型にList<型>と記述して指定します（**構文3.6**）。

▼**構文3.6**　配列の変数を宣言する

```
List<型> 変数名 = [値1, 値2, 値3, 値4, …… ];
```

具体的には、**リスト3.17**のように宣言します。

▼**リスト3.17**　配列の変数を宣言する

```
List<int> counts = [0, 1, 2, 3, 4, 5, 6, 7, 8, 9, 10];
print(counts); // => [0, 1, 2, 3, 4, 5, 6, 7, 8, 9, 10]

List<String> fruits = ['apple', 'orange', 'banana', 'peach'];
print(fruits); // => [apple, orange, banana, peach]
```

さらに、varやdynamicでの宣言も可能です（**リスト3.18**）。

▼**リスト3.18**　varやdynamicで配列の変数を宣言する

```
// この場合のusersの型はList<String>になる
var users = ['Tanaka', 'Yamada', 'Ikeda', 'Kimura'];
print(users); // => [Tanaka, Yamada, Ikeda, Kimura]

// この場合のalphabetsの型はList<String>になる
dynamic alphabets = ['a', 'b', 'c', 'd', 'e'];
print(alphabets); // => [a, b, c, d, e]
```

配列内のひとつひとつの値を**要素**と呼びます。たとえば、直前のサンプルコードの配列alphabetsの'a'や'b'や'c'などが要素です。各要素には0から順番に番号が振られており、この番号のことを**インデックス**と呼びます。配列alphabetsの例でいうと、0番目の要素が'a'、1番目の要素が'b'、2番目の要素が'c'……となります。配列の各要素はインデックスを指定して参照したり更新したりできます(**リスト3.19**)。

▼リスト3.19 インデックスを指定して配列の要素を参照/更新する

```
List<String> fruits = ['apple', 'orange', 'banana', 'peach'];

// 1番目の要素を参照する
print(fruits[1]); // => orange

// 1番目の要素を更新する
fruits[1] = 'grape';
print(fruits); // => [apple, grape, banana, peach]
```

一般的に、プログラミングにおいては、配列に要素を追加したり、配列から要素を削除したりすることがよく行われます。そのような場合、Dartでは**表3.2**に挙げた関数を使います[注3]。

▼表3.2 配列の要素を扱う関数

関数の内容	関数の構文
要素の追加	add(要素の値)
インデックスを指定して要素を削除	removeAt(インデックスの値)
要素を指定して存在すれば削除	結果を格納する変数 = remove(要素の値)
要素をすべて削除	clear()

それぞれコードで紹介すると**リスト3.20**のようになります。

▼リスト3.20 関数で配列の要素を扱う

```
// 配列の変数を宣言
List<String> fruits = ['apple', 'orange', 'banana', 'peach'];
print(fruits); // => [apple, orange, banana, peach]

// 要素を追加
fruits.add('lemon');
print(fruits); // => [apple, orange, banana, peach, lemon]

// インデックスを指定して要素を削除
fruits.removeAt(1);
print(fruits); // => [apple, banana, peach, lemon]

// 要素を指定して存在すれば削除
// remove関数は返り値として、削除に成功できたかどうかを真偽値で返す
var result = fruits.remove('banana');
print(result); // => true
print(fruits); // => [apple, peach, lemon]

fruits.clear();
print(fruits); // => []
```

また、配列に値を格納するときに型を明記する記法も存在します(**リスト3.21**)。

注3 関数の使い方については3.9節で詳しく説明します。

▼リスト3.21　配列に値を格納するときに型を明記する

```
List<int> counts = <int>[0, 1, 2, 3, 4, 5, 6, 7, 8, 9, 10];
print(counts); // => [0, 1, 2, 3, 4, 5, 6, 7, 8, 9, 10]

List<String> fruits = <String>['apple', 'orange', 'banana', 'peach'];
print(fruits); // => [apple, orange, banana, peach]
```

実際にFlutterでアプリを開発し始めると、IDEの補完機能で型が明示される箇所があります。その補完機能でこのような書き方が登場するので、覚えておきましょう。

3.4.5　Map（Key/Valueペア）

Mapは Key/Value形式のデータを格納したいときに使う型です。DartでMapの変数を宣言するには、**構文3.7**のように書きます。

▼構文3.7　Mapの変数を宣言する

```
Map<Keyの型、Valueの型> 変数名 = <Keyの型、Valueの型>{
  Key1の値: Value1の値,
  Key2の値: Value2の値,
  …
}
```

また、右辺の<Keyの型、Valueの型>は省略することも可能です（**構文3.8**）。

▼構文3.8　Mapの変数を宣言する（右辺の型の記述を省略）

```
Map<Keyの型、Valueの型> 変数名 = {
  Key1の値: Value1の値,
  Key2の値: Value2の値,
  …
}
```

具体的には、**リスト3.22**のコードのように宣言します。

▼リスト3.22　Mapの変数を宣言する

```
Map<String, String> language = <String, String>{
  "Japan": "Japanese",
  "USA": "English" ,
  "China": "Chinese"
};
print(language); // => {Japan: Japanese, USA: English, China: Chinese}

Map<String, String> city = {
  "Japan": "Tokyo",
  "USA": "Washington" ,
  "China": "Beijing"
};
print(city); // => {Japan: Tokyo, USA: Washington, China: Beijing}
```

また、Value部分にはdynamicを使っていろいろな値を格納することも可能です（**リスト3.23**）。

▼リスト3.23 dynamicを使ってValueにいろいろな型の値を格納する

```
Map user = <String, dynamic>{
  "name" : "Taro",
  "age" : 24,
  "child": false
};

print(user); // => {name: Taro, age: 24, child: false}
```

Mapは前述のListと同様に、外部APIからデータを取得する際やSQLiteといったアプリ内データベースの機能を使う際によく使う型です。

3.5 文字列結合と変数展開

文字列結合とは、String型の文字列同士を連結させる機能です。Dartでは、**リスト3.24**のように、+で文字列を結合することができます。

▼リスト3.24 文字列結合

```
var name = 'Taro ' + 'Tanaka';
print(name); // => Taro Tanaka
```

変数展開とは、String型の文字列内にint型やbool型などのほかの型の変数の値を埋め込む機能です。Dartでは、**リスト3.25**のように、シングルクォーテーション（' '）内やダブルクォーテーション（" "）内で$変数名と記述することで、変数に格納された値を展開して埋め込むことができます。

▼リスト3.25 変数展開

```
var firstName = 'Taro';
var lastName = 'Tanaka';
var age = 24;
print('名前は $firstName $lastName です。年齢は $age です。'); => 名前は Taro Tanaka です。年齢は 24 です。
```

3.6 演算子 (Operators)

一般的なプログラミング言語で採用されているような**演算子**が、Dartでも同じように使えます。

3.6.1 算術演算子 (Arithmetic operators)

単純な計算に使う通常の**算術演算子**がサポートされています（**リスト3.26**）。

▼リスト3.26　算術演算子を使って計算する

```
// 可算（+）
final int number1 = 5 + 2;
print(number1); // => 7

// 減算（-）
final int number2 = 5 - 2;
print(number2); // => 3

// 乗算（*）
final int number3 = 5 * 2;
print(number3); // => 10

// 除算（/）、結果はdouble
final double number4 = 5 / 2;
print(number4); // => 2.5

// 除算の商（~/）、結果はint
final int number5 = 5 ~/ 2;
print(number5); // => 2

// 除算の剰余（%）
final int number6 = 5 % 2;
print(number6); // => 1
```

3.6.2　複合代入演算子（Compound assignment operators）

リスト3.27のような**複合代入演算子**もサポートされています。

▼リスト3.27　複合代入演算子を使って計算する

```
int number = 6 + 3;
print(number); // => 9

number += 3; // numberに3を加算した値をnumberに再代入する
print(number); // => 12

number -= 3; // numberから3を減算した値をnumberに再代入する
print(number); // => 9

number *= 3; // numberに3を乗算した値をnumberに再代入する
print(number); // => 27

number ~/= 3; // numberを3で除算した値をnumberに再代入する
print(number); // => 9
```

`number += 3;`は、`number = number + 3;`を意味します。

3.6.3　等価演算子、関係演算子（Equality and relational operators）

リスト3.28のような**等価演算子**、**関係演算子**もサポートされています。

▼**リスト3.28** 等価演算子、関係演算子で値を比較する

```
// == は左辺と右辺の数字が等しいかどうかを判定する
print(6 == 6); // => true

// != は左辺と右辺の数字が等しくないかどうかを判定する
print(6 != 3); // => true

// > は左辺が右辺の数字より大きいかどうかを判定する
print(6 > 3); // => true

// < は左辺が右辺の数字より小さいかどうかを判定する
print(3 < 6); // => true

// >= は左辺が右辺の数字以上かどうかを判定する
print(6 >= 6); // => true
print(6 >= 3); // => true

// <= は左辺が右辺の数字以下かどうかを判定する
print(6 <= 6); // => true
print(3 <= 6); // => true
```


3.7 制御構文

Dartで使える制御構文を紹介します。

3.7.1 条件分岐 if-else文

if-else文を使うと、等価演算子や関係演算子などを使って、特定の条件に当てはまる場合に実行する処理を書くことができます（**構文3.9、リスト3.29**）。

▼**構文3.9** 特定の条件に当てはまる場合にだけ処理させる

```
if (条件式1) {
  条件式1に当てはまるときに実行する処理
} else {
  条件式1に当てはまらないときに実行する処理
}
```

▼**リスト3.29** 特定の条件に当てはまる場合にだけ処理させる

```
int number = 1;
if (number == 1) {
  print('1です。'); // ここに当てはまって「1です。」と出力される
} else {
  print('1ではありません。');
}
```

また、else ifを使うことで別の条件式を加えることができます（**構文3.10、リスト3.30**）。

▼構文3.10 特定の条件に当てはまる場合にだけ処理させる（条件式が2つ以上の場合）

```
if ( 条件式 1) {
  条件式 1 に当てはまるときに実行する処理
} else if ( 条件式 2) {
  条件式 1 に当てはまらずに、条件式 2 に当てはまるときに実行する処理
} else {
  条件式 1 と条件式 2 のどちらにも当てはまらないときに実行する処理
}
```

▼リスト3.30 特定の条件に当てはまる場合にだけ処理させる（条件式が2つ以上の場合）

```
int number = 10;
if (number == 1) {
  print('1 です。');
} else if (number == 10) {
  print('10 です。'); // ここに当てはまって「10 です。」と出力される
} else {
  print('1 でも 10 でもありません。');
}
```

3.7.2 条件分岐 switch 文

switch文を使うと、指定した変数が特定の値の場合に実行する処理を書くことができます。つまり、変数の値に応じて処理を変えられます（**構文3.11、リスト3.31**）。

▼構文3.11 変数の値に応じて処理を変える

```
switch ( 変数 ) {
  case 値 1:
    変数が値 1 のときに実行する処理
    break;
  case 値 2:
    変数が値 2 のときに実行する処理
    break;
  case 値 3:
    変数が値 3 のときに実行する処理
    break;
  default:
    変数の値が上記のどれにも当てはまらないときに実行する処理
    break;
}
```

▼リスト3.31 変数の値に応じて処理を変える

```
int number = 2;
switch (number) {
  case 1:
    print('1 です。');
    break;
```

```
  case 2:
    print('2です。'); // ここに当てはまって「2です。」と出力される
    break;
  case 3:
    print('3です。');
    break;
  default:
    print('4です。');
    break;
}
```


3.7.3 繰り返し while 文

while文を使うと、特定の条件に一致した場合に、同じ処理を繰り返します（**構文3.12**）。

▼**構文3.12** 特定の条件に一致した場合に、同じ処理を繰り返す（while文）

```
while ( 条件式 ) {
  条件式に当てはまるときに実行する処理
}
```

while文はまず条件式に当てはまるかどうかが評価され、当てはまれば「条件式に当てはまるときに実行する処理」を実行します。その後、再び条件式に当てはまるかが評価され、当てはまれば再度同じ処理が実行されます。当てはまらなければ、while文を抜けます。

リスト3.32にコードの例を示します。

▼**リスト3.32** 特定の条件に一致した場合に、同じ処理を繰り返す（while文）

```
int number = 0;
while (number < 5) {
  print(number);
  number = number + 1;
}
// 以下のように出力される
// 0
// 1
// 2
// 3
// 4
```

3.7.4 繰り返し for 文

for文を使うと、特定の条件に一致した場合に、同じ処理を繰り返します（**構文3.13**）。while文との違いは、条件式に使う変数の初期化式と更新式を簡潔に書けるところです。

▼**構文3.13** 特定の条件に一致した場合に、同じ処理を繰り返す（for文）

```
for( 初期化式 ; 条件式 ; 更新式 ) {
  条件式に当てはまるときに実行する処理
}
```

for文はまず初期化式が実行され、そのあとに条件式に当てはまるかが評価されます。条件式に当てはまれば「条件式に当てはまるときに実行する処理」を実行します。そのあとに更新式が処理され、再び条件式に当てはまるかが評価されます。当てはまれば再度同じ処理が実行されます（当てはまらなければ、for文を抜けます）。

リスト3.33にコードの例を示します。

▼**リスト3.33** 特定の条件に一致した場合に、同じ処理を繰り返す（for文）

```
for(int number = 0; number < 5; number++) {
  print(number);
}

// 以下のように出力される
// 0
// 1
// 2
// 3
// 4
```

3.8 Null Safety

Null Safetyは、2021年3月3日にDart 2.12とFlutter 2で正式にリリースされた機能です。これによって、DartはNull安全な（Nullを安全に扱える）言語となりました。

Dart 2.12以降では、基本的に変数にnull[注4]を代入することはできません（**リスト3.34**）。これにより、プログラム実行時にNullが入った変数を参照してエラー（例外）が発生することを防ぎます。

▼**リスト3.34** nullを代入するとコンパイルエラーが発生する

```
int count = null; // コンパイルエラーになる
print(count);
```

もしNullを代入できる変数（Nullableな変数、Null許容型の変数）を宣言したい場合には、そのことを明示する必要があります。Nullを代入できる変数を宣言するときは、型の右側に「?」を付けます（**リスト3.35**）。

▼**リスト3.35** Nullを代入できる変数を宣言する

```
int? nullableCount = null;
print(nullableCount); // => null

nullableCount = 1;
print(nullableCount); // => 1

String? nullableMessage = null;
print(nullableMessage); // => null

nullableMessage = 'Hello world';
print(nullableMessage); // => Hello world
```

アプリ開発の現場ではNullが入ることを許容せざるを得ないシーンも多々あるため、このような機能が用意

注4 **Null**（null）とは、何のデータもない状態を表す特殊な値。

されています。ただし、Nullableな変数を不用意に使用すると、実際にNullが入っていてエラーが発生する恐れがあります。そのため、Nullableな変数をほかの変数に代入するような場合には、あらかじめNullが入っていないかどうかをチェックしたうえで使用する必要があります（Nullableな変数を扱う具体的な方法は第6章で紹介しています）。

3.9 関数

関数とは、いくつかの処理をまとめて再利用できるようにするための機能です。関数に特定の値を渡して、その値を使って計算させたり、その値に応じた処理をさせたりすることができます。関数に渡す値のことを**引数**と言います。また、関数で処理した結果を、関数の呼び出し元に返すこともできます。この返される値を**返り値**（戻り値）と言います。

Flutterでの関数の定義はCやJavaに似ています。

3.9.1 引数や返り値のない関数の定義と呼び出し

引数や返り値のない単純な関数を定義する場合は**構文3.14**のようになります。これが関数を定義する場合の最も簡単な書き方になります。

▼**構文3.14** 引数／返り値のない関数の定義と呼び出し

```
// 関数を定義する
void 関数名() {
  処理
}

// 関数を呼び出す
関数名();
```

リスト3.36は「Hello Dart」を出力するhello関数を定義して呼び出しています。これが基本形になります。

▼**リスト3.36** 引数／返り値のない関数の定義と呼び出し

```
void hello() {
  print('Hello Dart');
}

hello(); // => Hello Dart
```

3.9.2 引数の定義

引数を定義する場合は**構文3.15**のように、関数名のあとの括弧の中に引数の型と引数の変数名を記述します。関数を呼び出すときには、括弧内に関数に渡す値や変数を記述します。

▼構文3.15 引数のある関数の定義と呼び出し

```
// 関数を定義する
void 関数名( 引数の型 引数の変数名 ) {
  処理
}

// 関数を呼び出す
関数名( 値または変数 );
```

リスト3.37ではhello関数の引数にString型のnameという引数を定義しています。hello関数を呼び出すときには、引数として'Taro'という文字列を渡しています。

▼リスト3.37 引数のある関数の定義と呼び出し

```
void hello(String name) {
  print('Hello ' + name);
}

hello('Taro'); // => Hello Taro
```

Dartでは、**名前付き引数**という機能があります（**構文3.16**）。関数を呼び出すときに引数名とともに引数の値を指定するため、コードが読みやすくなります。

▼構文3.16 名前付き引数を定義する

```
// 関数を定義する（名前付き引数を{}で囲む）
void 関数名({required 引数の型 引数の変数名}) {
  処理
}

// 関数を呼び出す（引数の名前と値を指定する）
関数名( 引数の変数名 : 値または変数 );
```

引数の型と引数の変数名を{ }で囲むことで、名前付き引数になります。名前付き引数は省略可能な引数（呼び出し時に値を指定しなくてもよい）になります。そのままではNullが入る可能性があるということでコンパイルエラーになってしまうため、requiredを付けて必須の引数であることを明示します[注5]。

構文3.16を使ったコードが**リスト3.38**です。hello関数を呼び出すときに引数名を指定しているため、引数の意味（1つめの引数が名で、2つめの引数が姓であること）が明確にわかると思います。

▼リスト3.38 名前付き引数を定義する

```
void hello({required String firstName, required String lastName}) {
  print(firstName + lastName);
}

hello(firstName: 'Taro', lastName: 'Yamada'); // => TaroYamada
```

注5 そのほかの手段としては、引数が渡されなかった（引数がNullだった）場合にデフォルト値を設定するなどの方法が考えられます。本書では取り上げませんが、そのような方法を簡単に実現する方法としてDartにはデフォルト引数という機能が備わっています。

3.9.3 返り値の定義

返り値を定義する場合は**構文3.17**のように関数名の前に返り値の型を記述します[注6]。返り値を定義したときは、関数の中でreturn文を使って値を返す必要があります。このとき返り値の型に一致する値を返さないといけません。関数を呼び出したときの返り値の値は、変数に代入することで受け取ります。

▼構文3.17 返り値のある関数の定義と呼び出し

```
// 関数を定義する
返り値の型 関数名(引数の型 引数の変数名){
  処理
  return 値または変数または式;
}

// 関数を呼び出す
返り値を受け取る変数 = 関数名(値または変数);
```

リスト3.39ではhello関数にString型の返り値を定義しています。関数の中ではreturn文で文字列と変数（引数）を結合した値を返しています。そして、hello関数を呼び出すときには、helloTaro変数で返り値を受け取っています。

▼リスト3.39 返り値のある関数の定義と呼び出し

```
String hello(String name) {
  return 'Hello ' + name;
}

var helloTaro = hello('Taro');
print(helloTaro); // => Hello Taro
```

返り値は変数に入れずに、直接別の関数に渡すこともできます。たとえば、次の例では、hello関数の結果を直接、print関数に渡しています。

```
print(hello('Taro')); // => Hello Taro
```

3.10 クラスと継承

ここでは、オブジェクト指向言語におけるクラスの機能について説明します。

3.10.1 クラスの定義

クラスとは、インスタンスを作るためのひな形です。クラスには変数や関数を定義することができます。クラスを活用するには、クラスから**インスタンス**（**オブジェクト**とも呼ばれます）を生成します。同じクラスから

注6 構文3.14など返り値がない場合は、型にvoidと指定していました。これは返り値がないことを示す型です。

生成されたインスタンスは、すべて基となるクラスと同じ変数や関数を持ちます(ただし、変数に入っている値は異なる場合があります)。

つまり、クラスというひな形を定義することで、簡単に同じデータ構造や関数を持つインスタンスをいくつも作れるようになります(クラスの取り扱いは第6章で詳しく解説します)。

Dartでは**構文3.18**のようにして、クラスを定義します。

▼構文3.18 クラスを定義する

```
class クラス名 {
  変数の宣言や関数の定義
}
```

3.10.2 変数を持つクラスの定義、インスタンスの生成

変数を持つクラスを定義する方法と、定義したクラスを基にインスタンスを生成する方法を見ていきましょう。たとえば、変数を2つ持つクラスを定義し、そのインスタンスを生成する構文は、**構文3.19**のようになります。

▼構文3.19 クラスを定義し、インスタンスを生成する

```
class クラス名 {
  // 変数を宣言する
  変数の型1 変数名1 = 値;
  変数の型2 変数名2 = 値;

  // インスタンス生成用の関数(コンストラクタ)
  クラス名(引数の型1 引数名1, 引数の型2 引数名2) {
    this.変数名1 = 引数名1;
    this.変数名2 = 引数名2;
  }
}

// インスタンスを生成する
変数名 = クラス名(値または式, 値または式);
```

この構文を使ったサンプルコードが**リスト3.40**です[注7]。

クラス内に変数を宣言した場合、変数には初期値を代入する必要があります。インスタンスごとに変数の値を変える場合は、インスタンス生成用の関数を使って変数に値を代入します。インスタンス生成用の関数はクラス名と同じ名前にする必要があります(**リスト3.40**の場合はPersonという名前にする必要があります)。このようなインスタンス生成用の関数を一般的に**コンストラクタ**と呼びます。**リスト3.40**のPersonコンストラクタには2つの引数があります。2つの引数で2つの値を受け取り、その値をそれぞれfirstNameとlastNameという変数に代入しています。

注7 ここまでのサンプルコードをDartPadで実行する場合にはリスト3.2の説明に従い、main関数の中に該当のコードを記入していたと思います。しかし、リスト3.40のコードをmain関数の中に記入するとエラーになってしまいます。
リスト3.40のサンプルコードをDartPadで実行する場合は、既存のmain関数を消して、リスト3.40のコードに書き換えて実行してください。リスト3.41 〜リスト3.45のコードも同様です。

▼**リスト3.40** クラスを定義し、インスタンスを生成する

```
class Person {
  // String型の変数firstNameとlastNameを宣言する
  String firstName = "";
  String lastName = "";

  // インスタンス生成用の関数（コンストラクタ）
  Person(String firstName, String lastName) {
    this.firstName = firstName;
    this.lastName = lastName;
  }
}

void main() {
  // インスタンスを生成する
  Person hanako = Person("Hanako", "Yamada");
  print(hanako.lastName); // => Yamada

  // varによる動的なインスタンス生成
  var taro = Person("Taro", "Tanaka");
  print(taro.lastName); // => Tanaka
}
```

main関数では、Person型の変数hanakoを宣言し、Personコンストラクタを使って生成したインスタンスを変数hanakoに代入しています。同じく変数taroにもインスタンスを代入しています。

クラス内に宣言した変数は「インスタンス名.変数名」の形式で参照できます。

リスト3.40では、それぞれのインスタンスにおけるクラス内の変数（lastName）の値をprint文で出力しています。print文の出力結果を見ると、それぞれのインスタンスが持つ変数lastNameの値は異なっている（コンストラクタの引数で指定した値が設定されている）ことがわかります。このようなインスタンスごとに値の異なる変数を**インスタンス変数**と呼びます（またはプロパティやフィールドとも呼ばれます）。

この例のように、クラスを使えば、同じデータ構造を持ちつつも中の値は異なるインスタンスを簡単にいくつも作ることができます。

また、コンストラクタの中の処理を書かずにインスタンス変数を初期化する簡略的な書き方もあります（**構文3.20**）。

▼**構文3.20** 簡略的なコンストラクタの書き方

```
class クラス名 {
  // インスタンス変数を宣言する（初期値を代入しない）
  変数の型1 変数名1;
  変数の型2 変数名2;

  // コンストラクタ（引数にインスタンス変数を指定する）
  クラス名(this.変数名1, this.変数名2);
}

// インスタンスを生成する
変数名 = クラス名(値または式, 値または式);
```

この構文で書いたコードが**リスト3.41**です。インスタンス変数firstNameとlastNameの初期値を代入せず、またコンストラクタの中の処理を省略しています。

▼リスト3.41 簡略的なコンストラクタの書き方

```
class Person {
  // インスタンス変数firstName、lastNameを宣言する（初期値は代入しない）
  String firstName;
  String lastName;

  // コンストラクタ（引数にインスタンス変数を指定する）
  Person(this.firstName, this.lastName);
}

void main() {
  // インスタンスを生成する
  Person hanako = Person("Hanako", "Yamada");
  print(hanako.lastName); // => Yamada

  // varによる動的なインスタンス生成
  var taro = Person("Taro", "Tanaka");
  print(taro.lastName); // => Tanaka
}
```

また、コンストラクタの引数として、**構文3.16**で紹介した名前付き引数を利用することもできます（**リスト3.42**）。

▼リスト3.42 コンストラクタの引数を名前付き引数にする

```
class Person {
  // インスタンス変数firstName、lastNameを宣言する（初期値は代入しない）
  String firstName;
  String lastName;

  // コンストラクタ（引数は名前付き引数にする）
  Person({required this.firstName, required this.lastName});
}

void main() {
  // インスタンスを生成する（コンストラクタの引数は名前付きで指定する）
  Person hanako = Person(firstName: "Hanako", lastName: "Yamada");
  print(hanako.lastName); // => Yamada
}
```

Flutterでは、ウィジェットを生成するときに、ウィジェットの設定をプロパティとして指定しますが、この名前付き引数で指定する方法がよく使われます。

3.10.3 クラス内関数（メソッド）の定義

これまでのサンプルコードで、すでにPersonコンストラクタが登場しているのでおわかりかと思いますが、クラス内に関数を定義することができます。クラスの外で関数を定義するときの書き方とほとんど同じです。

リスト3.43では、getFullNameという引数を持たず、文字列型の返り値を返す関数を定義しています。

▼**リスト3.43** クラス内関数（メソッド）を定義する

```
class Person {
  String firstName;
  String lastName;

  Person(this.firstName, this.lastName);

  // メソッドを定義する
  String getFullName() {
    return this.firstName + this.lastName;
  }
}

void main() {
  Person taro = Person("Taro", "Yamada");
  // メソッドを呼び出す
  print(taro.getFullName()); // => TaroYamada
}
```

クラス内に定義した関数はインスタンスを生成し、「インスタンス名.関数名」の形式で呼び出します。

リスト3.43では、taro.getFullName()と関数を呼び出して、返り値として2つのインスタンス変数を結合した値を得ています。

このようにインスタンスのデータを参照したり、扱ったりするクラス内関数を**メソッド**と呼びます。

3.10.4 クラスの継承

継承という機能を使えば、「あるクラスの一部だけが異なるクラス」を簡単に定義できます。一般的に、継承する際に基となるクラスを**親クラス**や**スーパークラス**と呼び、継承されてできたクラスを**子クラス**や**サブクラス**と呼びます。

あるクラスを継承して別のクラスを定義するには、**構文3.21**のように記述します。

▼**構文3.21** あるクラスを継承して別のクラスを定義する

```
// extendsで継承の基となるクラスを指定する
class 子クラス名 extends 親クラス名 {
  // コンストラクタ
  子クラス名(引数の型1 引数名1, 引数の型2 引数名2): super(引数名1, 引数名2) {
    this.変数名1 = 引数名1;
    this.変数名2 = 引数名2;
  }
}
```

リスト3.44の例では、Personクラスを継承した子クラスChildクラスを新たに定義しています。Childクラスは Personクラスにはないageというインスタンス変数を持ちます。

▼**リスト3.44** Personクラスを継承してChildクラスを定義する

```
// Personクラスを定義
class Person {
```

```
  String firstName;
  String lastName;

  Person(this.firstName, this.lastName);
}

// Childクラスを定義（Personクラスを継承）
class Child extends Person {
  int age = 10; // Childクラスは変数ageを持つ

  Child(String firstName, String lastName) : super(firstName, lastName) {
    this.firstName = firstName;
    this.lastName = lastName;
  }
}

void main() {
  Child taro = Child("Taro", "Yamada");
  print(taro.firstName); // => Taro
  print(taro.age); // => 10

  Person ichiro = Person("Ichiro", "Yamada");
  print(ichiro.firstName); // => Ichiro
  // print(ichiro.age); // Personはageを持たないため、ageを参照できない
}
```

また、継承する際（子クラス）も、コンストラクタを簡略化して書くことができます（**構文3.22、リスト3.45**）。

▼構文3.22 継承における簡略的なコンストラクタの書き方

```
// extendsで継承の基となるクラスを指定する
class 子クラス名 extends 親クラス名 {
  // コンストラクタ（引数にインスタンス変数を指定する）
  子クラス名(変数名1, 変数名2): super(変数名1, 変数名2);
}
```

▼リスト3.45 継承における簡略的なコンストラクタの書き方

```
class Person {
  String firstName;
  String lastName;

  Person(this.firstName, this.lastName);
}

class Child extends Person {
  int age = 10;

  Child(String firstName, String lastName) : super(firstName, lastName);
}

void main() {
  Child taro = Child("Taro", "Yamada");
  print(taro.firstName); // => Taro
  print(taro.age); // => 10
```

```
}
```

継承についてのより詳しい説明や具体的な活用例については第6章で説明します。

3.11 変数や関数の可視性

Dartでは、クラス内で宣言／定義した変数や関数はクラスの外からでも扱えます。このままでは、意図せずに別のタイミングで変数の値を変更される恐れがあります。

Dartには、変数や関数をクラス外から扱えないように宣言／定義する記法はありません。ただ、変数名や関数名の先頭に「_」(アンダースコア) を付けることで、同一ライブラリ内でしか扱えない変数や関数を宣言／定義できます。Dartにおけるライブラリとは、つまりファイルのことです。

リスト3.46と**リスト3.47**の例の場合、person.dartに宣言／定義した変数firstName、lastNameやgetFullName関数はimport文[注8]を記載すれば扱えますが、変数_ageや_getFullName関数は、ライブラリの外であるmain.dartからは扱えません[注9]。

▼リスト3.46　ライブラリ内でしか使えない変数／関数を宣言／定義する (person.dart)

```
class Person {
  String firstName;
  String lastName;
  int _age; // ライブラリ内でしか使えない変数_ageを宣言する

  Person(this.firstName, this.lastName, this._age);

  // ライブラリ内でしか使えない関数_getFullNameを定義する
  String _getFullName() {
    return firstName + lastName;
  }

  String getFullName() {
    return firstName + lastName;
  }
}
```

▼リスト3.47　ほかのライブラリの変数／関数を使ってみる (main.dart)

```
import 'person.dart'; // ほかのライブラリの変数／関数を使うにはimport文を記述する必要がある

void main() {
  Person taro = Person("Taro", "Yamada", 24);
  print(taro.lastName); // => Yamada
  print(taro.getFullName()); // => TaroYamada
```

注8　import文の詳細は第6章で説明します。

注9　DartPadは複数ライブラリに対応していないため、リスト3.46とリスト3.47のサンプルコードはDartPadでは実行できません。試したい場合は、Visual Studio Codeなどで実行する必要があります。Visual Studio Codeで実行する場合は、画面上部のメニューから [View] → [Command Palette] → [Dart: New Project] → [Console Application] と選択して、適当なフォルダにDartプロジェクトを作成し、binディレクトリにmain.dart (リスト3.47) とperson.dart (リスト3.46) のファイルを作成し、右上の [Start Debugging] アイコンなどから実行します。

```
  // print(taro._getFullName()); // コンパイルエラーになる
  // print(taro._age); // コンパイルエラーになる
}
```

3.12 例外処理

Dartでは、プログラムの実行を継続できない事態が発生すると**例外**（エラー）が発生し異常終了します。Dartでは、例外が発生したときの挙動を例外処理として記述できます。

3.12.1 例外処理 try-catch 文

例外処理はtry-catch文を使って**構文3.23**のように書きます。

▼**構文3.23**　例外が発生した場合に特定の処理をさせる（try-catch文）

```
try {
  例外が発生する可能性のある処理
} catch(e) {
  例外が発生したときに実行する処理
}
```

実際に例外を発生させて、try-catch文の挙動を確認してみましょう（**リスト3.48**）。

▼**リスト3.48**　例外が発生した場合に特定の処理をさせる（try-catch文）

```
int result;

try {
  print('処理を開始しました');
  result = 10 ~/ 0; // 0で除算して例外を発生させる
  print(result);
  print('処理が終了しました');
} catch (e) {
  print('例外が発生しました：$e');
}
// 結果
// 処理を開始しました
// 例外が発生しました：Unsupported operation: Result of truncating division is Infinity: 10 ~/ 0
```

このように、例外が発生するとそれ以下の処理が実行されないままcatchの処理がされることがわかります。

また、throwを使うと、意図的に例外を発生させることができます。**リスト3.49**では、`throw FormatException();`というコードを記述して意図的にFormatExceptionという例外を発生させています。

▼**リスト3.49**　throw文で意図的に任意の例外を発生させる

```
try {
  print('処理を開始しました');
  throw FormatException();
```

```
  print('処理が終了しました');
} catch(e) {
  print('例外が発生しました：$e');
}
// 結果
// 処理を開始しました
// 例外が発生しました：FormatException
```


throwは文字列をそのまま例外として投げることもできます。**リスト3.50**では`throw "error throw";`というコードを記述して意図的にerror throwの例外を発生させています。

▼**リスト3.50** throw文で自ら作成した例外を発生させる

```
try {
  print('処理を開始しました');
  throw "error throw";
  print('処理が終了しました');
} catch(e) {
  print('例外が発生しました：$e');
}
// 結果
// 処理を開始しました
// 例外が発生しました：error throw
```

3.12.2 例外処理 try-catch-finally 文

try-catch文に`finally{ }`というブロックを追加すると、例外が発生した場合でも発生しない場合でも必ず実行する処理を書くことができます（**構文3.24**）。

▼**構文3.24** 例外が発生した場合でも発生しない場合でも必ず処理させる（try-catch-finally文）

```
try {
  例外が発生する可能性のある処理
} catch(e) {
  例外が発生したときに実行する処理
} finally {
  例外が発生した場合でも発生しない場合でも必ず実行する処理
}
```

リスト3.51の例では、意図的にFormatExceptionという例外を発生させていますが、最後にfinallyの中の処理が実行されます。

▼**リスト3.51** 例外が発生した場合でも発生しない場合でも必ず処理させる（try-catch-finally文）

```
try {
  print('処理を開始しました');
  throw FormatException();
  print('処理は終了しました');
} catch(e) {
  print('例外が発生しました：$e');
} finally {
```

```
  print('プログラムの実行を終了します');
}
// 結果
// 処理を開始しました
// 例外が発生しました：FormatException
// プログラムの実行を終了します
```

以上でDartの文法の一連の紹介を終わります。

まだ説明できていないDartの文法はたくさんありますが、本書ではサンプルアプリを開発しながら必要な文法知識を紹介します。どういった機能を開発するときにどんな文法知識が必要なのかアプリ開発を通して理解を深めていきましょう。

第4章

Flutterウィジェットの基本

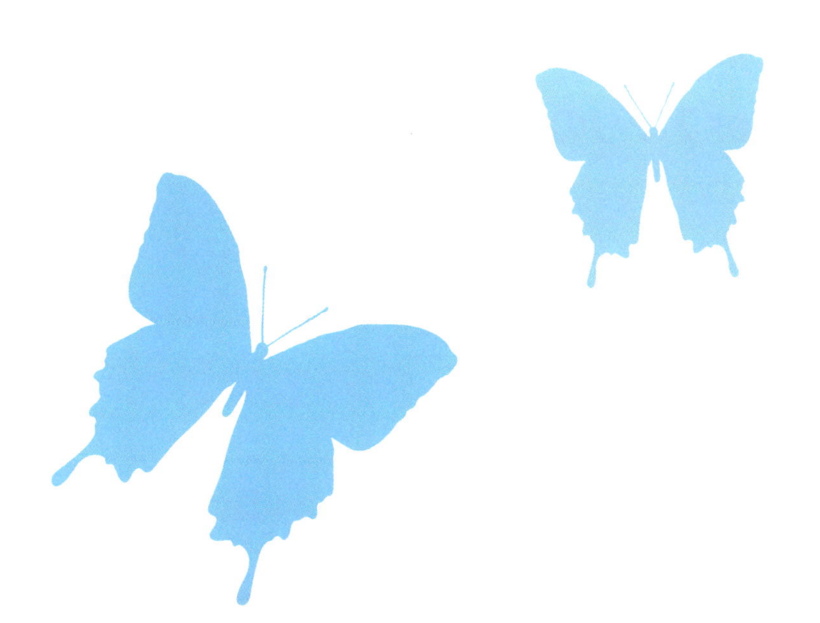

4.1 ウィジェット

本章ではFlutterのアプリの全体像とコンポーネントについて説明します。Flutterでのアプリ開発のキモは**ウィジェット（Widget）**です。

ウィジェットとはコンポーネントそのもののことです。コンポーネントとは何かというと、画面上に表示されるテキスト、ボタン、テキスト入力フォームなどの要素を指します。モバイルアプリ開発ではよくUIコンポーネントと呼ばれますが、そのコンポーネントに該当するのが「ウィジェット」です。FlutterではすべてのUIはウィジェットを組み合わせて作ります。

ウィジェットの細かい説明は、公式ドキュメントの「Widget catalog」（**図4.1**）というページに書かれています。本書で取り上げないウィジェットや機能について詳しく知りたくなった場合はこちらをチェックしてみてください。

▼図4.1 Widget catalog（https://docs.flutter.dev/ui/widgets）

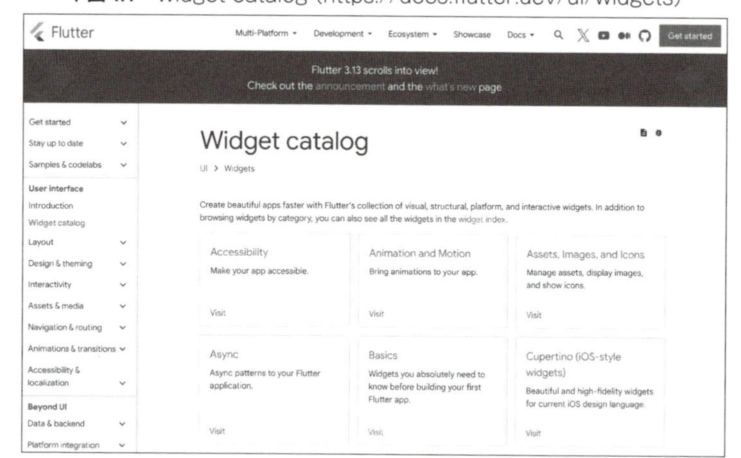

本書の最終目標はこのウィジェットを組み合わせて簡単なアプリを作れるようになることです。

4.2 Flutterアプリの基本構造

2.5節に示した手順で、Flutterのプロジェクトを作成すると、サンプルのカウンターアプリのコードが自動生成されます。本章では、このアプリのコードを参考に、Flutterアプリの構造を理解していきましょう。

4.2.1 Flutterのサンプルアプリのコードを見てみる

リスト4.1に、Flutterのプロジェクトを作成すると生成されるアプリのコード（main.dart）を載せます[注1]。

注1　コメントは未掲載にしています。

▼リスト4.1　カウンターアプリのコード（libディレクトリのmain.dart）

```
import 'package:flutter/material.dart';

void main() {                                                        ①
  runApp(const MyApp());
}

class MyApp extends StatelessWidget {                                ②
  const MyApp({super.key});

  @override
  Widget build(BuildContext context) {
    return MaterialApp(                                              ④
      title: 'Flutter Demo',
      theme: ThemeData(
        colorScheme: ColorScheme.fromSeed(seedColor: Colors.deepPurple),
        useMaterial3: true,
      ),
      home: const MyHomePage(title: 'Flutter Demo Home Page'),
    );
  }
}

class MyHomePage extends StatefulWidget {                            ③
  const MyHomePage({super.key, required this.title});
  final String title;

  @override
  State<MyHomePage> createState() => _MyHomePageState();
}

class _MyHomePageState extends State<MyHomePage> {
  int _counter = 0;

  void _incrementCounter() {
    setState(() {
      _counter++;
    });
  }

  @override
  Widget build(BuildContext context) {
    return Scaffold(                                                 ⑤
      appBar: AppBar(                                                ⑥
        backgroundColor: Theme.of(context).colorScheme.inversePrimary,
        title: Text(widget.title),
      ),
      body: Center(
        child: Column(
          mainAxisAlignment: MainAxisAlignment.center,
          children: <Widget>[
            const Text(
              'You have pushed the button this many times:',
            ),
            Text(
```

```
                '$_counter',
                style: Theme.of(context).textTheme.headlineMedium,
              ),
            ],
          ),
        ),
        floatingActionButton: FloatingActionButton(
          onPressed: _incrementCounter,
          tooltip: 'Increment',
          child: const Icon(Icons.add),
        ),
      );
    }
  }
```

③　⑤

Flutterアプリのコードはおもに、main関数（**リスト4.1**の①）、StatelessWidget（②）、StatefulWidget（③）、MaterialApp（④）、Scaffold（⑤）、AppBar（⑥）で構成されます。これらによりアプリの基本的なレイアウトや機能が形作られます。

本節（4.2節）と次節（4.3節）では、これらの構成要素ごとにコードの見方や意味を説明していきます。そして、4.4節で改めて**リスト4.1**のコード全体を読み解いてみます。

4.2.2　main関数

多くのプログラミング言語にmain関数がありますが、Flutter（Dart）にもmain関数があります。Flutterの**main関数**はアプリを起動するときに最初に呼び出される処理です。Flutterのアプリ開発ではこのmain関数内に処理を記述していく形になります。

Flutterプロジェクトを作成したときに生成されるカウンターアプリ（main.dart）のmain関数のコードは**リスト4.2**のとおりです。

▼リスト4.2　カウンターアプリのmain関数

```
import 'package:flutter/material.dart';

void main() {
  runApp(const MyApp());
}
```

`import 'package:flutter/material.dart';`はパッケージをインポートする（読み込む）ためのコードです。flutter/material.dartは、Flutterの基本的なUIであるマテリアルデザインでアプリを作るためのUIウィジェットが入っているパッケージです。これをインポートしないとFlutterのウィジェットが使えません。

そのあとに記載されている`void main() {……}`の部分がmain関数です。main関数ではrunAppという関数が呼び出されているだけです。アプリを起動するとmain関数が最初に実行されると述べましたが、Flutterにおいては、実際のところはこのrunAppが呼び出されます。

本書は、Flutterによる基本的なアプリ開発の方法を学んでもらうのが主旨なので、main関数についてはこれ以上深入りしません。本書を読み進めるうえでは、「main関数は、アプリを起動したときに最初に呼ばれるところ」というくらいの理解で十分です。

4.2.3 StatelessWidget

StatelessWidgetはFlutterでアプリ開発を進めるうえで避けては通れないウィジェットです。

Flutterのアプリ開発ではウィジェットを部品のように組み立てて開発しますが、ウィジェットには**状態**を表す**State**という概念があります。

StatelessWidget[注2]とはStateを持たないウィジェットのことです。おもに静的なUIコンポーネントを開発するときに使うウィジェットになります。「静的な」というのは、「(変数などの) 値が変更されない」という意味です。

StatelessWidgetを使ってUIコンポーネントのウィジェットを定義するには、**構文4.1**のように記述します。

▼構文4.1 StatelessWidgetのウィジェットを定義する

```
class クラス名 extends StatelessWidget {
  const クラス名({super.key});

  @override
  Widget build(BuildContext context) {
    return 何らかのウィジェットのコンストラクタ;
  }
}
```

classから始まる構文であることからわかるとおり、ウィジェットとはクラスです。上の構文のクラス名の部分には自分が定義するウィジェット名を記述します。たとえば、SampleWidgetというウィジェットを定義したい場合は**リスト4.3**のように書きます。

▼リスト4.3 StatelessWidgetの「SampleWidget」を定義する

```
class SampleWidget extends StatelessWidget {
  const SampleWidget({super.key});

  @override
  Widget build(BuildContext context) {
    return Container(); // Container ウィジェットを指定
  }
}
```

本書ではFlutter 3で解説していますが、1つ古いバージョンFlutter 2では**リスト4.4**のようにも書けます。

▼リスト4.4 StatelessWidgetの「SampleWidget」を定義する (Flutter 2での記述のしかた)

```
class SampleWidget extends StatelessWidget {
  const SampleWidget({Key? key}) : super(key: key); // コンストラクタの書き方が少し違う

  @override
  Widget build(BuildContext context) {
    return Container();
  }
}
```

注2 https://api.flutter.dev/flutter/widgets/StatelessWidget-class.html

リスト4.3と**リスト4.4**のextends StatelessWidgetの部分を見るとわかりますが、状態の変わらない静的なウィジェット（クラス）を定義するときは、StatelessWidgetクラスを継承します。

次に、クラスの中のコードを少し見ていきます。StatelessWidgetを継承したクラスには、buildというメソッド（関数）が用意されています。この**build**はそのウィジェットが生成されるときに呼ばれるメソッドです。そのため、StatelessWidgetを継承してウィジェットを作るときは必ずbuildメソッドを定義しないといけません[注3]。

buildメソッドの中でreturnで返しているのはContainerというウィジェットのインスタンスです[注4]。ContainerはFlutter SDKが提供するウィジェットで、各種のウィジェットのサイズや背景色などを調整するためのものです（具体的な使い方は本章の後半で説明します）。**リスト4.3**では、buildメソッドの返り値としてContainerウィジェットを返していますが、ここは任意のウィジェットを返すことができます。

4.2.4　StatefulWidget

次にStatelessWidgetの対になるStatefulWidgetについて紹介します。**StatefulWidget**[注5]は「状態が変化する」UIコンポーネントを作成するときに使うウィジェットになります。ボタンイベントなどで動的にUIの状態が変わったりするコンポーネントを開発するときにこのウィジェットを使います。

StatefulWidgetを使って動的なUIコンポーネントのウィジェットを定義するには、**構文4.2**のように記述します。

▼構文4.2　StatefulWidgetのウィジェットを定義する

```
class クラス名 extends StatefulWidget {
  const クラス名({super.key});

  @override
  State<クラス名> createState() => ステートクラスのクラス名();
}

class ステートクラスのクラス名 extends State<クラス名> {
  @override
  Widget build(BuildContext context) {
    return 何らかのウィジェットのコンストラクタ;
  }
}
```

たとえば、StatefulWidgetを使ってSampleWidgetクラスを作成する場合は、**リスト4.5**のように記述します（Flutter 3の場合です）。

注3　リスト4.3のサンプルコードのbuildメソッドの直前に`@override`という記述があります。これはスーパークラスで定義されているメソッドをサブクラスで定義しなおすことを意味します。これを**オーバーライド**と言います。スーパークラスで定義されているメソッドはサブクラスでも使えますが、サブクラスから使うときに機能を変えたり追加したりしたい場合は、オーバーライドで再定義します。つまり、リスト4.3ではStatelessWidgetクラスで定義されているbuildメソッドをSampleWidgetクラスで再定義するということになります。「StatelessWidgetクラスでbuildメソッドがどのように定義されているのか」や、「なぜオーバーライドする必要があるのか」といったことは、入門書の範囲を超えるため、本書では踏み込みません。

注4　もう少し正確に表現すると、Container関数（コンストラクタ）を呼び出してその返り値であるインスタンスをreturnしています。

注5　https://api.flutter.dev/flutter/widgets/StatefulWidget-class.html

▼**リスト4.5** StatefulWidgetの「SampleWidget」を定義する

```
class SampleWidget extends StatefulWidget {
  const SampleWidget({super.key});

  @override
  State<SampleWidget> createState() => _SampleWidgetState();
}

class _SampleWidgetState extends State<SampleWidget> {
  @override
  Widget build(BuildContext context) {
    return Container();
  }
}
```


Flutter 2では**リスト4.6**のようにも書けました。

▼**リスト4.6** StatefulWidgetの「SampleWidget」を定義する（Flutter 2での記述のしかた）

```
class SampleWidget extends StatefulWidget {
  const SampleWidget({Key? key}) : super(key: key);

  @override
  State<SampleWidget> createState() => _SampleWidgetState();
}

class _SampleWidgetState extends State<SampleWidget> {
  @override
  Widget build(BuildContext context) {
    return Container();
  }
}
```

状態を持つウィジェットを定義するときには、2つのクラスを定義する必要があります。SampleWidgetはウィジェットクラスで、StatefulWidgetクラスを継承して定義します。_SampleWidgetStateはステートクラスで、Stateクラスを継承して定義します。

StatefulWidgetクラスを使って、UIコンポーネントの状態を変化させる方法は第5章で詳しく解説します。

次からは、先述のmain.dartのStatelessWidgetやStatefulWidgetのコードの中に登場するウィジェットについて解説していきます。

4.2.5 MaterialApp

MaterialAppウィジェット[注6]はFlutterでマテリアルデザインのアプリを作るときに使用するウィジェットです。マテリアルデザインとはGoogleが推奨するデザインです。マテリアルデザインアプリケーションで一般的に使う多くのウィジェットがまとめられています。

MaterialAppを使うときは、**リスト4.7**のように書きます。

注6 https://api.flutter.dev/flutter/material/MaterialApp-class.html

▼リスト4.7　MaterialAppの使用例

```
MaterialApp(
  title: 'Flutter Demo',
  (..略..)
  home: const MyHomePage(title: 'Flutter Demo Home Page'),
);
```

これはFlutterプロジェクトファイルを生成したときの初期コードの一部です。MaterialAppウィジェットにはさまざまなプロパティが用意されています。ウィジェットが持つインスタンス変数を**プロパティ**または**フィールド**と呼びます。**リスト4.7**の例では、MaterialAppウィジェットはtitleとhomeというプロパティを持っており、MaterialApp関数（コンストラクタ）を使ってそれらの変数に値を設定しています。

この2つのプロパティに設定する内容は**表4.1**のとおりです。

▼表4.1　MaterialAppのおもなプロパティ

プロパティ	内容
title	開発するアプリケーションのタイトルを指定する。
home	開発するアプリケーションの基になるウィジェットを指定する。

ほかにもアプリのテーマを指定するようなthemeや画面遷移の際のパスを指定するroutes、初期画面を指定するinitialRouteなどのプロパティがあります。

リスト4.7では、homeに指定しているMyHomePageというウィジェットの前にconstと付いています。このconstはのちほど解説するbuildメソッドに関わるもので、コンパイル実行時に1つだけインスタンスを生成するためのものです。何回同じ処理が実行されても、その1つのインスタンスを使い回します。

4.2.6 ScaffoldとAppBar

次に、Scaffold[注7]とAppBar[注8]ウィジェットを見ていきます。具体的な説明の前に、まず**リスト4.8**にサンプルコードを示します。

▼リスト4.8　ScaffoldとAppBarを使ったサンプルアプリ

```
01: import 'package:flutter/material.dart';
02:
03: void main() {
04:   runApp(const MyApp());
05: }
06:
07: class MyApp extends StatelessWidget {
08:   const MyApp({super.key});
09:
10:   @override
11:   Widget build(BuildContext context) {
12:     return const MaterialApp(
13:       title: 'Flutter Demo',
```

注7　https://api.flutter.dev/flutter/material/Scaffold-class.html
注8　https://api.flutter.dev/flutter/material/AppBar-class.html

```
14:       home: SamplePage(),
15:     );
16:   }
17: }
18:
19: class SamplePage extends StatelessWidget {
20:   const SamplePage({super.key});
21:
22:   @override
23:   Widget build(BuildContext context) {
24:     return Scaffold(
25:       appBar: AppBar(
26:         title: const Text('Sample App'),
27:       ),
28:       body: const Text('Hello World'),
29:     );
30:   }
31: }
```


リスト4.8をビルドすると**図4.2**のような画面が表示されます[注9]（本章の実行例はiPhone 15シミュレータで実行しています）。

▼**図4.2** ScaffoldとAppBarを使ったサンプルアプリ

Scaffoldはアプリケーションの骨組みとなるウィジェットです。通常のモバイルアプリは画面上部に「ヘッダ」や「ナビゲーションバー」などのアプリ風のデザインがありますが、Flutterでこのような基本構成を担うウィジェットがScaffoldです。これがない状態でソースコードをビルドするとUIらしきものが何もなく背景が真っ黒の画

注9 リスト4.8のコードを、Flutter 3.16以降のバージョンで実行すると、アプリの画面が図4.2と異なると思います（上部のヘッダに色が付いていないなど）。これは、Flutter 3.16からMaterial 3というデザインがデフォルトで採用されるようになったためです。本書に掲載しているサンプルコードはMaterial 2を前提にしたものであり、Material 3には対応できていません。本書のサポートページ（https://gihyo.jp/book/2025/978-4-297-14639-9）で、本書掲載のアプリ画面と同じような見た目になるように手直ししたサンプルコードを公開しています。Flutter 3.16以降を使用される方は、そちらをご利用ください。

面になります。

また、ScaffoldのプロパティにはappBarがあります。ここに指定するウィジェットが**AppBar**です。これはiOSアプリでいうところのナビゲーションバー(**図4.2**の画面でいうと、「Sample App」と書かれた画面上部バーの部分)になります。このAppBarを使用することでモバイルアプリのヘッダを描画できます。

これらのウィジェットを利用すると、まさにモバイルアプリ風のUIを作成できるようになります。

ScaffoldとAppBarを使うときの基本的な書き方は**構文4.3**のとおりです。

▼構文4.3 ScaffoldとAppBarの使い方

```
Scaffold(
  appBar: AppBar(title: const Textウィジェット,),
  body: const 何らかのウィジェット,
);
```

AppBarのtitleプロパティには、Textウィジェットを使ってアプリのヘッダに表示する文字を指定します。Textウィジェットについては次節で解説します。

Scaffoldのbodyプロパティには、アプリを構成するウィジェットを指定します。**リスト4.8**では、ここにもTextウィジェットを指定しています。

以上がFlutterでよく使われるマテリアルデザインの基本的なレイアウトを構成するウィジェットとなります。ほかにも複雑なUIを開発するためのレイアウトウィジェットはたくさん存在しますが、どれだけシンプルなアプリでも今まで解説してきたウィジェットは必ず使うといっていいぐらいに使用頻度の高いウィジェットになります。

4.3 UI関連のウィジェット

前節では、Flutterの基本的なレイアウトや機能を形作る関数やウィジェットについて紹介しました。ここからは、おもにアプリの画面でさまざま要素を表示させるために使うUI関連のウィジェットについて解説していきます。

4.3.1 Textウィジェット

Textウィジェット[注10]は文字列の表示を担うウィジェットになります。**リスト4.8**で見かけたText(……)は実はこのウィジェットでした。使い方はいたって簡単で**構文4.4**のように括弧内にシングルクォーテーションかダブルクォーテーションで文字列を指定するだけです。

▼構文4.4 Textウィジェットの使い方

```
const Text('文字列')
```

Textウィジェットにはstyleという文字スタイルを調整するプロパティも存在します。これには次に紹介する

注10 https://docs.flutter.dev/ui/widgets/text

TextStyleクラスで指定します。

4.3.2 TextStyle クラス

それでは、TextStyleクラス[注11]を見ていきましょう。TextStyleはテキストをどのように表示するかに関わる機能を担っています。

TextStyleで指定できるプロパティは**表4.2**のとおりです。

▼**表4.2** TextStyleクラスのおもなプロパティ

プロパティ	内容
fontSize	文字の大きさを数値で指定する。
fontStyle	文字のスタイルをFontStyleクラスで指定する（italicやnormalなどの値から選択する）。
fontWeight	文字の太さをFontWeightクラスで指定する。
fontFamily	文字の種類を文字列で指定する。
color	文字の色をColorクラスなどで指定する。
foreground	テキストの背景色をColorクラスなどで指定する。

Textウィジェットと一緒にTextStyleクラスを使う例を見てみましょう（**リスト4.9**）。

▼**リスト4.9** TextウィジェットとTextStyleクラスを使った例

```
const Text('Hello World', style: TextStyle(fontSize: 16.0, fontWeight: FontWeight.bold))
```

このように、Textウィジェットの1つめのプロパティには'Hello World'、2つめのプロパティのstyleにはTextStyleを指定しています。TextStyleにはfontSizeとfontWeightの2つのプロパティを指定しました。

ちなみに、**リスト4.9**のようなコードは、Flutterでは一般的に**リスト4.10**のように改行およびインデントします。

▼**リスト4.10** Flutterでウィジェットを記述するときの一般的な改行とインデントのしかた

```
const Text(
  'Hello World',
  style: TextStyle(fontSize: 16.0, fontWeight: FontWeight.bold),
)
```

つまり、プロパティの単位で改行されることが一般的です。これが宣言的UIフレームワークを採用したときのソースコードの特徴で、プロパティ単位で改行されるため、UIの状態がわかりやすくなっています。

ですが、こういった書き方はインデントの階層が深くなりやすいというデメリットがあります。Flutterでのアプリ開発ではこのデメリットがとくに顕著で、コードが読みにくくなる場合もあります。そのため、できるかぎりインデントの階層が浅くなるようにコードを書きます。具体的な改善方法の1つとして、第6章でプログラムをファイルやクラスに分割する手法も解説しています。

あまり改行に慣れない方は、まずは**リスト4.9**の改行なしのパターンでコードを書いても大丈夫です。慣れてきたタイミングでインデントなどを気にしていけば十分です。

注11 https://api.flutter.dev/flutter/painting/TextStyle-class.html

4.3.3 Iconウィジェット

Iconウィジェット[注12]はFlutterアプリ内にアイコンを表示するときに使うウィジェットです。アイコンとして表示できるものは外部の画像ではなく、Flutter SDKがあらかじめ用意しているアイコン画像になります。Flutterはマテリアルデザインを採用していて、そのマテリアルデザインに準拠したアイコンが存在しています。

Iconウィジェットは Flutterプロジェクト作成時にできるカウンターアプリのサンプルプログラム（**リスト4.1**）でも、FloatingActionButtonウィジェット（4.3.5項で後述）の中で使われています。**リスト4.11**にその部分を再掲します。

▼**リスト4.11** カウンターアプリのサンプルプログラムで使われているIconウィジェット

```
floatingActionButton: FloatingActionButton(
  onPressed: _incrementCounter,
  tooltip: 'Increment',
  child: const Icon(Icons.add), // 追加ボタンのアイコンを指定
),
```

リスト4.11を見るとわかりますが、Iconウィジェットの使い方は**構文4.5**のとおりです。

▼**構文4.5** Iconウィジェットの使い方

```
const Icon( 使いたいアイコン )
```

使いたいアイコンには、Iconsクラスの定数でアイコン画像を指定します[注13]。

一般的なモバイルアプリ開発でアイコン画像を使用する箇所は、FloatingActionButtonというAndroidでよく見かける画面右下の丸いアイコンや、アプリのヘッダの左右にあるメニューボタン、ニュースアプリなどで使われているような画面下に表示されているタブバーのアイコンなどです。

先ほどのIcon(Icons.add)と、そのほかの代表的なアイコンを**表4.3**に示します。

▼**表4.3** モバイルアプリ開発でよく使われるアイコン

アイコン画像	説明	Iconウィジェットに指定するコード
＋	追加ボタンのアイコン	Icon(Icons.add)
⚙	歯車のアイコン（設定を表す）	Icon(Icons.settings)
≡	3本線のアイコン（メニューを表す）	Icon(Icons.menu)
＜	iOSの戻るボタンのアイコン	Icon(Icons.arrow_back_ios)

注12 https://api.flutter.dev/flutter/widgets/Icon-class.html
注13 使えるアイコン画像とその定数は次のドキュメントに記載されています。
https://api.flutter.dev/flutter/material/Icons-class.html

4.3.4 Image ウィジェット

Flutterプロジェクト作成時にできるカウンターアプリでは使われていませんが、基本的なウィジェットとしてImageウィジェット[注14]を紹介しておきます。これは「画像の表示」を担うコンポーネントです。

アプリ開発で画面に表示させる画像を指定する方法はいろいろあります。その中でも簡単なやり方として次の2つがあります。

- ローカルに画像を準備してそのパスを参照する。
- サーバから画像のパスを参照する。

Imageウィジェットで画像を表示するには、**構文4.6**のように画像のパスを指定します。

▼**構文4.6** Imageウィジェットの使い方

```
Image.asset("画像のパス")
```

次の第5章で具体的な使い方を紹介します。

4.3.5 FloatingActionButton ウィジェット（FAB）

FloatingActionButtonウィジェット[注15]（以下、FAB）は「フローティングアクションボタン」を提供するウィジェットです。フローティングアクションボタンはAndroidアプリでは馴染みのあるコンポーネントです。Androidアプリでよく見かける画面右下に丸いアイコンで表示されているボタンのことです。

Flutterのプロジェクトを作成した際に生成される初期コードにもFloatingActionButtonが使われています。初期コードの最後のほうを見ると**リスト4.12**のコードが書かれているのがわかります。

▼**リスト4.12** カウンターアプリのサンプルプログラムで使われているFloatingActionButtonウィジェット

```
FloatingActionButton(
  onPressed: _incrementCounter,
  tooltip: 'Increment',
  child: const Icon(Icons.add),
)
```

この場合に指定されているプロパティと内容はそれぞれ**表4.4**のとおりです。

▼**表4.4** FloatingActionButtonウィジェットのおもなプロパティ

プロパティ	内容
onPressed	ボタンをタップしたときの処理（関数など）を指定する。
tooltip	ツールチップとして表示させるテキストを指定する。
child	ボタンの上に載せるウィジェットを指定する。

注14 https://api.flutter.dev/flutter/widgets/Image-class.html
注15 https://api.flutter.dev/flutter/material/FloatingActionButton-class.html

FABはこのほかにもいろいろなプロパティを持っています。

onPressedはボタンをタップしたときの処理を指定するプロパティです。Flutterのボタンウィジェットはon Pressedプロパティを持っています。このプロパティで、タップしたときに起こるいろいろなイベントを実装できます。具体的には**リスト4.13**のように書きます。

▼**リスト4.13** onPressedプロパティの指定のしかた（直接、関数を書く）

```
FloatingActionButton(
  onPressed: () {
    // 処理を書く
  },
  tooltip: 'Increment',
  child: const Icon(Icons.add)
```

「// 処理を書く」というコメントの部分に処理する内容を書いていきます。または、別の関数を定義してその関数を呼び出す場合は**リスト4.14**のように書くこともできます。

▼**リスト4.14** onPressedプロパティの指定のしかた（別で定義した関数の関数名を書く）

```
void _increment() {
  // 処理を書く
}

FloatingActionButton(
  onPressed: _increment,
  tooltip: 'Increment',
  child: const Icon(Icons.add),
)
```

リスト4.14では、_increment関数を定義し、onPressedプロパティでその関数を指定しています。実際のアプリ開発をする場合は**リスト4.13**の方法でも**リスト4.14**の方法でも、どちらで実装しても問題ありません。処理が多いときは別の関数を定義して呼び出すほうが、コードが読みやすくなると思います。

4.4 サンプルアプリのコードの解説

これまでに紹介したウィジェットの知識をふまえて、改めてFlutterでプロジェクトを作成したときに自動生成される初期コードを読み解きます。何も知らなかった状態よりもだいぶ鮮明にソースコードが読めると思います。

4.4.1 自動生成されたmain.dartを読み解く

リスト4.15には、自動生成されたコードをそのまま載せています（ただし、コメントは未掲載にしています）。

▼リスト4.15 カウンターアプリのコード（libディレクトリのmain.dart）

```
01: import 'package:flutter/material.dart';
02:
03: void main() {
04:   runApp(const MyApp());
05: }
06:
07: class MyApp extends StatelessWidget {
08:   const MyApp({super.key});
09:
10:   @override
11:   Widget build(BuildContext context) {
12:     return MaterialApp(
13:       title: 'Flutter Demo',
14:       theme: ThemeData(
15:         colorScheme: ColorScheme.fromSeed(seedColor: Colors.deepPurple),
16:         useMaterial3: true,
17:       ),
18:       home: const MyHomePage(title: 'Flutter Demo Home Page'),
19:     );
20:   }
21: }
22:
23: class MyHomePage extends StatefulWidget {
24:   const MyHomePage({super.key, required this.title});
25:   final String title;
26:
27:   @override
28:   State<MyHomePage> createState() => _MyHomePageState();
29: }
30:
31: class _MyHomePageState extends State<MyHomePage> {
32:   int _counter = 0;
33:
34:   void _incrementCounter() {
35:     setState(() {
36:       _counter++;
37:     });
38:   }
39:
40:   @override
41:   Widget build(BuildContext context) {
42:     return Scaffold(
43:       appBar: AppBar(
44:         backgroundColor: Theme.of(context).colorScheme.inversePrimary,
45:         title: Text(widget.title),
46:       ),
47:       body: Center(
48:         child: Column(
49:           mainAxisAlignment: MainAxisAlignment.center,
50:           children: <Widget>[
51:             const Text(
52:               'You have pushed the button this many times:',
53:             ),
54:             Text(
```

①パッケージのインポート（01行目）

②アプリ起動後に最初に処理される箇所（03〜05行目）

③アプリ全体のテーマなどを指定（07〜21行目）

④アプリのメインとなるウィジェット（23〜29行目）

⑤アプリのステートを管理する変数と関数（31〜39行目）

⑥アプリの主要な要素を定義（40行目〜）

```
55:                 '$_counter',
56:                 style: Theme.of(context).textTheme.headlineMedium,
57:               ),
58:             ],
59:           ),
60:         ),
61:         floatingActionButton: FloatingActionButton(
62:           onPressed: _incrementCounter,
63:           tooltip: 'Increment',
64:           child: const Icon(Icons.add),
65:         ),
66:       );
67:     }
68: }
```

リスト4.15ではコードに①〜⑥の番号を付けました。この番号ごとにどんな処理が行われているのかひとつひとつ見ていきましょう。

まず①（**リスト4.16**に再掲）はパッケージをインポートする（読み込む）ためのコードです。Flutterのマテリアルデザインのコンポーネントを使うために記述します。

▼**リスト4.16** import文（リスト4.15の①）

```
01: import 'package:flutter/material.dart';
```

Flutterでは、アプリを起動して最初に処理されるのが②のmain関数です（**リスト4.17**）。その中でrunApp関数を呼び出しています。runAppではMyAppウィジェットを呼び出しています。

▼**リスト4.17** main関数（リスト4.15の②）

```
03: void main() {
04:   runApp(const MyApp());
05: }
```

そのMyAppウィジェットの中身（③）は、main関数のすぐ下に定義されています（**リスト4.18**に再掲）。これが実行されることになります。

▼**リスト4.18** MyAppウィジェット（リスト4.15の③）

```
07: class MyApp extends StatelessWidget {
08:   const MyApp({super.key});
09: 
10:   @override
11:   Widget build(BuildContext context) {
12:     return MaterialApp(
13:       title: 'Flutter Demo',
14:       theme: ThemeData(
15:         colorScheme: ColorScheme.fromSeed(seedColor: Colors.deepPurple),
16:         useMaterial3: true,
17:       ),
18:       home: const MyHomePage(title: 'Flutter Demo Home Page'),
19:     );
20:   }
21: }
```

MyAppは、StatelessWidgetを継承しているので、状態が変わらないウィジェットです。MyAppには、buildメソッドが定義されています。buildメソッドはウィジェット（この場合はMyApp）が生成されるときに呼び出されるメソッドです。buildメソッドの返り値の型はWidgetになっています。returnのところを見るとわかるとおり、この場合はMaterialAppウィジェットのインスタンスを返しています。

buildメソッドの引数には、BuildContext型のcontextが指定されています。Flutterアプリ開発で度々出てくるこのBuildContextは親のWidgetのことを指しますが、きちんと説明するとなるとFlutterのしくみの解説が必要になります。本書ではそこまでの解説はしません。まずはイディオムとして覚えていただきたいと思います。

buildメソッドの中ではMaterialAppのウィジェット（のコンストラクタ）を呼び出しています。MaterialAppはいろいろなプロパティを持っていますが、ここではtitle、theme、homeにそれぞれ値を設定しています。

themeはそのアプリ全体の「テーマ」を指定するプロパティです。homeはアプリケーション全体のウィジェットを指定します。初期コードではMyHomePageウィジェット（のコンストラクタ）が指定されており、MyHomePageがメインの画面になることがわかります。

次に④のMyHomePageのクラスを見ていきます（**リスト4.19**に再掲）。

▼リスト4.19　MyHomePageクラス（リスト4.15の④）

```
23: class MyHomePage extends StatefulWidget {
24:   const MyHomePage({super.key, required this.title});
25:   final String title;
26:
27:   @override
28:   State<MyHomePage> createState() => _MyHomePageState();
29: }
```

MyHomePageはStatefulWidgetを継承しているウィジェットです。そのため、Stateを継承したステートクラス_MyHomePageState（⑤）も定義する必要があります（**リスト4.20**に再掲）。

▼リスト4.20　_MyHomePageStateクラスの前半部分（リスト4.15の⑤）

```
31: class _MyHomePageState extends State<MyHomePage> {
32:   int _counter = 0;
33:
34:   void _incrementCounter() {
35:     setState(() {
36:       _counter++;
37:     });
38:   }
39:
    (..略..)
```

この_MyHomePageStateが初期コードの主要な処理を記載したクラスです。前述のとおり、初期コードはカウンターアプリとなっていて、カウント用の変数_counter、その_counterに1を足す_incrementCounter関数があります。

_incrementCounter関数には、まだ解説していないコードがあります。setStateメソッドです。この**setState**はFlutterアプリ開発では非常に重要なメソッドです。このメソッド内にアプリの状態を変更するような処理を書いておくと、setStateメソッドが呼び出されときにその処理を実行し、それに即時に反応して画面上に変更内容を反映します。

構文4.7にsetStateメソッドの基本的な使い方を載せておきます。

▼**構文4.7**　setStateメソッドの使い方

```
setState(() {
  アプリの状態を変更する処理
});
```

次は_MyHomePageStateクラス内のbuildメソッド（⑥）の処理内容について説明します（**リスト4.21**に再掲）。

▼**リスト4.21**　_MyHomePageStateクラスの後半部分（リスト4.15の⑥）

```
40:   @override
41:   Widget build(BuildContext context) {
42:     return Scaffold(
43:       appBar: AppBar(
44:         backgroundColor: Theme.of(context).colorScheme.inversePrimary,
45:         title: Text(widget.title),
46:       ),
47:       body: Center(
48:         child: Column(
49:           mainAxisAlignment: MainAxisAlignment.center,
50:           children: <Widget>[
51:             const Text(
52:               'You have pushed the button this many times:',
53:             ),
54:             Text(
55:               '$_counter',
56:               style: Theme.of(context).textTheme.headlineMedium,
57:             ),
58:           ],
59:         ),
60:       ),
61:       floatingActionButton: FloatingActionButton(
62:         onPressed: _incrementCounter,
63:         tooltip: 'Increment',
64:         child: const Icon(Icons.add),
65:       ),
66:     );
67:   }
```

このbuildメソッドはScaffoldウィジェットを返しています。Scaffoldではアプリのヘッダ部分になるappBarとコンテンツ部分になるbody、そしてFABのfloatingActionButtonのプロパティが設定されています。body内には、レイアウトウィジェットと呼ばれるCenterウィジェット、Columnウィジェット（これらのウィジェットについては本章の後半で説明します）、そして4.3.1項で解説済みのTextウィジェットが使われています。

floatingActionButtonプロパティにはFloatingActionButtonウィジェットが指定されています。そのonPressedプロパティで_incrementCounter関数が指定されています。これにより、このFABをタップしたときに、前述の_incrementCounter関数が呼び出され、カウンターに1が足されます。

これらが初期コードの大まかな構成です。新しい概念のレイアウト関連のウィジェットについては本章後半で取り扱いますが、これまでに説明した知識でmain.dartのコードがおおむね読めることを実感していただけたのではないでしょうか。

4.5 イベントを発生させるためのウィジェット

ここまでは、Flutterの初期コードを基にアプリの基本構造を成すウィジェットやUI関連のウィジェットについて見てきました。ここからは、ユーザーがタップしたときに何かのイベントを発生させる場合に使うウィジェットを紹介していきます。4.3節でFloatingActionButtonにだけ触れましたが、本節では、実践的なアプリを作れるようになるために、そのほかのボタンウィジェットもいくつか解説します。

4.5.1 TextButtonウィジェット

TextButtonウィジェット[注16]はFlutter SDKが提供するウィジェットでボタンの機能を担うコンポーネントです。コンポーネントにタップイベントを追加でき、ユーザーのタップに反応して処理をさせることができます。TextButtonは非常にシンプルで装飾を加えなければ、見た目は平面的なボタンです（次項の**図4.3**を参照）。

このTextButtonを使うときは**構文4.8**のように書きます。

▼構文4.8　TextButtonウィジェットの使い方

```
TextButton(
  onPressed: () { ボタンがタップされたときの処理 },
  child: const Text('TextButton'),
)
```

プロパティと役割はそれぞれ**表4.5**のとおりです。

▼表4.5　TextButtonウィジェットのおもなプロパティ

プロパティ	内容
onPressed	ボタンをタップしたときの処理を指定する（タップイベント）。
child	ボタンの上に載せるウィジェットを指定する。

FABではtooltipプロパティもありましたが、TextButtonにはこのプロパティは存在しません。それに対してほとんどのボタンウィジェットには**表4.5**の2つのプロパティが存在します。onPressedプロパティの代表的な処理の書き方は次の2通りあります。

▼リスト4.22　onPressedプロパティの指定のしかた（直接、関数を書く）

```
TextButton(
    onPressed: ( ) {
      // 処理を書く
    },
    child: const Text('TextButton')
)
```

▼リスト4.23　onPressedプロパティの指定のしかた（別で定義した関数の関数名を書く）

```
void _tapEvent() {
```

注16　https://api.flutter.dev/flutter/material/TextButton-class.html

```
    // 処理を書く
}

TextButton(
    onPressed: _tapEvent,
    child: const Text('TextButton')
)
```

リスト4.23では、_tapEvent関数を定義し、onPressedプロパティでその関数を指定しています。

childプロパティには、ボタンの上に表示させたいウィジェットを指定します。たとえば、文字が書かれたボタンを作る場合には**リスト4.22**や**リスト4.23**のようにTextウィジェットを指定します。

4.5.2 ElevatedButtonウィジェット

ElevatedButtonウィジェット[注17]もFlutter SDKが標準で提供しているボタンコンポーネントです。前述のTextButtonとの違いは大まかに次のとおりです。

- TextButton：テキストのみのボタン
- ElevatedButton：マテリアルデザイン風の立体感のあるボタン

ElevatedButtonとTextButtonのアプリ上での見え方の違いを**図4.3**に示します。

▼**図4.3** TextButtonとElevatedButton

TextButtonの見え方は文字だけですが、ElevatedButtonのほうがボタン風のデザインであることがわかります。ElevatedButtonの基本的な使い方はTextButtonのときと同じです（**構文4.9**）。

注17 https://api.flutter.dev/flutter/material/ElevatedButton-class.html

▼構文4.9　ElevatedButtonウィジェットの使い方

```
ElevatedButton(
  onPressed: () { ボタンがタップされたときの処理 },
  child: const Text('ElevatedButton'),
)
```

プロパティと役割はそれぞれ**表4.6**のとおりです。

▼表4.6　ElevatedButtonウィジェットのおもなプロパティ

プロパティ	内容
onPressed	ボタンをタップしたときの処理を指定する（タップイベント）。
child	ボタンの上に載せるウィジェットを指定する。

4.5.3 OutlinedButtonウィジェット

OutlinedButtonウィジェット[注18]はボタンに枠線を装飾したい場合に使うウィジェットです。OutlinedButtonもTextButtonのときと同じように使います（**構文4.10**）。

▼構文4.10　OutlinedButtonウィジェットの使い方

```
OutlinedButton(
    onPressed: () { ボタンがタップされたときの処理 },
    child: const Text('OutlinedButton')
)
```

ボタンの見え方は**図4.4**のとおりです。TextButtonに枠線が入ったような見え方であることがわかります。

▼図4.4　OutlinedButton

注18 https://api.flutter.dev/flutter/material/OutlinedButton-class.html

4.5.4 IconButtonウィジェット

IconButton注19について見ていきます。4.3.3項のIconウィジェットがボタンとなったウィジェットです。Iconウィジェットはインタラクティブ（何らかの操作に対して反応する）ではありませんでしたが、インタラクティブなアイコンを使いたい場合はこのIconButtonを使うことが推奨されています。

IconButtonはこれまでのボタンのプロパティとは少々違っています。基本的な使い方は**構文4.11**のとおりです。

▼**構文4.11** IconButtonウィジェットの使い方

```
IconButton(
  icon: const Icon(Icons.add),
  onPressed: () { ボタンがタップされたときの処理 }
)
```

コードを見るとわかりますが、これまでのボタンウィジェットにはchildのプロパティがありましたが、IconButtonにはそれがありません。childの代わりにiconプロパティが用意されています。このことから、IconButtonは子ウィジェットを載せるのではなくIconウィジェットを載せるボタンだということがわかります。

Column Android Studioの補完機能

VS CodeやAndroid Studioには、コードの入力を補完する機能があります。たとえば、「st」と入力するとカーソルの下に補完候補がいくつか表示されます。（**図4.5**）。

▼**図4.5** Android Studioでの補完機能

その中から「stless」を選択すると、StatelessWidgetのテンプレートのコードが入力されます（**図4.6**）。

▼**図4.6** テンプレートとしてコードが自動生成される

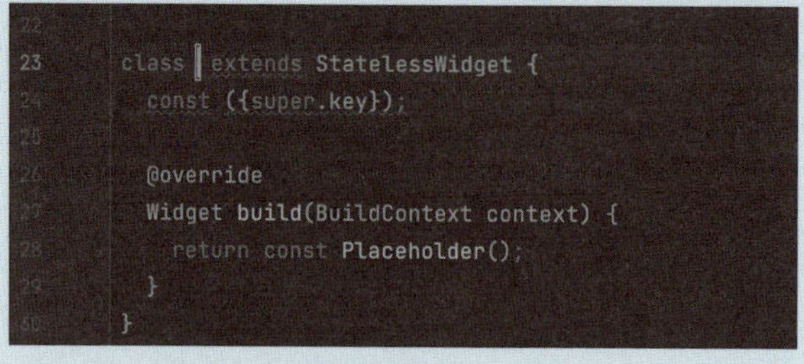

```
class  extends StatelessWidget {
  const ({super.key});

  @override
  Widget build(BuildContext context) {
    return const Placeholder();
  }
}
```

このような補完機能を使うと、サクサクとコードを書けるので非常に便利です。

注19 https://api.flutter.dev/flutter/material/IconButton-class.html

4.6 レイアウト関連のウィジェット

ここでは、アプリの画面で表示を整えるために使うレイアウト関連のウィジェットについて解説していきます。

4.6.1 Container ウィジェット

Containerウィジェット[注20]はFlutterアプリ開発でUIを実装するときによく使うウィジェットです。childプロパティに指定したウィジェットに対して、背景色を付けたり、サイズを指定できたりします。

Containerウィジェットを使うときの基本的な書き方は**構文4.12**のとおりです。

▼構文4.12 Containerウィジェットの使い方

```
Container(
  child: UI系ウィジェット,
)
```

それでは、実際にContainerにTextウィジェットを載せたサンプルコードを見てみましょう（**リスト4.24**）。自分でコードを書いて試してみたい方は、Flutterプロジェクトを作成したときに生成されるサンプルアプリのコード（main.dart）をまるまる**リスト4.24**のように書き換えてください。

▼リスト4.24 ContainerにTextウィジェットを載せた場合の使用例（main.dart）

```
01: import 'package:flutter/material.dart';
02:
03: void main() {
04:   runApp(const MyApp());
05: }
06:
07: class MyApp extends StatelessWidget {
08:   const MyApp({super.key});
09:
10:   @override
11:   Widget build(BuildContext context) {
12:     return MaterialApp(
13:       title: 'Flutter Demo',
14:       theme: ThemeData(
15:         primarySwatch: Colors.blue,
16:       ),
17:       home: const HomePage(),
18:     );
19:   }
20: }
21:
22: class HomePage extends StatelessWidget {
23:   const HomePage({super.key});
24:
25:   @override
26:   Widget build(BuildContext context) {
```

注20 https://api.flutter.dev/flutter/widgets/Container-class.html

```
27:     return Scaffold(
28:       appBar: AppBar(
29:         title: const Text('Flutter Sample App'),
30:       ),
31:       body: Container(
32:         child: const Text('Hello world, Flutter', style: TextStyle(fontSize: 25.0)),
33:       ),
34:     );
35:   }
36: }
```

青字部分を見てみると、ScaffoldウィジェットのbodyプロパティにContainerウィジェットが指定されています[注21]。

本節では、この後もいろいろなウィジェットを紹介しますが、この**リスト4.24**のコードを基にScaffoldのbodyプロパティを変更しながら、ウィジェットの使い方を学習していきます。

リスト4.24をビルドすると**図4.7**のような画面が表示されます。Containerのchildプロパティに指定したTextウィジェットの文字「Hello world, Flutter」が表示されています。

▼**図4.7** Containerを使ったアプリの画面

次は、Containerを使ってTextに装飾を施していきます。まず、Containerのプロパティを**表4.7**で確認してみましょう。

注21 Flutter 2まではContainerを使う必要がありましたが、Flutter3では、`body: const Text('Hello world, Flutter')`のようにbodyプロパティに直接Textウィジェットを載せられます。ここでは便宜上Containerを使っています。また、リスト4.24ではTextウィジェットに`style: TextStyle(fontSize: 25.0)`のようにstyleプロパティを指定しています。これは紙面で見やすくなるよう、文字のサイズを標準より大きくするために指定しているもので、必須のコードではありません。

▼表4.7 Containerウィジェットのおもなプロパティ

プロパティ	内容
color	Containerの背景色を指定する。
padding	Containerを基点に内側の余白を作る。
margin	Containerを基点に外側の余白を作る。
width	Containerの幅を指定する。
height	Containerの高さを指定する。
child	載せたいウィジェットを指定する。

それでは、それぞれのプロパティを指定したContainerを作成してみます。**リスト4.25**のように変更します（青字のところが変更箇所です）。

▼リスト4.25 ContainerウィジェットでTextに装飾を施す（main.dart）

```
31:       body: Container(
32:         color: Colors.green,
33:         margin: EdgeInsets.all(10.0),
34:         width: 200.0,
35:         height: 100.0,
36:         child: Text('Hello world, Flutter', style: TextStyle(fontSize: 25.0)),
37:       ),
```

各プロパティに指定した内容は**表4.8**のとおりです。

▼表4.8 リスト4.25でContainerのプロパティに指定した内容

プロパティ	内容
color	Colorsクラスで緑色を指定。
margin	EdgeInsetsクラスを使って、外側の余白として上下左右に10pxを指定。
width	幅を200.0pxに指定。
height	高さを100.0pxに指定。
child	「Hello world, Flutter」の文字をTextウィジェットで載せる。

colorプロパティに指定しているColorsクラス、marginプロパティに指定しているEdgeInsetsクラスについては、次節以降で詳細を説明します。

これでソースコードをビルドすると**図4.8**のような画面が表示されます。

▼図4.8 ContainerウィジェットでTextに装飾を施したときの画面

このようにContainerウィジェットはコンポーネントウィジェットの表示に対していろいろな装飾ができます。本書を一通り学習し終えるころにはContainerの使い方はだいたいマスターしていると思います。

4.6.2 Colorsクラス、Colorクラス

前項の**リスト4.25**のサンプルコードでは、Colors.greenという定数で色を指定していました。これは**Colors**クラス[注22]の定数を使って色を指定しています。Colorsクラスを使うと、定数でさまざまな色を指定できます。どんな色が定数で用意されているかは、公式ドキュメントで確認してみてください。

また、ネイティブでのモバイルアプリ開発における色の指定はカラーコード（16進数）を指定するか、RGB値を指定するのが一般的ですが、**Color**クラス[注23]を使うと、それらの方法で色を指定できます[注24]。

Colorで色を指定する方法としては、RGB、カラーコード（16進数）があります。それぞれの方法で指定する例を見てみましょう。

RGBの場合は、Color.fromRGBO関数（コンストラクタ）を使って指定します（**リスト4.26**）。赤・緑・青の色の組み合わせを第1引数（赤）、第2引数（緑）、第3引数（青）で、それぞれ0～255の範囲で指定します。第4引数は透明度（Opacity）を0.0～1.0の範囲で指定します。

注22 https://api.flutter.dev/flutter/material/Colors-class.html
注23 https://api.flutter.dev/flutter/dart-ui/Color-class.html
注24 自分が指定したい色のRGB値やカラーコードがわからない場合は以下のサイトなどを参考にしてみてください。
RGB： https://ja.wikipedia.org/wiki/RGB
カラーコード： https://ja.wikipedia.org/wiki/ウェブカラー

▼リスト4.26 RGBで指定する例（Colors.greenと同じ緑色の場合）

```
Color.fromRGBO(0, 255, 0, 1.0)
```

カラーコード（16進数）の場合は、Color関数（コンストラクタ）を使って指定します。引数には、0xFFのあとに16進数でカラーコードを指定します。

▼リスト4.27 カラーコード（16進数）で指定する例（Colors.greenと同じ緑色の場合）

```
Color(0xFF00ff00)
```

リスト4.28のように書くと、色情報をインスタンス化して変数に代入できます。

▼リスト4.28 色情報を変数に代入する

```
Color c = const Color(0xFF00ff00);
Color c = const Color.fromARGB(255, 0, 255, 0);
Color c = const Color.fromRGBO(0, 255, 0, 1.0);
```

4.6.3 EdgeInsets クラス

4.6.1項でContainerウィジェットのmarginプロパティにEdgeInsets.all(10.0)と指定しました。

このEdgeInsetsクラス[注25]は余白を担うクラスで、marginにはこのEdgeInsetsのインスタンスを指定します。

EdgeInsetsのインスタンスは、allなどの関数（コンストラクタ）を使って作りますが、allだけでなく**表4.9**のようなものがあります。コンポーネント間の間隔調整の状況に応じて使い分けるのが一般的です。

▼表4.9 EdgeInsetsのコンストラクタ

コンストラクタ	機能	使い方
all	数字を指定することで、ウィジェット領域の左右上下のすべての方向に同じだけ余白を作る。	EdgeInsets.all(10.0)
fromLTRB	左・上・右・下それぞれに数字を指定することで、ウィジェット領域の余白を別々に作る。	EdgeInsets.fromLTRB(10.0, 20.0, 30.0, 40.0)
only	名前付き引数で左・上・右・下それぞれに数字を指定することで、ウィジェット領域の余白を別々に作る。	EdgeInsets.only(left: 10.0, top: 20.0, right: 30.0, bottom: 40.0)
symmetric	名前付き引数で上下・左右それぞれに数字を指定することで、ウィジェット領域の上下あるいは左右に同じだけ余白を作る。	EdgeInsets.symmetric(vertical: 10.0, horizontal: 20.0)

4.6.4 Center ウィジェット

Centerウィジェット[注26]はウィジェットを左右上下に中央寄せしたい場合に使うウィジェットです。Centerウィジェットを使うときの基本的な書き方は**構文4.13**のとおりです。

注25 https://api.flutter.dev/flutter/painting/EdgeInsets-class.html
注26 https://api.flutter.dev/flutter/widgets/Center-class.html

▼構文4.13　Centerウィジェットの使い方

```
Center(
  child: 中央寄せさせたいウィジェット,
)
```

childプロパティがあり、そこにウィジェットを指定するとそのウィジェットの配置が親ウィジェットに対して中央寄せされます。

それではCenterを使ったサンプルソースコードを見てみます。4.6.1項の**リスト4.24**のHomePageを**リスト4.29**の青字箇所のように変更しました。

▼リスト4.29　Centerウィジェットの使用例（main.dart）

```
25:   @override
26:   Widget build(BuildContext context) {
27:     return Scaffold(
28:       appBar: AppBar(
29:         title: const Text('Flutter Sample App'),
30:       ),
31:       body: Center(
32:         child: Container(
33:           child: const Text('Hello world, Flutter', style: TextStyle(fontSize: 25.0)),
34:         ),
35:       ),
36:     );
37:   }
38: }
```

ソースコードをビルドするとアプリの画面が**図4.9**のように表示されます。

▼図4.9　Centerウィジェットの使用例（画面）

「Hello world, Flutter」の文字が画面中央で表示されました。

4.6.5 Columnウィジェット

Columnウィジェット注27は複数のウィジェットを「縦」に並べるときに使うウィジェットです。Flutterプロジェクトを作成したときに生成される初期コードにもColumnウィジェットが存在していました。アプリ開発においてはContainerの次によく使用するレイアウトウィジェットになります。

Columnウィジェットの基本的な書き方は**構文4.14**のとおりです。

▼**構文4.14** Columnウィジェットの使い方

```
Column(
  children: [
    ウィジェット1,
    ウィジェット2,
    ウィジェット3,
    …
  ],
)
```

このようにColumnにはchildrenプロパティが存在していて、childrenには「配列」でウィジェットを指定する必要があります。指定するウィジェットに制約はなく何でも指定できます。

それでは、試しに3つのTextウィジェットを指定してみます。**リスト4.24**のHomePageクラスを**リスト4.30**の青字箇所のように変更します。

▼**リスト4.30** Columnウィジェットの使用例 (main.dart)

```
25:   @override
26:   Widget build(BuildContext context) {
27:     return Scaffold(
28:       appBar: AppBar(
29:         title: const Text('Flutter Sample App'),
30:       ),
31:       body: Column(
32:         children: const [
33:           Text('Hello', style: TextStyle(fontSize: 25.0)),
34:           Text('world', style: TextStyle(fontSize: 25.0)),
35:           Text('Flutter', style: TextStyle(fontSize: 25.0))
36:         ],
37:       ),
38:     );
39:   }
40: }
```

これでソースコードをビルドしてみましょう。画面が**図4.10**のように3行で「Hello」「world」「Flutter」と表示されたら成功です。

注27 https://api.flutter.dev/flutter/widgets/Column-class.html

▼図4.10 Columnウィジェットの使用例（画面）

今回のサンプルコードはTextウィジェットだけを指定していますが、指定するウィジェットの組み合わせはどんなものでも問題ありません。Text、TextButton、Containerなどの異なるウィジェットを並べることもできます。

Column ウィジェットに付けるconstの意味

リスト4.30では、Columnのchildrenにウィジェットの配列を指定していますが、配列の前にはconstを付けています。これは（4.2.5項でも少し説明しましたが）、Textで表示させる文字列がすべて固定値で、buildメソッド実行時に変更になるところがなくコンパイル時に一度だけインスタンスを生成すればいいからです。

では、Textで表示させる内容が変わる可能性のある場合のコード例を見てみます（**リスト4.31**）。

▼**リスト4.31** Textで表示させる内容が変わる可能性のある場合

```
(..略..)
class HomePage extends StatefulWidget {
  const MyHomePage({super.key, required this.title});
  final String title;

  @override
  State<HomePage> createState() => _HomePageState();
}

class _HomePageState extends State<HomePage> {
  @override
  Widget build(BuildContext context) {
```

```
    int count = 1;  // int型のcountを宣言する
    return Scaffold(
      appBar: AppBar(
        title: const Text('Flutter Sample App'),
      ),
      body: Column(
        children: [
          Text('$count'),
          const Text('Hello', style: TextStyle(fontSize: 25.0)),
          const Text('world', style: TextStyle(fontSize: 25.0)),
          const Text('Flutter', style: TextStyle(fontSize: 25.0))
        ],
      ),
    );
  }
}
```

リスト4.31では、buildメソッドの1行目でint型の変数countを宣言し1を代入しています。そのあとにColumnのchildrenの配列のトップにcountの中身を表示させるTextウィジェットを作りました。このとき、Columnには4つのTextウィジェットが格納されていますが、文字が変わらないTextについてはconstが付けられ、文字が変わる可能性のあるTextにはconstが付けられていません。

4.6.6 Rowウィジェット

Rowウィジェット[注28]は複数のウィジェットを「横」に並べるときに使うウィジェットです。前項のColumnが縦方向でしたが、Rowは横方向にウィジェットを並べるイメージです。RowもColumnと同じくらい使用頻度が高いウィジェットです。

Rowウィジェットの基本的な書き方は**構文4.15**のとおりです。

▼構文4.15 Rowウィジェットの使い方

```
Row(
  children: [
    ウィジェット1,
    ウィジェット2,
    ウィジェット3,
    …
  ],
)
```

このように、ほとんどColumnのときと同じです。また、Columnのときにはあえて解説しませんでしたが、プロパティもRowとColumnは同じものを持ちます。具体的なプロパティについては後述します。

それでは、サンプルコードを見ていきます。**リスト4.24**のHomePageクラスを**リスト4.32**の青字箇所のように変更します。

注28 https://api.flutter.dev/flutter/widgets/Row-class.html

▼リスト4.32 Rowウィジェットの使用例 (main.dart)

```
25:   @override
26:   Widget build(BuildContext context) {
27:     return Scaffold(
28:       appBar: AppBar(
29:         title: const Text('Flutter Sample App'),
30:       ),
31:       body: Row(
32:         children: const [
33:           Text('Hello', style: TextStyle(fontSize: 25.0)),
34:           Text('world', style: TextStyle(fontSize: 25.0)),
35:           Text('Flutter', style: TextStyle(fontSize: 25.0))
36:         ],
37:       ),
38:     );
39:   }
40: }
```

リスト4.30のColumnがRowに変わっただけです。ただ、これだと本当に3つのウィジェットが載っているのかどうかがわかりにくいため、区別しやすいようにTextウィジェットに背景色を付けます。

Scaffoldのbodyプロパティを**リスト4.33**の青字箇所のように変更してみましょう。

▼リスト4.33 Rowウィジェットの使用例 (Textに色を付ける) (main.dart)

```
25:   @override
26:   Widget build(BuildContext context) {
27:     return Scaffold(
28:       appBar: AppBar(
29:         title: const Text('Flutter Sample App'),
30:       ),
31:       body: Row(
32:         children: [
33:           Container(
34:               color: Colors.red,
35:               child: const Text('Hello', style: TextStyle(fontSize: 25.0))
36:           ),
37:           Container(
38:               color: Colors.lightGreen,
39:               child: const Text('world', style: TextStyle(fontSize: 25.0))
40:           ),
41:           Container(
42:               color: Colors.yellow,
43:               child: const Text('Flutter', style: TextStyle(fontSize: 25.0))
44:           ),
45:         ],
46:       ),
47:     );
48:   }
49: }
```

それぞれのTextウィジェットをContainerウィジェットに載せるようにしました。それぞれのContainerの背景色のプロパティcolorに「赤 (red)」「明るい緑 (lightGreen)」「黄 (yellow)」を指定しました。

これでソースコードをビルドすると、**図4.11**のように3つのテキストが横に並んでいるのがわかると思います。

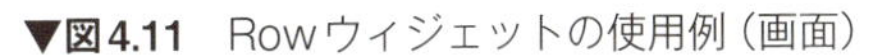

▼**図4.11**　Rowウィジェットの使用例（画面）

4.6.7　ColumnとRowの位置ぞろえ

それでは、ここでColumnとRowに共通して存在しているプロパティmainAxisAlignmentとcrossAxisAlignmentについて解説します。先ほど、Columnはウィジェットを縦に並べるウィジェットでRowは横に並べるウィジェットと述べました。mainAxisAlignmentとcrossAxisAlignmentの「Alignment（整列）」という言葉から察せられるとおり、これらはウィジェットの位置ぞろえを制御するプロパティです。

Flutterを始めたてのころは、mainAxisAlignmentとcrossAxisAlignmentは名称が長く、さらに同じような綴りですので、どっちがどうなのかを忘れがちになると思います。そこで、実際に使っているサンプルコードをもとに解説します（**リスト4.34**）。

▼**リスト4.34**　mainAxisAlignmentとcrossAxisAlignmentの指定例

```
Column(
  mainAxisAlignment: MainAxisAlignment.start,
  crossAxisAlignment: CrossAxisAlignment.start,
  children: [
    (..略..)
  ],
)
```

mainAxisAlignmentプロパティにはMainAxisAlignment列挙型[注29]の値を指定し、crossAxisAlignmentプロパティにはCrossAxisAlignment列挙型の値を指定して使います。

注29　複数の値を1つのクラスとしてまとめたもの。

MainAxisAlignmentとCrossAxisAlignmentにはそれぞれ**表4.10**、**表4.11**のような値が用意されています。各表の機能欄はColumnを前提にした説明文です。

▼**表4.10** mainAxisAlignmentに指定できる値と機能

値	機能（Columnウィジェットの場合）
MainAxisAlignment.start	上寄せにする。
MainAxisAlignment.end	下寄せにする。
MainAxisAlignment.center	中央寄せにする。
MainAxisAlignment.spaceBetween	子ウィジェットの間に均等なスペースを空ける。
MainAxisAlignment.spaceAround	子の間に空きスペースを均等に配置し、最初と最後の子の前後にそのスペースの半分を配置する。
MainAxisAlignment.spaceEvenly	すべてのスペースが均等になる。

▼**表4.11** crossAxisAlignmentに指定できる値と機能

値	機能（Columnウィジェットの場合）
CrossAxisAlignment.start	左寄せにする。
CrossAxisAlignment.end	右寄せにする。
CrossAxisAlignment.center	中央寄せにする。
CrossAxisAlignment.stretch	子ウィジェットの幅を埋めるように配置する。
CrossAxisAlignment.baseline	テキストのベースラインをそろえるように配置する。

それぞれの値の解説をしましたが、おそらくサンプルコードでそれぞれの値を指定して動きを確認したほうが特徴がつかめるはずです。そこで、前項の**リスト4.33**のHomePageクラスを**リスト4.35**の青字箇所のように変更してみましょう。

▼**リスト4.35** ColumnにMainAxisAlignment.startを指定した例（main.dart）

```
25:   @override
26:   Widget build(BuildContext context) {
27:     return Scaffold(
28:       appBar: AppBar(
29:         title: const Text('Flutter Sample App'),
30:       ),
31:       body: Column(
32:         mainAxisAlignment: MainAxisAlignment.start,
33:         children: [
34:           Container(
35:               color: Colors.red,
36:               child: const Text('Hello', style: TextStyle(fontSize: 25.0))
37:           ),
38:           Container(
39:               color: Colors.lightGreen,
40:               child: const Text('world', style: TextStyle(fontSize: 25.0))
41:           ),
42:           Container(
43:               color: Colors.yellow,
44:               child: const Text('Flutter', style: TextStyle(fontSize: 25.0))
45:           ),
```

```
46:         ],
47:       ),
48:     );
49:   }
50: }
```


bodyに指定するウィジェットをRowからColumnに変更し、Columnのプロパティとして、`mainAxisAlignment: MainAxisAlignment.start,`の1行を追加しました。これでソースコードをビルドして、**図4.12**のように表示されていれば成功です。

▼**図4.12**　ColumnにMainAxisAlignment.startを指定した例

ですが、これだけだとmainAxisAlignmentの挙動がわかりにくいと思います。MainAxisAlignmentの各値を指定したときのそれぞれの画面の見え方を**図4.13**と**図4.14**に示します。

▼図4.13 ColumnにMainAxisAlignment.start、end、centerを指定したときの画面

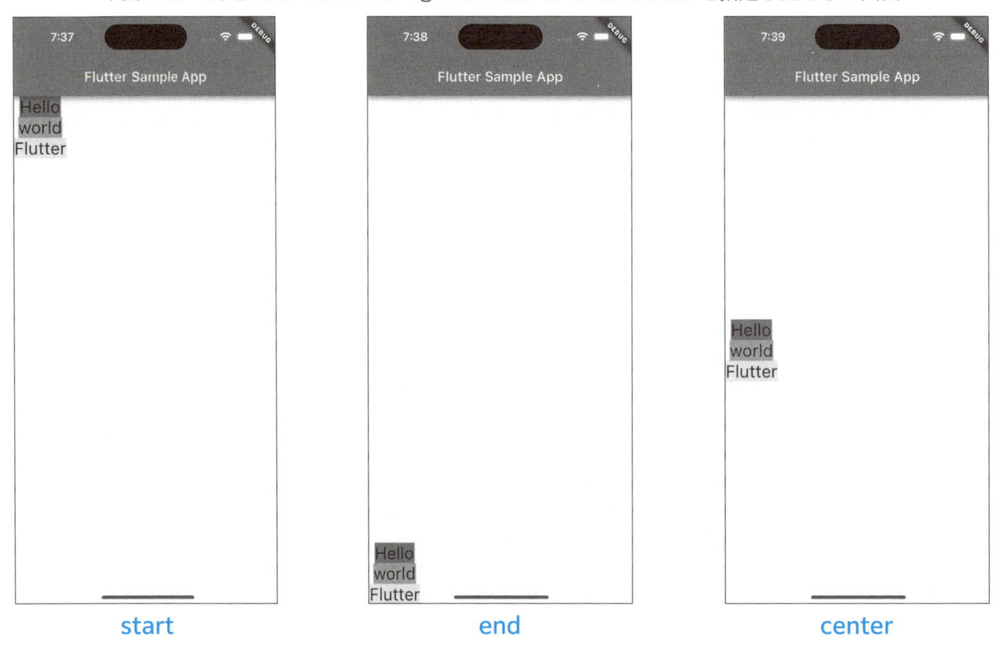

▼図4.14 ColumnにMainAxisAlignment.spaceBetween、spaceAround、spaceEvenlyを指定したときの画面

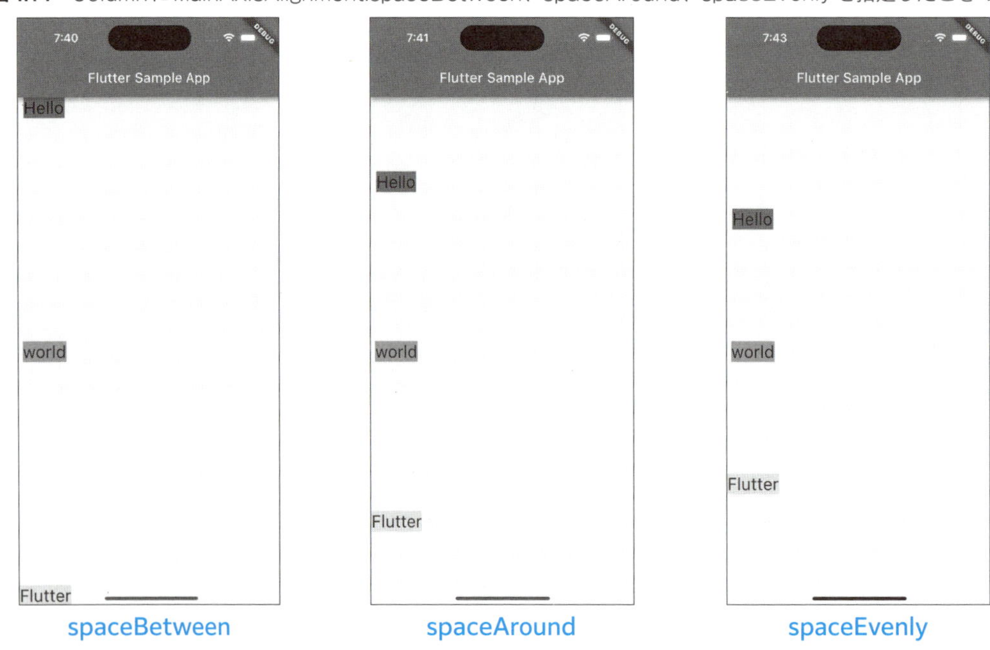

同じようにRowでMainAxisAlignmentの各値を指定したときのそれぞれの画面の見え方も**図4.15**と**図4.16**

に示しておきます。

▼**図4.15** RowにMainAxisAlignment.start、end、centerを指定したときの画面

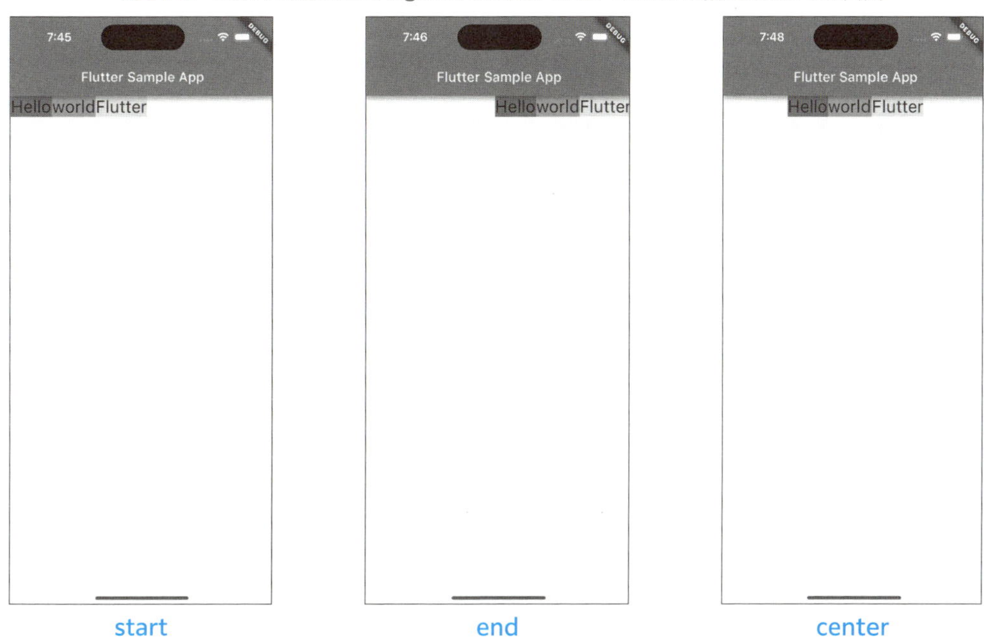

▼**図4.16** RowにMainAxisAlignment.spaceBetween、spaceAround、spaceEvenlyを指定したときの画面

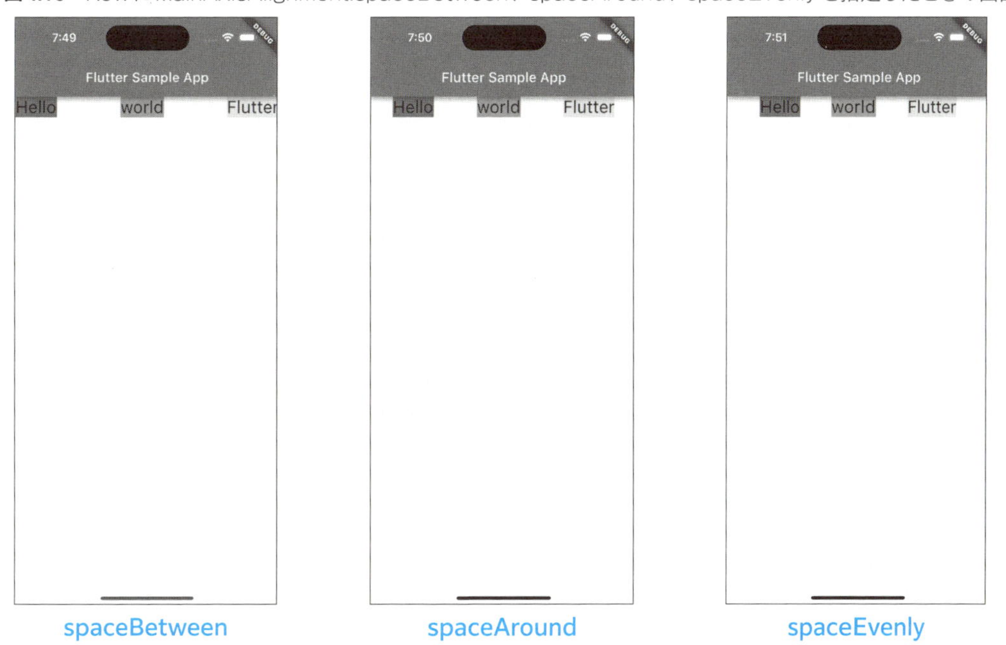

次に、crossAxisAlignmentの挙動を解説します。mainAxisAlignmentはColumnなら子ウィジェット間の「縦」方向の間隔を制御、Rowなら子ウィジェット間の「横」方向の間隔を制御するためのプロパティでしたが、crossAxisAlignmentはそれぞれ逆の方向の間隔を制御するためのプロパティになります。つまり、Columnなら子ウィジェット間の「横」方向の間隔を制御、Rowなら子ウィジェット間の「縦」方向の間隔を制御するためのプロパティになります。

整理すると、ColumnとRowに、mainAxisAlignmentまたはcrossAxisAlignmentを指定したときの挙動は**表4.12**のようになります。

▼**表4.12**　mainAxisAlignment、crossAxisAlignmentを指定したときの挙動

プロパティ	Columnで指定した場合	Rowで指定した場合
mainAxisAlignment	子ウィジェットの「縦」方向の間隔をそろえる。	子ウィジェットの「横」方向の間隔をそろえる。
crossAxisAlignment	子ウィジェットの「横」方向の間隔をそろえる。	子ウィジェットの「縦」方向の間隔をそろえる。

最初、これらの機能や使い分けは慣れないと思いますが、使っていくうちに徐々に使い方のコツがわかってきます。それぞれあとのサンプルアプリ開発のときにも使っていきますので、ここでは機能の種類だけ把握していただければ問題ありません。

4.6.8 SingleChildScrollViewウィジェット

SingleChildScrollViewウィジェット[注30]は1つのウィジェットをスクロールできるようにするためのウィジェットです。Columnウィジェットを使って縦にたくさんウィジェットを並べた場合、画面に収まらなくなると、収まらない部分は画面に表示されません。そんな場合にSingleChildScrollViewを使うと、スクロールさせられるようになります。スクロールさせることで、画面に収まらなかった部分も表示されるようになります。

SingleChildScrollViewウィジェットを使うときの基本的な書き方は**構文4.16**のとおりです。

▼**構文4.16**　SingleChildScrollViewウィジェットの使い方

```
SingleChildScrollView(
  child: UI系ウィジェット,
)
```

構文としてはContainerと同じように見えます。childプロパティですので、SingleChildScrollViewに載せられるウィジェットは単一のものになります。複数のウィジェットをまとめて載せたい場合には、childにColumnやRowを指定してください。

それでは、SingleChildScrollViewを使ったサンプルコードを見ていきましょう。**リスト4.35**のHomePageクラスを**リスト4.36**の青字箇所のように変更します。

▼**リスト4.36**　SingleChildScrollViewウィジェットの使用例（main.dart）

```
25:   @override
26:   Widget build(BuildContext context) {
27:     return Scaffold(
28:       appBar: AppBar(
```

注30　https://api.flutter.dev/flutter/widgets/SingleChildScrollView-class.html

```
29:          title: const Text('Flutter Sample App'),
30:        ),
31:        body: SingleChildScrollView(
32:          child: Column(
33:            children: [
34:              Container(
35:                height: 300.0,
36:                width: double.infinity,
37:                color: Colors.red,
38:                child: const Text('Hello', style: TextStyle(fontSize: 25.0))
39:              ),
40:              Container(
41:                height: 300.0,
42:                width: double.infinity,
43:                color: Colors.lightGreen,
44:                child: const Text('world', style: TextStyle(fontSize: 25.0))
45:              ),
46:              Container(
47:                height: 300.0,
48:                width: double.infinity,
49:                color: Colors.yellow,
50:                child: const Text('Flutter', style: TextStyle(fontSize: 25.0))
51:              ),
52:            ]
53:          ),
54:        ),
55:      );
56:    }
57: }
```

こちらのソースコードをビルドすると、**図4.17**のように3つの色付きContainerウィジェットが載っている画面が表示されたら成功です。最後（黄色）のContainerだけ画面外にはみ出していますが、画面を下から上にスワイプすると、画面下までスクロールできることがわかるはずです。

▼**図4.17**　SingleChildScrollViewウィジェットの使用例（画面）

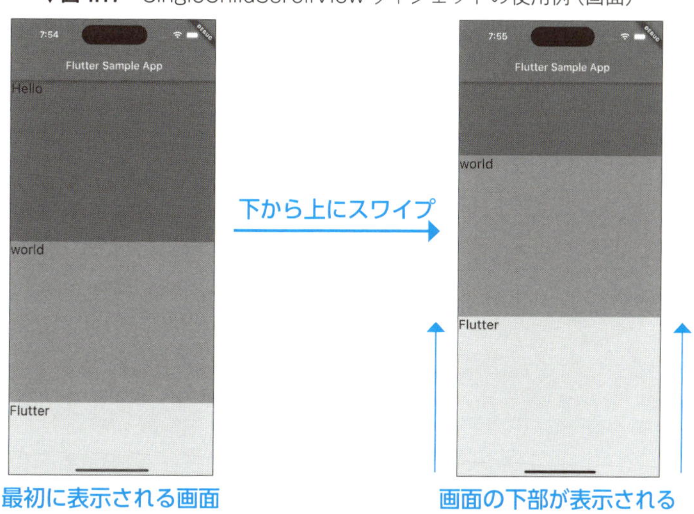

また、補足の説明になりますが、**リスト4.36**ではContainerウィジェットに`height: 300.0, width: double.infinity`のように高さと幅を指定しました。高さは300.0pxで、幅をdouble.infinityに指定しています。この「double.infinity」は可能な限り自身のウィジェットのサイズを大きくするという指定です。この指定のため、画面幅いっぱいまでウィジェットが広がりました。

4.6.9 ListViewウィジェット

ListViewウィジェット[注31]は、複数のウィジェットがあったとしても、それらすべてをスクロールできるようにするためのウィジェットです。SingleChildScrollViewでは1つのウィジェットしか載せられないため、複数のウィジェットを載せる場合にはColumnやRowを使う必要がありました。でも、ListViewはColumnやRowなしでも複数のウィジェットをスクロールの対象にすることができます。

ListViewは複数のウィジェットを載せられるうえ、細かいレイアウトの制御も可能ですので、Flutterでのアプリ開発では非常に重宝されます。後述するGridViewと組み合わせると複雑なUIも実現できます。何らかの一覧画面を作る際に一番適しているウィジェットとなります。

ListViewウィジェットを使うときの基本的な書き方は**構文4.17**のとおりです。

▼構文4.17 ListViewウィジェットの使い方

```
ListView(
  children: [
    ウィジェット1,
    ウィジェット2,
    ウィジェット3,
    …
  ]
)
```

childrenに、載せたいウィジェットを「配列」にして格納します。

それでは、サンプルソースコードを見ていきましょう。**リスト4.24**のHomePageクラスを**リスト4.37**の青字箇所のように変更します(**リスト4.36**との違いはSingleChildScrollViewをListViewに変更して、Columnウィジェットをなくしただけです)。

▼リスト4.37 ListViewウィジェットの使用例 (main.dart)

```
25:   @override
26:   Widget build(BuildContext context) {
27:     return Scaffold(
28:       appBar: AppBar(
29:         title: const Text('Flutter Sample App'),
30:       ),
31:       body: ListView(children: [
32:         Container(
33:             height: 300.0,
34:             width: double.infinity,
35:             color: Colors.red,
36:             child: const Text('Hello', style: TextStyle(fontSize: 25.0))),
37:         Container(
```

注31 https://api.flutter.dev/flutter/widgets/ListView-class.html

```
38:             height: 300.0,
39:             width: double.infinity,
40:             color: Colors.lightGreen,
41:             child: const Text('world', style: TextStyle(fontSize: 25.0))),
42:         Container(
43:             height: 300.0,
44:             width: double.infinity,
45:             color: Colors.yellow,
46:             child: const Text('Flutter', style: TextStyle(fontSize: 25.0)))
47:       ]),
48:     );
49:   }
50: }
```

これをビルドして、アプリを確認するとSingleChildScrollViewのとき（**図4.17**）と同じ見え方になっているかと思います。

だいたい同じであればListViewのほうだけ理解すればいいと思うかもしれませんが、この2つにはレンダリングのしくみとパフォーマンスに違いがあります。ListViewのほうがパフォーマンスに優れており、多くのウィジェットを並べる場合にはListViewを使い、そうではない場合はSingleChildScrollViewを使うなどして、両者を使い分けるのが一般的です。

4.6.10 GridViewウィジェット

GridViewウィジェット注32は縦列と横列に同時に複数のウィジェットを並べてかつスクロールできるようにするためのウィジェットです。一般的に、こういったUIをグリッドレイアウトと呼んでいます。GridViewはグリッドレイアウトを実現するためのウィジェットです。

ListViewは複数のウィジェットを縦方向、あるいは横方向に並べるものでしたが、GridViewは複数のウィジェットを縦列・横列同時に並べてスクロール対象にできます注33。

GridViewを使用するときの書き方には、横に何個ウィジェットを並べるかを指定するGridView.countと、ウィジェット1つあたりの横幅の最大値を指定するGridView.extentの2つの書き方があります。

それぞれの基本的な書き方を**リスト4.38**と**リスト4.39**に示します。

▼リスト4.38 GridView.countの場合

```
// crossAxisCount プロパティでウィジェットを横に何個並べるかを指定する
GridView.count(
    crossAxisCount: 2,
    children: [
        (.. 略 ..)
    ]
)
```

注32 https://api.flutter.dev/flutter/widgets/GridView-class.html

注33 iOSネイティブでは、UIKitのUICollectionView、SwiftUIのLazyVGridやLazyHGridといったコンポーネントと同じ機能です。Androidネイティブでは、RecyclerViewがこれに相当します。

▼リスト4.39 GridView.extentの場合

```
// maxCrossAxisExtent にウィジェット１つあたりの横幅を指定する
GridView.extent(
    maxCrossAxisExtent: 150,
    children: [
        (.. 略 ..)
    ]
)
```

このほかにもGridView.builderやGridView.customなどで指定する方法もあります。

GridViewでよく使うプロパティは**表4.13**のとおりです。

▼表4.13 GridViewウィジェットのおもなプロパティ

プロパティ	内容
crossAxisCount	GridView.countのときに、ウィジェットを横に何個並べるかを指定する。
maxCrossAxisExtent	GridView.extentのときに、ウィジェット1つあたりの横幅を指定する。
padding	GridView自体の余白を指定する。
crossAxisSpacing	横方向のウィジェット間隔の余白を指定する。
mainAxisSpacing	縦方向のウィジェット間隔の余白を指定する。
children	並べるウィジェットを配列で指定する。

それでは、GridViewを使ったサンプルコードを見ていきましょう。最初はGridView.countの場合のサンプルです。**リスト4.24**のHomePageクラスを**リスト4.40**の青字箇所のように変更します。

▼リスト4.40 GridViewウィジェットの使用例（GridView.countの場合）（main.dart）

```
25:   @override
26:   Widget build(BuildContext context) {
27:     return Scaffold(
28:       appBar: AppBar(
29:         title: const Text('Flutter Sample App'),
30:       ),
31:       body: GridView.count(
32:           crossAxisCount: 2,
33:           children: [
34:             Container(
35:                 height: 300.0,
36:                 width: double.infinity,
37:                 color: Colors.red,
38:                 child: const Text('Hello', style: TextStyle(fontSize: 25.0))
39:             ),
40:             Container(
41:                 height: 300.0,
42:                 width: double.infinity,
43:                 color: Colors.lightGreen,
44:                 child: const Text('world', style: TextStyle(fontSize: 25.0))
45:             ),
46:             Container(
47:                 height: 300.0,
48:                 width: double.infinity,
```

```
49:             color: Colors.yellow,
50:             child: const Text('Flutter', style: TextStyle(fontSize: 25.0))
51:           )
52:         ]),
53:     );
54:   }
55: }
```

こちらのソースコードをビルドすると、**図4.18**のように表示されます。今回はcrossAxisCountの値を2に指定したので、2個のウィジェットを横に並べるように配置されています。

▼**図4.18** GridViewウィジェットの使用例（GridView.countの場合の画面）

次に、GridView.extentの場合のサンプルです。**リスト4.24**のHomePageクラスを**リスト4.41**のように変更します。

▼**リスト4.41** GridViewウィジェットの使用例（GridView.extentの場合）（main.dart）

```
25:   @override
26:   Widget build(BuildContext context) {
27:     return Scaffold(
28:       appBar: AppBar(
29:         title: const Text('Flutter Sample App'),
30:       ),
31:       body: GridView.extent(
32:           maxCrossAxisExtent: 100,
33:           children: [
34:             Container(
35:                 height: 300.0,
36:                 width: double.infinity,
37:                 color: Colors.red,
```

```
38:                 child: const Text('Hello', style: TextStyle(fontSize: 25.0))
39:               ),
40:               Container(
41:                 height: 300.0,
42:                 width: double.infinity,
43:                 color: Colors.lightGreen,
44:                 child: const Text('world', style: TextStyle(fontSize: 25.0))
45:               ),
46:               Container(
47:                 height: 300.0,
48:                 width: double.infinity,
49:                 color: Colors.yellow,
50:                 child: const Text('Flutter', style: TextStyle(fontSize: 25.0))
51:               )
52:             ]),
53:     );
54:   }
55: }
```

こちらのソースコードをビルドする、と**図4.19**のように表示されます。ウィジェット1個あたりの横幅は100pxとして、横に並べられるだけ配置されて表示されます。今回はmaxCrossAxisExtentを100に指定しましたが、この値を大きくしていくと横に並べられるウィジェットの個数が変わります。

▼**図4.19**　GridViewウィジェットの使用例（GridView.extentの場合の画面）

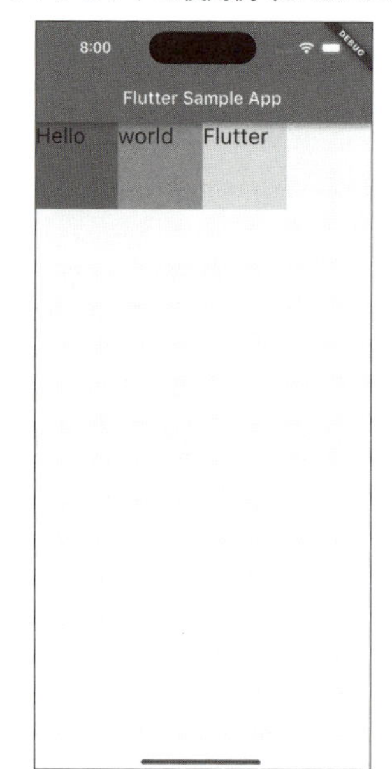

4.7　1画面だけのサンプルアプリの作成

基本的なウィジェットについて一通り説明しましたので、この章の最後として、1画面だけで構成されるアプリを作っていきます。ここで開発するアプリはカウンターアプリにします。アプリの画面デザインは**図4.20**のようなものとします。

▼図4.20　カウンターアプリの画面デザイン

画面中央に数字をテキストとして表示します。その下に2つのボタンを用意します。1つはボタンをタップすると1増えるボタン。もう1つはボタンをタップすると1減るボタンです。またその下にカウントされた数字を0にするリセットボタンも用意します。

これ以降、ひとつひとつ手順を示しながらこのアプリを作っていきます。動作確認にはiPhone 15のシミュレータを使います。

4.7.1　基礎となるUIレイアウトを実装する

それでは、2.5節で説明した手順で新しいFlutterプロジェクト「counter_app」を作成してください。それができたら、プロジェクト内のmain.dartを編集していきます。

まずは基礎となるUIレイアウトを実装するため、main.dartファイル全体を**リスト4.42**のように変更します。

▼リスト4.42　アプリのコード全体（main.dart）

```
01: import 'package:flutter/material.dart';
02:
03: void main() {
04:   runApp(const MyApp());
05: }
06:
07: class MyApp extends StatelessWidget {
08:   const MyApp({super.key});
```

```
09:
10:   @override
11:   Widget build(BuildContext context) {
12:     return MaterialApp(
13:       theme: ThemeData(
14:         primarySwatch: Colors.blue,
15:       ),
16:       home: const MyHomePage(title: 'カウンターアプリ'),
17:     );
18:   }
19: }
20:
21: class MyHomePage extends StatefulWidget {
22:   const MyHomePage({super.key, required this.title});
23:   final String title;
24:
25:   @override
26:   State<MyHomePage> createState() => _MyHomePageState();
27: }
28:
29: class _MyHomePageState extends State<MyHomePage> {
30:   int _counter = 0;
31:
32:   @override
33:   Widget build(BuildContext context) {
34:     return Scaffold(
35:       appBar: AppBar(
36:         title: Text(widget.title),
37:       ),
38:       body: Center(
39:         child: Column(
40:           mainAxisAlignment: MainAxisAlignment.center,
41:           children: <Widget>[
42:             Text(
43:               '$_counter',
44:               style: Theme.of(context).textTheme.headlineMedium,
45:             ),
46:             Row(
47:               mainAxisAlignment: MainAxisAlignment.spaceEvenly,
48:               mainAxisSize: MainAxisSize.min,
49:               children: [
50:                 Container(
51:                   color: Colors.blue,
52:                   child: TextButton(
53:                     child: const Text('プラス',
54:                       style: TextStyle(
55:                           color: Colors.white
56:                       ),
57:                     ),
58:                     onPressed: () {
59:                       // counter に 1 を足す処理を書く
60:                     },
61:                   ),
62:                 ),
63:                 Container(
```

```
64:                     color: Colors.red,
65:                     child: TextButton(
66:                       child: const Text('マイナス',
67:                         style: TextStyle(
68:                             color: Colors.white
69:                         ),
70:                       ),
71:                       onPressed: () {
72:                         // counter に 1 を減らす処理を書く
73:                       },
74:                     ),
75:                   )
76:                 ],
77:               ),
78:               Container(
79:                 color: Colors.black,
80:                 child: TextButton(
81:                   child: const Text('リセット',
82:                     style: TextStyle(
83:                         color: Colors.white
84:                     ),
85:                   ),
86:                   onPressed: () {
87:                     // counter をリセットさせる処理を書く
88:                   },
89:                 ),
90:               )
91:             ],
92:           ),
93:         ),
94:       );
95:   }
96: }
```

このソースコードをビルドすると、**図4.21**のように画面が表示されます。それぞれのテキストとボタンがレイアウトされています。

▼図4.21　アプリの基礎となるUIレイアウトができた

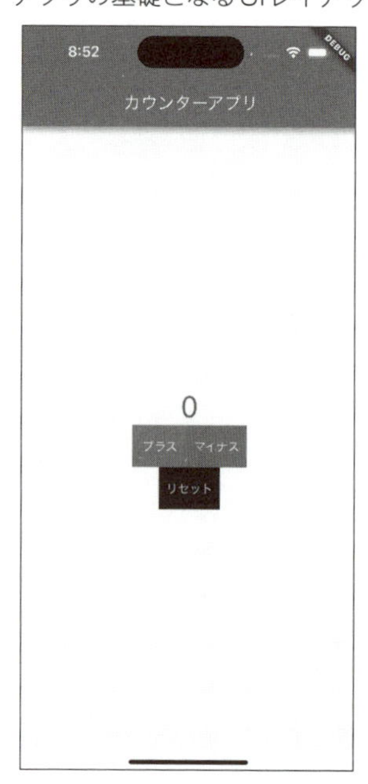

レイアウトの構造を説明します。全体のコンポーネントを縦中央に並べたいので、Scaffoldウィジェットのbodyプロパティにて、Centerウィジェットを指定し、Centerの中にColumnウィジェットを載せています（38～39行目）。Columnの中にカウンターの数字を表示させるテキスト（Text）、それぞれのボタン（TextButton）を3つ載せています（41～91行目）。また、［プラス］ボタンと［マイナス］ボタンは横に並べたいのでRowウィジェットを使っています（46行目）。これで基礎となるレイアウトを実装できました。

残りの作業は次の3つです。

①［プラス］［マイナス］［リセット］ボタンをタップしたときの処理の実装
②コンポーネントの間隔の調整
③ボタンの角丸の実装

4.7.2　①各ボタンをタップしたときの処理を実装する

ここでは2つのボタンをタップするとカウンター用に用意したint型の変数_counterに1を足したり、1を減らしたりするための関数を定義して、それぞれのボタンをタップしたときにその関数が呼び出されるコードを書いていきます。

まずは、変数_counterに1足すための関数_incrementCounterを_MyHomePageStateクラスに定義します。**リスト4.42**のコードからの変更点を**リスト4.43**に青字で示します。_incrementCounterのコードはFlutterプロジェクトファイルを生成したときの初期コードの_incrementCounterと同じ内容です。

▼**リスト4.43**　関数_incrementCounterを定義（main.dart）

```
29: class _MyHomePageState extends State<MyHomePage> {
30:   int _counter = 0;
31:
32:   void _incrementCounter() {
33:     setState(() {
34:       _counter++;
35:     });
36:   }
37:
38:   @override
39:   Widget build(BuildContext context) {
```


この_incrementCounter関数が呼び出されるのは［プラス］のボタンをタップしたときなので、_MyHomePageStateクラスの［プラス］のボタンのコードを変更します。**リスト4.43**からの変更箇所を**リスト4.44**に青字で示します。

▼**リスト4.44**　_incrementCounter関数を呼び出す（main.dart）

```
56:               Container(
57:                 color: Colors.blue,
58:                 child: TextButton(
59:                   child: const Text('プラス',
60:                     style: TextStyle(
61:                         color: Colors.white
62:                     ),
63:                   ),
64:                   onPressed: () {
65:                     _incrementCounter();   // コメント部分を関数呼び出しに変更
66:                   },
67:                 ),
68:               ),
```

［プラス］ボタンのonPressedのプロパティで_incrementCounterを呼び出すようにしました。これでアプリを実行してみましょう。［プラス］ボタンをタップすると、**図4.22**のように「0」の数字に1が足されて表示されると思います。

▼図4.22　[プラス] ボタンを押した分だけ数字に1が足される (以下は4回押した場合)

それではこれと同じように [マイナス] ボタンも実装します。_counterを1減らす関数_decrementCounterを、**リスト4.43**で定義した_incrementCounterの下に定義します。変更箇所を**リスト4.45**に青字で示します。

▼**リスト4.45**　関数_decrementCounterを定義 (main.dart)

```
29: class _MyHomePageState extends State<MyHomePage> {
30:   int _counter = 0;
31:
32:   void _incrementCounter() {
33:     setState(() {
34:       _counter++;
35:     });
36:   }
37:
38:   void _decrementCounter() {
39:     setState(() {
40:       _counter--;
41:     });
42:   }
43:
44:   @override
45:   Widget build(BuildContext context) {
```

この_decrementCounterを呼び出すのは [マイナス] のボタンですので、[マイナス] ボタンのonPressedプロパティで_decrementCounterを呼び出します。**リスト4.45**からの変更箇所を**リスト4.46**に青字で示します。

▼**リスト4.46** _decrementCounter関数を呼び出す(main.dart)

```
75:           Container(
76:             color: Colors.red,
77:             child: TextButton(
78:               child: const Text('マイナス',
79:                 style: TextStyle(
80:                     color: Colors.white
81:                 ),
82:               ),
83:               onPressed: () {
84:                 _decrementCounter();   // コメント部分を関数呼び出しに変更
85:               },
86:             ),
87:           )
```

これでアプリを実行してみましょう。[マイナス]ボタンをタップすると「0」の数字が1ずつ減ると思います。[マイナス]ボタンのタップイベントの実装が完了しました。このようにしてボタンタップイベントを実装します。

4.7.3 ②コンポーネントの間隔を調整する

次に、コンポーネント間の間隔調整を行っていきます。現状のアプリはコンポーネント間に間隔がなくギッシリと詰まってレイアウトされている状態です。コンポーネント間の間隔を調整する手段はいくつかありますが、ここでは一番簡単なSizedBoxウィジェットを使うことにします。

SizedBoxウィジェット[注34]はchildプロパティに指定したウィジェットのサイズを指定することができるウィジェットです。childを指定しない場合は、指定したサイズの余白を作れます。

基本的な使い方はContainerと同じで、プロパティにwidthとheightを持っています(**構文4.18**、**リスト4.47**)。

▼**構文4.18** SizedBoxの使い方

```
const SizedBox(
  width: サイズ,
  height: サイズ,
  child: ウィジェット,
)
```

▼**リスト4.47** SizedBoxの使用例

```
const SizedBox(
  width: 200.0,
  height: 300.0,
  child: const Text('Hello World!'),
)
```

Containerも余白のプロパティmarginやpaddingを持っていますが、ColumnやRowの中でコンポーネントの間に余白を入れたい場合は、SizedBoxのほうが柔軟性があるように思います。

今回はこのSizedBoxを使ってコンポーネント間の間隔調整を行います。カウンターのTextウィジェットとボ

注34 https://api.flutter.dev/flutter/widgets/SizedBox-class.html

タン2つが含まれているRowウィジェットの間に1つ、［プラス］ボタンと［マイナス］ボタンの間に1つ、そして、Rowウィジェットと［リセット］ボタンの間に1つのSizedBoxを作ります。**リスト4.46**からの変更箇所を**リスト4.48**に青字で示します。

▼リスト4.48 SizedBoxで余白を作る（main.dart）

```
44:   @override
45:   Widget build(BuildContext context) {
46:     return Scaffold(
47:       appBar: AppBar(
48:         title: Text(widget.title),
49:       ),
50:       body: Center(
51:         child: Column(
52:           mainAxisAlignment: MainAxisAlignment.center,
53:           children: <Widget>[
54:             Text(
55:               '$_counter',
56:               style: Theme.of(context).textTheme.headlineMedium,
57:             ),
58:             const SizedBox(
59:               height: 20.0,
60:             ),
61:             Row(
62:               mainAxisAlignment: MainAxisAlignment.spaceEvenly,
63:               mainAxisSize: MainAxisSize.min,
64:               children: [
65:                 Container(
66:                   color: Colors.blue,
67:                   child: TextButton(
68:                     child: const Text('プラス',
69:                       style: TextStyle(
70:                           color: Colors.white
71:                       ),
72:                     ),
73:                     onPressed: () {
74:                       _incrementCounter();
75:                     },
76:                   ),
77:                 ),
78:                 const SizedBox(
79:                   width: 20.0,
80:                 ),
81:                 Container(
82:                   color: Colors.red,
83:                   child: TextButton(
84:                     child: const Text('マイナス',
85:                       style: TextStyle(
86:                           color: Colors.white
87:                       ),
88:                     ),
89:                     onPressed: () {
90:                       _decrementCounter();
91:                     },
92:                   ),
```

```
 93:                )
 94:              ],
 95:            ),
 96:            const SizedBox(
 97:              height: 20.0,
 98:            ),
 99:            Container(
100:              color: Colors.black,
101:              child: TextButton(
102:                child: const Text('リセット',
103:                  style: TextStyle(
104:                      color: Colors.white
105:                  ),
106:                ),
107:                onPressed: () {
108:                  // counter をリセットさせる処理を書く
109:                },
110:              ),
111:            )
112:          ],
113:        ),
114:      ),
115:    );
116:  }
117: }
```

このソースコードをビルドすると、**図4.23**のように画面が表示されます。

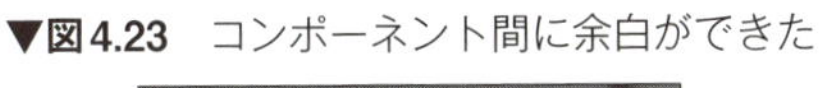

▼**図4.23**　コンポーネント間に余白ができた

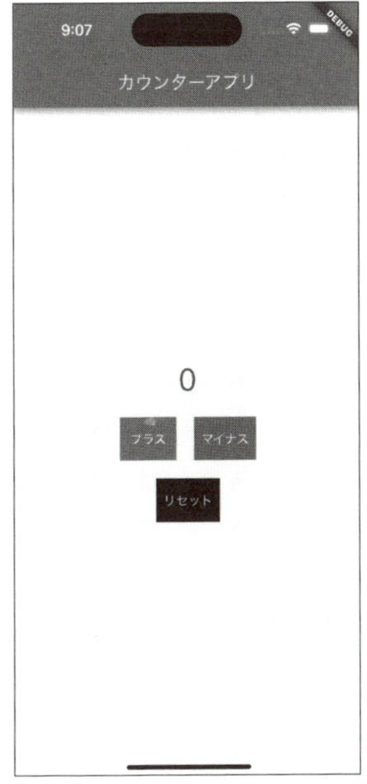

4.7.4 ③ボタンの角丸を実装する

コンポーネント間の間隔が調整できたことでよりカウンターアプリらしくなってきました。ここでは最後の仕上げとして［プラス］［マイナス］［リセット］ボタンのデザインを調整していきます。**図4.20**のアプリのデザインをよく観察すると、3つのボタンそれぞれに小さな角丸が付いています。それに対して、今できているアプリのボタンは角張っています。そこで、ボタンの4つの角に角丸を付けていきます。

ボタンに角丸を付ける方法としては、ボタンの親ウィジェットであるContainerに角丸を付けるという手段を採ろうと思います。Containerには、ウィジェットを装飾させるためのプロパティdecorationがあるため、それを使います（**構文4.19**）。decorationにはDecorationクラスのインスタンスを指定します。

▼構文4.19 Containerウィジェットのdecorationプロパティの指定の仕方

```
Container(
  decoration: Decorationクラスのインスタンス,
  child: ウィジェット,
),
```

FlutterのDecorationは抽象クラスであり、多くのアプリ開発ではそれを具体化したBoxDecorationクラスを利用します。このBoxDecorationには、ボーダー線を入れられるプロパティborderや、角丸を付けられるプロパティborderRadiusが存在しています（**リスト4.49**）。

▼リスト4.49 BoxDecorationクラスの使用例

```
Container(
  decoration: BoxDecoration(
    border: Border.all(width: 8,),
    borderRadius: BorderRadius.circular(10),
  ),
  child: TextButton(
    (..略..)
  ),
```

このborderRadiusを使ってContainerを装飾していきます。**リスト4.50**に［プラス］ボタンの角丸の装飾のコード例を示します（**リスト4.48**からの変更箇所を青字で示します）。

▼リスト4.50 ［プラス］ボタンに角丸を付ける（main.dart）

```
65:           Container(
66:             // color: Colors.blue,  // コメント化（または削除）
67:             decoration: BoxDecoration(
68:                 color: Colors.blue,
69:                 borderRadius: BorderRadius.circular(10)
70:             ),
71:             child: TextButton(
72:               child: const Text('プラス',
73:                 style: TextStyle(
74:                     color: Colors.white
75:                 ),
76:               ),
77:               onPressed: () {
78:                 _incrementCounter();
```

```
79:              },
80:            ),
81:          ),
```

Containerのdecorationプロパティに BoxDecorationを指定し、さらにその borderRadius プロパティに BorderRadius.circular(10)を指定しました。これはContainerの4ヵ所の角に10pxの丸を付ける命令です。

また、Containerウィジェットのcolorプロパティを削除することを忘れないようにしてください。Containerウィジェットのcolorプロパティが残ったままビルドすると、次のようなエラーメッセージが表示されてしまいアプリが起動しません。

```
Cannot provide both a color and a decoration
To provide both, use "decoration: BoxDecoration(color: color)".
'package:flutter/src/widgets/container.dart':
Failed assertion: line 285 pos 15: 'color == null || decoration == null'
```

これは2つの問題を抱えているエラーになります。1つはBoxDecorationを使うためにはBoxDecoration側の背景色プロパティcolorを使用しなければならないこと、もう1つはContainerではcolorプロパティとdecorationプロパティの両方が共存してはいけないということです。この問題を解決するためにはBoxDecoration側にcolorを指定してやり、そしてContainer側のcolorの指定を外してやれば良いことになります。

これで［プラス］ボタンに10pxの角丸が入り、背景色が青色になります。この［プラス］ボタンを参考にして、残りの2つのボタンにもそれぞれ10pxの角丸を付けていきます。**リスト4.51**のように変更します。

▼リスト4.51 ［マイナス］［リセット］ボタンに角丸を付ける（main.dart）

```
85:            Container(
86:              // color: Colors.red,  // コメント化（または削除）
87:              decoration: BoxDecoration(
88:                  color: Colors.red,
89:                  borderRadius: BorderRadius.circular(10)
90:              ),
91:              child: TextButton(
92:                child: const Text('マイナス',
93:                  style: TextStyle(
94:                      color: Colors.white
95:                  ),
96:                ),
97:                onPressed: () {
98:                  _decrementCounter();
99:                },
100:             ),
101:           )
102:         ],
103:       ),
104:       const SizedBox(
105:         height: 20.0,
106:       ),
107:       Container(
108:         // color: Colors.black,  // コメント化（または削除）
109:         decoration: BoxDecoration(
110:             color: Colors.black,
```

```
111:                     borderRadius: BorderRadius.circular(10)
112:                 ),
113:                 child: TextButton(
114:                   child: const Text('リセット',
115:                     style: TextStyle(
116:                         color: Colors.white
117:                     ),
118:                   ),
119:                   onPressed: () {
120:                     // counterをリセットさせる処理を書く
121:                   },
122:                 ),
123:             )
    (..略..)
```

このソースコードをビルドして、アプリの画面を確認すると**図4.24**のように表示されます。

▼図4.24　ボタンが角丸になった

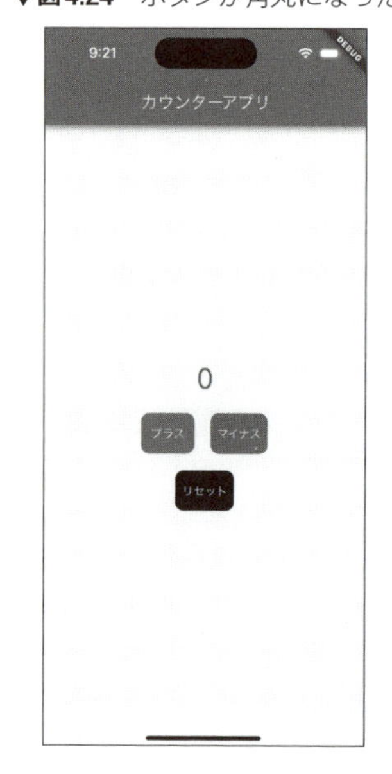

これで当初予定していたカウンターアプリのUIとボタンの実装がほぼ完了しました。

［リセット］ボタンの処理はどう実装するのか。こちらは本章で学習した内容を復習したい方向けの課題にします。

4.7節で作成したカウンターアプリにおいて、［リセット］ボタンのタップイベントの関数_resetCounterを定義してみてください。そして、［リセット］ボタンがタップされたらカウントされた数字が0になるようにして、アプリを完成させてみてください。

第5章

テキスト入力と画像の表示

5.1 State

第5章では、アプリでテキスト入力を実現する方法や画像を表示させる方法を学びます。また、アプリ画面上のテキストなどの表示を制御するための方法も学びます。画面の表示を変えるのは、アプリの状態を変えることになるため、ここではまず、FlutterにおけるState（状態）について整理しておきましょう。

Flutterでのアプリ開発では、ほとんどの開発者が「状態管理」という概念について理解する必要があります。FlutterにはStateという概念が存在し、これが状態を意味しています。

前章で紹介したStatelessWidgetもStatefulWidgetも状態管理に関わるウィジェットです。「StatelessWidget」はStateがない、つまり動的に変化しないウィジェットです。「StatefulWidget」はStateを持っている、つまり動的に変化するウィジェットです。

また、StatelessWidgetやStatefulWidget以外に、「InheritedWidget」という必要に応じて特定のウィジェットに状態変化を伝播させるウィジェットがあります。本書で取り上げるアプリはInheritedWidgetがなくても開発できるため、InheritedWidgetの説明は割愛します。

5.2 状態に関連するウィジェット

第4章で解説したStatelessWidgetとStatefulWidgetをそれぞれ復習します。

5.2.1 StatelessWidget（おさらい）

StatelessWidgetの特徴は次のとおりです。

- State（状態）を変更できない。
- buildメソッドは一度しか実行されない。
- setStateメソッドを実行しても何も起こらない。

StatelessWidgetは状態を持たないウィジェットです。buildメソッドはウィジェットを作成するときの一度しか実行されません。StatelessWidgetの中でもsetStateメソッドを呼び出せますが、呼び出して変数などの値を変化させようとしても、画面には何も変化が起こりません。

5.2.2 StatefulWidget（おさらい）

StatefulWidgetの特徴は次のとおりです。

- State（状態）を何度も変更できる。
- 状態変化が起こるとbuildメソッドが実行される。
- setStateメソッドの呼び出しがその変更のトリガーになる。

StatefulWidgetは状態を持つウィジェットです。StatefulWidgetの場合、buildメソッドはウィジェットを作成するときに実行されるほかに、じつはsetStateメソッドを呼び出したときにも実行されます。状態変化のトリガーはsetStateメソッドを呼び出したときになります。

5.3 テキスト入力関連のウィジェット

ここからはテキスト入力を実現するためのウィジェットと、それとともによく使うウィジェットを紹介します。

5.3.1 TextFieldウィジェット

TextFieldウィジェット[注1]について解説します。TextFieldはFlutter SDKで提供されているマテリアルデザインに準拠したウィジェットです。

TextFieldを使用すると、画面上にテキストフィールド（テキスト入力エリア）が表示され、ソフトウェアキーボードを使用してテキストを入力できるようになります。それでは、これを使ってみましょう。基本的な使い方は**構文5.1**のようになります。

▼構文5.1 TextFieldウィジェットの使い方

```
TextField(
   onChanged: (String 引数名 ) {
     // 引数には入力中のテキストが格納されている
     print(引数名);
   }
 )
```

TextFieldには、フィールドに入力された値を取得できるonChangedというプロパティが用意されています。このプロパティには関数を設定します。フィールドに1文字でも入力すると、その関数が実行されます。今回のテキスト変更のように何らかのイベントが発生したことをきっかけに呼び出される関数のことをコールバック関数と呼びます。onChangedに設定する関数には引数が用意されていて、この引数に入力中のテキストが格納されます。引数名は予約語でなければどんな文字列でも問題ありません。以降のサンプルコードでは便宜上valueという引数名にしています。

それでは、このTextFieldを使ったサンプルコードを書いてみます。main.dartに**リスト5.1**のようなコードを記述してください。

▼リスト5.1 TextFieldウィジェットの使用例（main.dart）

```
01: import 'package:flutter/material.dart';
02:
03: void main() {
04:   runApp(const MainPage());
05: }
06:
07: class MainPage extends StatelessWidget {
```

注1 https://api.flutter.dev/flutter/material/TextField-class.html

```
08:   const MainPage({super.key});
09:
10:   @override
11:   Widget build(BuildContext context) {
12:     return const MaterialApp(
13:       title: 'Text Sample',
14:       home: TextInputWidget(),
15:     );
16:   }
17: }
18:
19: class TextInputWidget extends StatefulWidget {
20:   const TextInputWidget({super.key});
21:
22:   @override
23:   State<TextInputWidget> createState() => _TextInputWidgetState();
24: }
25:
26: class _TextInputWidgetState extends State<TextInputWidget> {
27:
28:   @override
29:   Widget build(BuildContext context) {
30:     return Scaffold(
31:       appBar: AppBar(
32:         title: const Text('Text Input Sample'),
33:       ),
34:       body: TextField(
35:           onChanged: (String value) {
36:             print(value);
37:           }
38:       ),
39:     );
40:   }
41: }
```

これをビルドして、**図5.1左**のように画面が表示されたら成功です（**図5.1**はiPhone 15のシミュレータで動作させた画面です）。TextFieldのデフォルト設定では、テキストフィールドの下に仕切り線の装飾があります。仕切り線の上あたりをタップするとソフトウェアキーボードが表示されます（**図5.1右**）。キーボードで何か文字を入力すると、文字がテキストフィールドに表示されます。

▼図5.1　画面上部のテキストフィールドから文字を入力できる

5.3.2 TextEditingController クラス

次に、前項のTextFieldの入力内容を管理できる**TextEditingController**クラス[注2]について解説します。これもFlutter SDKに含まれている標準のクラスです。

TextFieldはテキスト入力のフォーム（テキストフィールド）でしたが、TextEditingControllerを使うとテキストフィールドのより細かい制御が可能になります。たとえば、テキストフィールドに初期値として何らかの文字列をセットしておきたい場合に使えます。ここでは、テキストフィールドに初期値をセットする例をもとに、TextEditingControllerの使い方を説明します。

その前に、TextEditingControllerを使ううえで必要なStatefulWidgetに関連するメソッドを紹介します。StatefulWidgetのStateクラスには、そのStateに対応するウィジェットが生成されたときに呼び出される**initState**メソッドと、対応するウィジェットが破棄されたときに呼び出される**dispose**メソッドが存在します。テキストフィールドに初期値をセットするには、これらのメソッドの内容を定義する必要があります。

リスト5.1のmain.dartを変更したコードである**リスト5.2**をもとに説明します（**リスト5.1**からの変更箇所を青字で示しています）。

事前にテキストフィールドに文字を入れておきたい場合には、まず、TextEditingControllerコンストラクタを呼び出して、TextEditingControllerのインスタンスを生成します（**リスト5.2**の①）。

次に、initStateの中で、TextEditingControllerのtextに初期値としてセットしたい文字列を代入します（**リスト5.2**の②）。

アプリの画面上でテキストフィールドが不要になったら廃棄する必要があるため、その場合はdisposeの中で、TextEditingControllerのdisposeメソッドを呼び出してTextEditingControllerのインスタンスが廃棄されるようにします（**リスト5.2**の③）。

注2　https://api.flutter.dev/flutter/widgets/TextEditingController-class.html

▼リスト5.2　TextEditingControllerの使用例（テキストフィールドに初期値をセットする）

```
26: class _TextInputWidgetState extends State<TextInputWidget> {
27:
28:   // ① TextEditingController インスタンスを生成（変数名は何でも良い）
29:   var _controller = TextEditingController();
30:
      (..略..)
45:
46:   @override
47:   void initState() {
48:     super.initState();
49:     _controller.text = '初期値';  // ②初期化処理
50:   }
51:
52:   @override
53:   void dispose() {
54:     super.dispose();
55:     _controller.dispose();  // ③廃棄処理
56:   }
57: }
```

このTextEditingControllerをTextFieldに適用します。TextFieldにcontrollerプロパティがあるので、そこにTextEditingControllerのインスタンスをセットします（**リスト5.3**）。

▼リスト5.3　TextFieldにTextEditingControllerを適用する

```
37:       body: TextField(
38:           controller: _controller,  // TextEditingController のインスタンスを設定
39:           onChanged: (String value) {
40:             print(value);
41:           }
42:       ),
```

ここまでのコードをビルドすると、**図5.1左**のテキストフィールドに「初期値」という文字が入った状態で画面が表示されます。これでTextEditingControllerで設定した初期値がTextFieldに入ったことがわかります。

5.3.3　ListTileウィジェット

前項でテキストフィールドに初期値をセットするためにTextEditingControllerを使いましたが、これだけではあまり意味のあるアプリは作れません。そこで、もう少し応用的な例として、テキストフィールドに文字を入力してサブミットしたら入力したテキストがリスト一覧で表示されるようなものを作ってみます。

まずは、リスト一覧を実現するために必要な**ListTile**ウィジェット[注3]を紹介します。これはリスト一覧の中の1つのアイテムを作るためのウィジェットです。ListTileの基本的な使い方は**構文5.2**のとおりです。

▼構文5.2　ListTileウィジェットの使い方

```
ListTile(
  leading: Icon ウィジェット,
  title: Text ウィジェット,
```

注3　https://api.flutter.dev/flutter/material/ListTile-class.html

```
  subtitle: Textウィジェット,
  onTap: () { タップしたときの処理 }
)
```

ListTileのプロパティには**表5.1**の内容を指定します。

▼表5.1 ListTileウィジェットのおもなプロパティ

プロパティ	内容
leading	各リストの先頭（左側）に表示するアイコンなど。Iconウィジェットなどで指定する。
title	各リストに表示するタイトル。Textウィジェットで指定する。
subtitle	各リストのタイトルの下に表示されるサブタイトル。Textウィジェットで指定する。
onTap	各リストをタップしたときの動作。関数を指定する。

実際にListTileを使ったサンプルコードを見てみましょう。前項のmain.dartの_TextInputWidgetStateクラスを**リスト5.4**のコードにまるごと修正します。ListTileを使っている箇所を青字で示します。

▼リスト5.4 ListTileウィジェットの使用例（main.dart）

```
26: class _TextInputWidgetState extends State<TextInputWidget> {
27:
28:   @override
29:   Widget build(BuildContext context) {
30:     return Scaffold(
31:       appBar: AppBar(
32:         title: const Text('Text Input Sample'),
33:       ),
34:       body: const ListTile(
35:         leading: Icon(Icons.circle),
36:         title: Text('title'),
37:         subtitle: Text('subtitle'),
38:       ),
39:     );
40:   }
41: }
```

こちらをビルドすると、**図5.2**のように表示されます。

▼図5.2　ListTileウィジェットの使用例（画面）

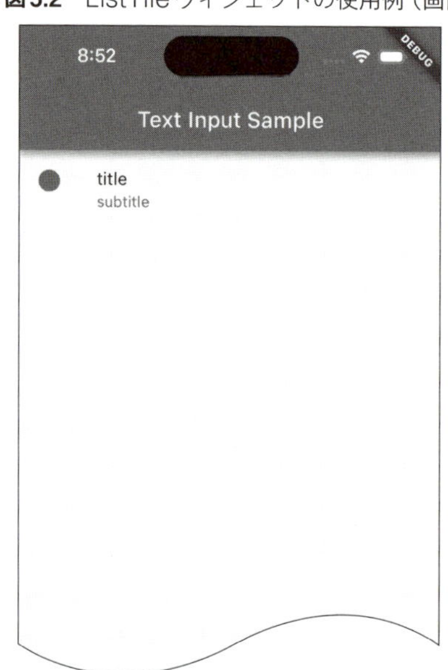

5.3.4 ListTileとListViewでリスト一覧を作る

それでは、テキストフィールドに入力したテキストをリスト一覧で表示するアプリを作成してみましょう。リスト一覧を実現するには、ListTileウィジェットと4.6.9項で紹介したListViewウィジェットとを組み合わせて使います。サンプルコードを示します。**リスト5.4**の_TextInputWidgetStateクラスを**リスト5.5**のようにまるまる書き換えます。

▼**リスト5.5**　入力したテキストをリスト一覧する（main.dart）

```
26: class _TextInputWidgetState extends State<TextInputWidget> {
27:   var _controller = TextEditingController();  // TextEditingControllerインスタンスを生成
28: 
29:   List<String> list = [];  // リスト一覧で表示させるテキストを保存するための配列を宣言
30: 
31:   @override
32:   void initState() {
33:     super.initState();
34:     _controller.text = '';
35:   }
36: 
37:   @override
38:   Widget build(BuildContext context) {
39:     return Scaffold(
40:       appBar: AppBar(
41:         title: const Text('Text Input Sample'),
42:       ),
43:       body: Column(
44:         children: [
45:           TextField(
```

```
46:             controller: _controller,
47:             onChanged: (String value) {
48:               print(value);
49:             }
50:           ),
51:           Container(
52:             padding: const EdgeInsets.all(16.0),
53:             child: ElevatedButton(onPressed: () {
54:               if (_controller.text.isEmpty == false) {
55:                 setState(() {
56:                   list.add(_controller.text);
57:                   _controller.clear();
58:                   FocusScope.of(context).unfocus();
59:                 });
60:               }
61:             }, child: const Text('保存')),
62:           ),
63:           Expanded(
64:             child: ListView.builder(
65:               itemCount: list.length,
66:               itemBuilder: (BuildContext context, int index) {
67:                 return ListTile(
68:                   leading: const Icon(Icons.circle),
69:                   title: Text(list[index]),
70:                 );
71:               },
72:             ),
73:           )
74:         ],
75:       ),
76:     );
77:   }
78: 
79:   @override
80:   void dispose() {
81:     super.dispose();
82:     _controller.dispose();
83:   }
84: }
```

これでソースコードをビルドすると、テキストフィールドとその下に［保存］ボタンが表示されます（**図5.3左**）。テキストフィールドに何かテキストを入力して［保存］ボタンをタップすると、［保存］ボタンの下にリストとして表示されます（**図5.3右**）。

▼図5.3　入力したテキストがリスト一覧で表示される

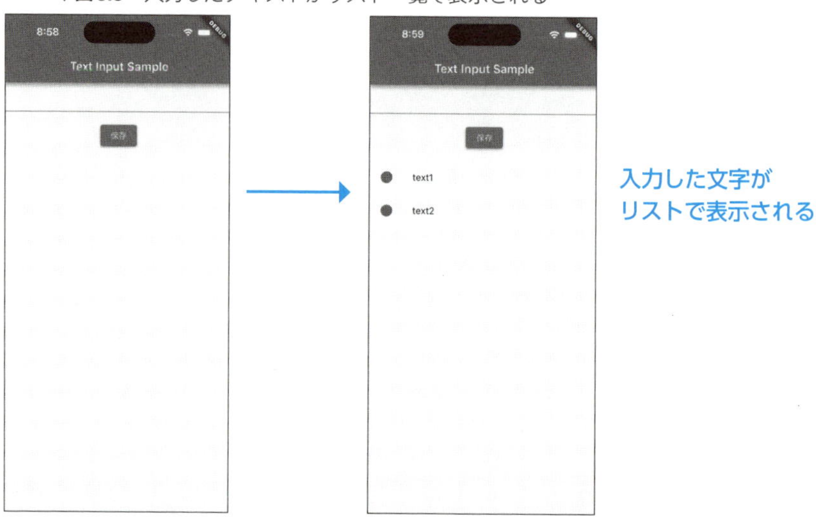

以降で、**リスト5.5**のコードの詳細を説明します。

●Expandedウィジェットでレイアウトを調整する

まず、**リスト5.5**のソースコードで、着目すべきポイントはColumnの部分です。Columnの部分を**リスト5.6**に再掲します。

▼**リスト5.6**　Columnで並べたウィジェット

```
43:       body: Column(
44:         children: [
45:           TextField(
                (..略..)
50:           ),
51:           Container(
52:             padding: const EdgeInsets.all(16.0),
53:             child: ElevatedButton(onPressed: () {
                (..略..)
61:             }, child: const Text('保存')),
62:           ),
63:           Expanded(
64:             child: ListView.builder(
65:               itemCount: list.length,
66:               itemBuilder: (BuildContext context, int index) {
67:                 return ListTile(
68:                   leading: const Icon(Icons.circle),
69:                   title: Text(list[index]),
70:                 );
71:               },
72:             ),
73:           )
74:         ],
75:       ),
```

Columnは複数のウィジェットを縦方向に並べるために使っています。ここで並べているウィジェットはTextField、ElevatedButtonを載せたContainer、そしてExpandedという新しいウィジェットです。

Expandedはchildプロパティに指定したウィジェットの大きさを（Columnに詰めたウィジェットを除いた）残りスペースにめいっぱいに表示するためのウィジェットです。Expandedの使い方は**構文5.3**のとおりです。

▼構文5.3 Expandedウィジェットの使い方

```
Expanded(
  child: 残りスペースに表示したいウィジェット,
)
```


今回のケースでは、残りスペースにListViewを表示させたかったのですが、ListViewだけでは「高さ」が不明であるため、ビルドしてもListViewが表示されません。そこで、Expandedウィジェットを用いてListViewを残りのスペースいっぱいに広げて表示するようにしました。childプロパティに指定しているListViewについては、4.6.9項で説明したやり方とは違う使い方をしていますが、これについては後述します。

● ［保存］ボタンをタップしたときの処理を実装する

次は［保存］ボタンに関する処理の内容についてです。**リスト5.7**に該当箇所のコードを再掲します。

▼リスト5.7 ElevatedButtonウィジェットの内容

```
51:          Container(
52:            padding: const EdgeInsets.all(16.0),
53:            child: ElevatedButton(onPressed: () {
54:              if (_controller.text.isEmpty == false) {
55:                setState(() {
56:                  list.add(_controller.text);
57:                  _controller.clear();
58:                  FocusScope.of(context).unfocus();
59:                });
60:              }
61:            }, child: const Text('保存')),
62:          ),
```

ElevatedButtonをタップしたときの処理（ElevatedButtonのonPressedプロパティに指定されている関数）を見ると、

```
if (_controller.text.isEmpty == false) { …… });
```

というコードで、テキストフィールドの中が空かどうかをif文を使って判定しています。テキストフィールドが空かどうかは、TextEditingControllerのtextプロパティのisEmptyメソッドを使って調べられます。

リスト5.7では、ボタンがタップされたときにテキストフィールドが空でなかったら（つまり何か入力されていたら）画面全体が更新されてほしいので、setStateメソッドを呼び出して（そしてbuildが実行されることで）ウィジェットを更新させています。

setStateの中でやっている処理を見てみましょう。まず、

```
list.add(_controller.text);
```

というコードで、テキストフィールドに入力したテキストを配列listに格納しています。テキストフィールドに入力した値はTextEditingControllerのtextプロパティに入っています。

次に、

```
_controller.clear();
```

という処理を行っています。clearはTextEditingControllerが持つテキストフィールド内の情報を消去するためのメソッドです。これを呼び出すことでテキストフィールドに入力中のテキストを消去しています。

これだけでは、[保存]ボタンをタップしたあとにソフトウェアキーボードが表示され続けて、使い勝手(UX)としてはあまりよろしくありません。そこで、

```
FocusScope.of(context).unfocus();
```

を実行しています。unfocusはテキストフィールドの入力のフォーカスを外すメソッドです。フォーカスを当てるとソフトウェアキーボードが表示され、フォーカスを外すとキーボードが消えます。これでキーボードを非表示にするように制御しています。

●リスト一覧を表示させる

また、今回ListViewを使っていますが(**リスト5.8**に再掲)、4.6.9項で学習したような書き方ではありません。

▼リスト5.8　ListViewとListTileを組み合わせた使い方

```
64:             child: ListView.builder(
65:               itemCount: list.length,
66:               itemBuilder: (BuildContext context, int index) {
67:                 return ListTile(
68:                   leading: const Icon(Icons.circle),
69:                   title: Text(list[index]),
70:                 );
71:               },
72:             ),
```

リスト5.8ではListView.builderというメソッド(正確にはコンストラクタ)を使っています。ListView.builderのプロパティと役割は**表5.2**のとおりです。

▼表5.2　ListView.builderコンストラクタのおもなプロパティ

プロパティ	内容
itemCount	ListViewで表示させるアイテム(ウィジェット)の個数を指定する。
itemBuilder	ウィジェットを返す関数を指定する。関数の引数には、BuildContext型のcontextと、配列のインデックスを表すint型のindexを指定する。

itemCountにListViewで表示させたいアイテムの個数を指定して、itemBuilderにウィジェットを返す関数を指定すると、itemCountで指定した数だけその関数が呼ばれてウィジェットが生成され、ListViewとして表示されます。

リスト5.8では、itemCountには配列listの要素数を指定しています。そして、itemBuilderにはListTileを返す関数を指定しています。この関数の引数のうち、context（BuildContext）についてはかなり専門的な内容となるため、本書では説明を省略します。このような値を指定するということだけを知っておいてください。もう1つの引数indexには表示させるListViewのアイテムのインデックスが順に格納されます。今回はListTileのtitleプロパティにてText(list[index])というかたちでindexを利用しています。これにより、配列listに格納されたテキストを順にリスト一覧のアイテムとして表示させることができます。

これがListView.builder特有の書き方になります。今後も必要に応じて使用しますのでこの書き方に慣れておいてください。

以上がFlutterにおけるテキスト入力に関わるウィジェットの基本的な使い方の解説でした。TextFieldとTextEditingControllerを使うことで、だいたいのテキスト入力に関わる機能が実装できるはずです。テキスト入力の機能はチャットやアカウント認証まわりなどでも使われるので、今までよりも複雑なアプリを開発できるようになります。

5.4 外部ファイルのインポート方法と画像の表示方法

本節では、外部の画像ファイルをインポートしてアプリ内に表示させる方法について解説します。外部のファイルをFlutterプロジェクトで読み込むときの大まかな順番は次のとおりです。

①Flutterプロジェクトにassetsディレクトリを作成する。
②assetsディレクトリに画像ファイルを追加する。
③画像ファイルを読み込む（pubspec.yamlの編集）。
④画像を表示させる。

この順番に解説していきます。

5.4.1 Flutterプロジェクトにassetsディレクトリを作成する

まずはFlutterプロジェクトのルート（起点となるディレクトリ）の直下にassetsディレクトリを作成します。ここでは、Android Studioを使ってhello_world_appと命名したサンプルプロジェクトで作業する前提で説明します（**図5.4**）。

▼図5.4　hello_world_appプロジェクト

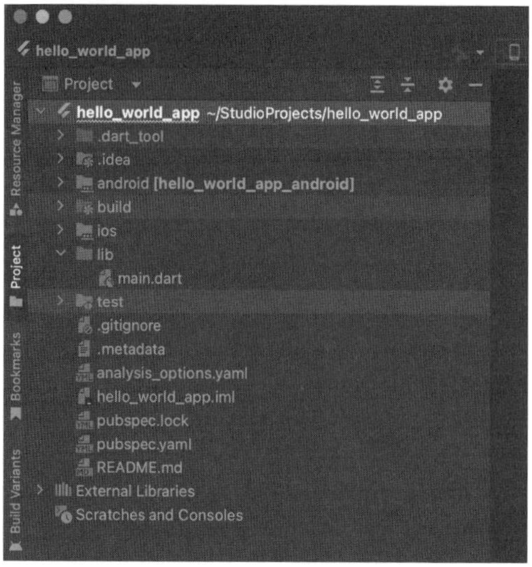

ルート直下で右クリックしてメニューを開きます。メニューから［New］→［Directory］を選択します（**図5.5**）。

▼図5.5　メニューから［New］→［Directory］を選択

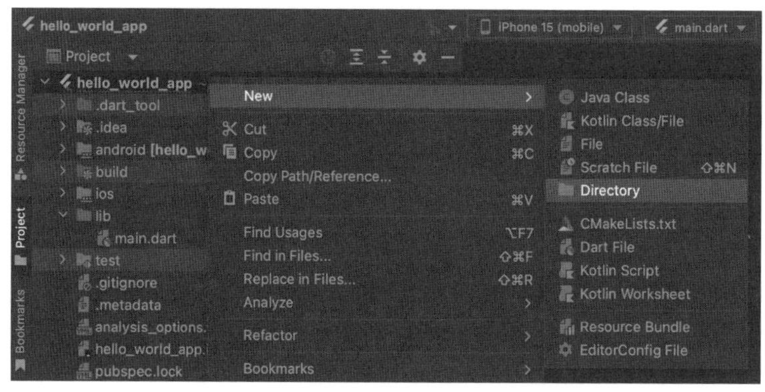

ディレクトリ名として「assets」と入力して Enter キーを押します（**図5.6**）。

▼図5.6　assetsを入力する

すると、ルート直下に「assets」ディレクトリが追加されるはずです。

5.4.2 assetsディレクトリに画像ファイルを追加する

表示させたい画像ファイルをassetsディレクトリにドラッグ&ドロップして追加します。今回はサンプルとして**図5.7**のような猫の画像cat_image.pngを追加しました。

▼**図5.7** 猫のイメージをドラッグ&ドロップで追加する

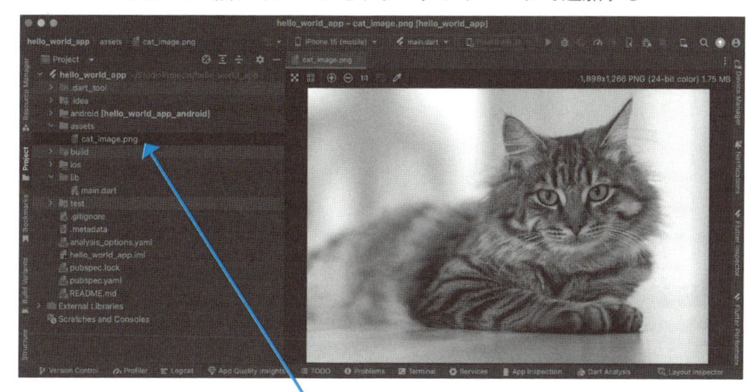

5.4.3 画像ファイルを読み込む

次に、画像ファイルをFlutterプロジェクトに読み込むための準備を行います。Flutterプロジェクトのルートにあるpubspec.yamlにassetsディレクトリの画像を使うということを記述します。pubspec.yamlとはリソースやライブラリをインポートするときに使うファイルです。

pubspec.yamlファイルの下のほうに「assets:」という記述があります（最初はコメント化されています）。その部分までスクロールさせて、**リスト5.9**の青字箇所のように編集してください。

▼**リスト5.9** pubspec.yamlを編集

```
(..略..)
flutter:

  # The following line ensures that the Material Icons font is
  # included with your application, so that you can use the icons in
  # the material Icons class.
  uses-material-design: true

  # To add assets to your application, add an assets section, like this:
  assets:
    - assets/cat_image.png  # 画像ファイルのパスを記述する

    (..略..)
```

そのあと、**図5.8**のようにAndroid Studioの画面の右上にある［Pub get］ボタンをクリックし、pubspec.yamlに指定したリソースを読み込みます。

▼図5.8　[Pub get] ボタンをタップする

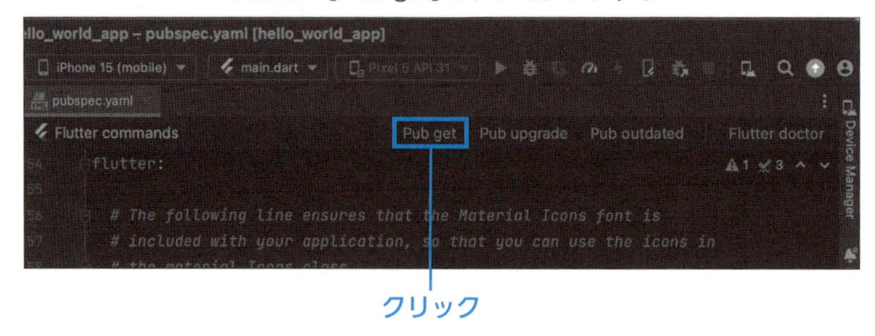

まれに画像を読み込むことができないというエラーが発生するかもしれません。ひと昔前のAndroid Studioでは、pubspec.yamlのインデントの半角スペースの数を1つでも間違えていると読み込みができないという不具合がありました。そのようなエラーが発生する場合は、**リスト5.9**の「assets:」の左側に半角スペースを2つ、「- assets/cat_image.png」のハイフン (-) の左側に半角スペースを4つを入れて、再度 [Pub get] ボタンをクリックすればうまくいくはずです。

これでFlutterプロジェクトに画像ファイルを読み込むことができました。

5.4.4　画像を表示させる

読み込んだ画像ファイルをアプリ画面に表示させる方法を説明します。main.dartファイルに**リスト5.10**のようなコードを記述します。

▼リスト5.10　アプリ画面中央に画像を表示させる (main.dart)

```
01: import 'package:flutter/material.dart';
02:
03: void main() {
04:   runApp(const MainPage());
05: }
06:
07: class MainPage extends StatelessWidget {
08:   const MainPage({super.key});
09:
10:   @override
11:   Widget build(BuildContext context) {
12:     return MaterialApp(
13:       title: "Sample App",
14:       home: Scaffold(
15:           appBar: AppBar(
16:             title: const Text('Sample Custom Widget App'),
17:           ),
18:           body: Center(
19:               child: Image.asset('assets/cat_image.png')  // 画像を指定
20:           )
21:       ),
22:     );
23:   }
24: }
```

画像を表示させるために4.3.4項で紹介したImageウィジェットを使っています。Imageウィジェットにはローカルファイルパスを指定して画像を読み込むassetコンストラクタが存在します。このassetにプロジェクトのルートから見た画像ファイルのパス（つまり、pubspec.yamlの「assets:」に記述したパス）を文字列で指定します。

```
Image.asset('assets/cat_image.png')
```

リスト5.10のソースコードをビルドすると、**図5.9**のようにアプリの画面の中央に先ほどインポートした猫の画像が表示されます。これで外部から取り入れた画像ファイルを表示できました。

▼**図5.9**　アプリ画面中央に画像が表示される

今回は画像ファイル1つを読み込んで表示させる方法を学びました。この方法では新しい画像ファイルをインポートするたびにpubspec.yamlファイルを編集する手間が出てきます。これでは、開発効率は良くないように感じます。

Flutterには、外部リソース読み込むもう1つの方法として、assetsディレクトリに入れたファイルを一括して読み込む機能があります。その方法を説明します。

まずpubspec.yamlファイルを開きます。**リスト5.9**で編集した箇所「assets:」までスクロールで移動し、**リスト5.11**の青字のように変更します（ちなみに、**リスト5.9**や**リスト5.11**では、assetsというディレクトリ名を前提に説明していますが、必ずしもassetsという名前でなくても構いません。画像ファイルがあるディレクトリ名と、pubspec.yamlの「assets:」に指定するディレクトリ名が一致していれば、別の名前でも問題ありません）。

▼**リスト5.11**　pubspec.yaml

```
(..略..)
```

```
  # To add assets to your application, add an assets section, like this:
  assets:
    - assets/  # ディレクトリのパスを記述する

(..略..)
```

このように編集したら、Android Studioの[Pub get]ボタンをタップします。これでassetsディレクトリに入っているリソースファイルが一括でインポートされます。

その後、再度**リスト5.10**のソースコードをビルドすると成功してアプリが起動します。先ほどと同じように画像が表示されているはずです。

5.5 ボタンやテキスト入力を利用したサンプルアプリの作成

本章で学習してきたテキスト入力などを利用して簡単なサンプルアプリを開発していきましょう。今回、開発するアプリは1画面でのTodoアプリです。アプリのUIデザインは**図5.10**になります。動作確認にはiPhone 15のシミュレータを使います。

▼**図5.10**　Todoアプリのデザイン

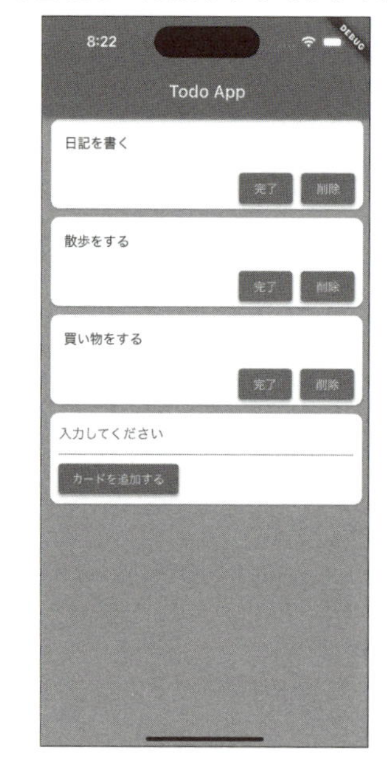

5.3.4項で作成したリスト一覧のアプリと似た機能ですが、今回テキストフィールドは画面上部ではなく常にリスト一覧の下に表示されるようにしています。

このTodoアプリの作成を通して次のようなことを学習します。

- 配列（Array）の取り扱い

・Cardウィジェットの使い方
・画面の背景色の変更
・余白の調整
・(完了、削除などの) タップイベントの作成

今回のサンプルアプリ開発の大まかな流れは次のとおりです。

①UIレイアウトを実装する。
　・Todoカードを実装する。
　・テキストフィールドを実装する。
②諸処の調整と修正を行う。
③カード、テキストフィールドの装飾・間隔調整を行う。
④Todo作成処理を関数化する。
⑤完了機能、削除機能を追加する。

それではそれぞれ解説していきます。

5.5.1　UIレイアウトを実装する

最初にTodoアプリのUIのレイアウトを作っていきます。新しいプロジェクト「text_input_todo_app」を作成して、main.dartに**リスト5.12**のコードを書きます。

▼**リスト5.12**　アプリの土台となるコード (main.dart)

```
001: import 'package:flutter/material.dart';
002:
003: void main() {
004:   runApp(const MainPage());
005: }
006:
007: class MainPage extends StatelessWidget {
008:
009:   const MainPage({super.key});
010:
011:   @override
012:   Widget build(BuildContext context) {
013:     return const MaterialApp(
014:       title: 'Todo App',
015:       home: TextInputWidget(),
016:     );
017:   }
018: }
019:
```

MaterialAppのhomeプロパティにTextInputWidgetを指定しました。ただし、この時点ではTextInputWidgetクラスは定義していないため、エラーになります。

次に、MainPageクラスの下にTextInputWidgetクラスを定義します(**リスト5.13**)。このTextInputWidgetク

ラスにTodoのリストとテキストフィールドを作っていきます。

▼リスト5.13　TextInputWidgetクラスを定義 (main.dart)

```
020: class TextInputWidget extends StatefulWidget {
021:
022:   const TextInputWidget({super.key});
023:
024:   @override
025:   State<TextInputWidget> createState() => _TextInputWidgetState();
026: }
027:
028: class _TextInputWidgetState extends State<TextInputWidget> {
029:   final _controller = TextEditingController();
030:   List<String> todoList = ['name'];
031:
032:   @override
033:   void initState() {
034:     super.initState();
035:     _controller.text = '初期値が入っています';
036:   }
037:
038:   @override
039:   Widget build(BuildContext context) {
040:     return Scaffold(
041:       backgroundColor: const Color.fromRGBO(165, 190, 215, 1.0),
042:       appBar: AppBar(
043:         title: const Text('Text Input Sample'),
044:       ),
045:       body: ListView.builder(
046:         itemCount: todoList.length + 1,
047:         itemBuilder: (BuildContext context, int index) {
048:           if (index == todoList.length) {  // リスト一覧の最後のindexにTextFieldを作成
049:             return _createTextArea();
050:           } else {                         // それ以外はTodoカードを作成
051:             var title = todoList[index];
052:             return _createTodoCard(title);
053:           }
054:         },
055:       ),
056:     );
057:   }
058:
059:   @override
060:   void dispose() {
061:     super.dispose();
062:     _controller.dispose();
063:   }
064:
065:   Widget _createTodoCard(String title) {
066:     return Card(
067:         margin: const EdgeInsets.symmetric(horizontal: 10.0, vertical: 5.0),
068:         child: Column(
069:           mainAxisSize: MainAxisSize.max,
070:           children: [
071:             ListTile(title: Text(title)),
```

```
072:             Row(
073:               mainAxisAlignment: MainAxisAlignment.end,
074:               children: [
075:                 ElevatedButton(
076:                     onPressed: () {
077:                       // 完了したときの処理
078:                     },
079:                     child: const Text('完了')),
080:                 ElevatedButton(
081:                     onPressed: () {
082:                       // 削除したときの処理
083:                     },
084:                     child: const Text('削除'))
085:               ],
086:             )
087:           ],
088:         ));
089:   }
090: 
091:   Widget _createTextArea() {
092:     return Card(
093:       margin: const EdgeInsets.symmetric(horizontal: 10.0, vertical: 5.0),
094:       child: TextField(
095:         controller: _controller,
096:         decoration: const InputDecoration(hintText: '入力してください'),
097:         onChanged: (String value) {
098:           print(value);
099:         },
100:         onSubmitted: (String value) {
101:           setState(() {
102:             if (value.isEmpty == false) {
103:               todoList.add(value);
104:               _controller.clear();
105:             }
106:           });
107:         },
108:       ),
109:     );
110:   }
111: }
```

これでおおまかなレイアウトができあがりました。このソースコードをビルドすると、**図5.11**のように画面に表示されます。

▼図5.11　Todoアプリの画面

画面上部に1つTodoのカードがあり、その下にテキストフィールドがある状態です。Todoカードには［完了］ボタンと［削除］ボタンを載せています。これらのボタンをタップしたときのイベント処理（onPressedプロパティの内容）はまだ実装していないので、タップしても何も起きません。テキストフィールドをタップするとキーボードが表示されます。最初、テキストフィールドには「初期値が入っています」と表示されています。これはinitStateメソッドで初期値を設定しているためです（**リスト5.14**）。

▼**リスト5.14**　main.dartのinitStateメソッド部分（再掲）

```
032:   @override
033:   void initState() {
034:     super.initState();
035:     _controller.text = '初期値が入っています';
036:   }
```

テキストフィールドに何か文字を入力して Enter キーを押すと、新しいTodoカードが作成されます（**図5.12**）。基本的なTodoアプリの機能はできあがっています。

▼図5.12　新しいTodoカードが表示される

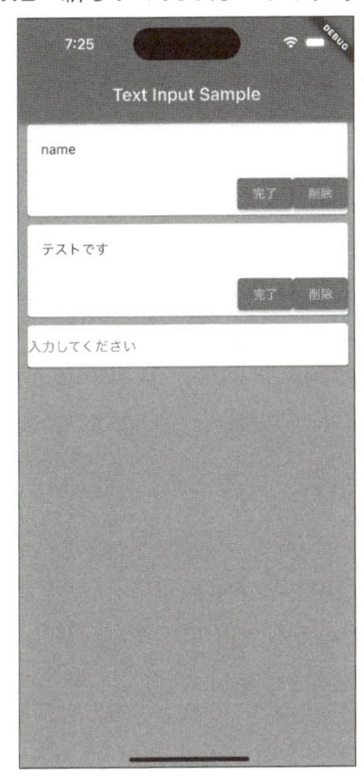

アプリのおおまかな挙動の説明は以上です。

それでは実際のコードを見ていきます。_TextInputWidgetStateクラスには、変数を2つ持たせています(**リスト5.15**)。

▼**リスト5.15**　_TextInputWidgetStateの変数宣言部分(再掲)

```
028: class _TextInputWidgetState extends State<TextInputWidget> {
029:   final _controller = TextEditingController();
030:   List<String> todoList = ['name'];
```

_controllerはテキストフィールドを制御するためのTextEditingControllerのインスタンスを入れる変数です。そして、todoListはTodoのデータを格納するための配列です。この配列は文字列を扱うためList<String>の型を指定して、最初の要素として「name」の文字を入れています(これは実際にTodoのカードができるかを確認するために入れています)。

次にbuildメソッドの中身を見ていきます(**リスト5.16**)。

▼**リスト5.16**　_TextInputWidgetStateのbuildメソッド部分(再掲)

```
038:   @override
039:   Widget build(BuildContext context) {
040:     return Scaffold(
041:       backgroundColor: const Color.fromRGBO(165, 190, 215, 1.0),
042:       appBar: AppBar(
043:         title: const Text('Text Input Sample'),
044:       ),
045:       body: ListView.builder(
046:         itemCount: todoList.length + 1,
047:         itemBuilder: (BuildContext context, int index) {
```

```
048:          if (index == todoList.length) {   // リスト一覧の最後の index に TextField を作成
049:            return _createTextArea();
050:          } else {                           // それ以外は Todo カードを作成
051:            var title = todoList[index];
052:            return _createTodoCard(title);
053:          }
054:        },
055:      ),
056:    );
057:  }
```

buildメソッドではアプリのレイアウトのひな形となるScaffoldウィジェットを返しています。今回のアプリではScaffoldのプロパティとして**表5.3**のものを指定しています。

▼**表5.3**　Scaffoldのプロパティ

プロパティ	内容
backgroundColor	画面の背景色を指定する。
appBar	アプリのヘッダ（ナビゲーションバー）となるウィジェットを指定する。
body	画面に配置するウィジェットを指定する。

今回のアプリの背景色は白色ではなく、水色っぽい色（`Color.fromRGBO(165, 190, 215, 1.0)`）を付けています。画面の背景色に色を付けるには、ScaffoldのbackgroundColorプロパティでColorクラスを使って指定します。

bodyにはTodoリスト一覧のためにListView.builderを指定しています。itemBuilderプロパティに指定した関数の引数indexを使って、「テキストフィールド」を作成するか、「Todoカード」を作成するかを制御しています。

5.5.2　Todoカードを実装する

Todoカードを作成する処理のほうから説明します。Todoカードを作成する場合には、_createTodoCard関数を呼び出します。この関数のコードを**リスト5.17**に再掲します。

▼**リスト5.17**　_TextInputWidgetStateの_createTodoCard関数部分（再掲）

```
065:  Widget _createTodoCard(String title) {
066:    return Card(
067:        margin: const EdgeInsets.symmetric(horizontal: 10.0, vertical: 5.0),
068:        child: Column(
069:          mainAxisSize: MainAxisSize.max,
070:          children: [
071:            ListTile(title: Text(title)),
072:            Row(
073:              mainAxisAlignment: MainAxisAlignment.end,
074:              children: [
075:                ElevatedButton(
076:                    onPressed: () {
077:                      // 完了したときの処理
078:                    },
079:                    child: const Text('完了')),
```

```
080:                    ElevatedButton(
081:                        onPressed: () {
082:                          // 削除したときの処理
083:                        },
084:                        child: const Text('削除'))
085:                  ],
086:                )
087:              ],
088:            ));
089:    }
```


_createTodoCard関数を呼び出すとCardウィジェットが返されます。ここで初めてCardウィジェットが登場したので解説します。

●Cardウィジェット

Cardウィジェット注4はマテリアルデザインカードを再現したもので、デフォルトで少し丸みを帯びた4つの角丸と影のあるパネルを描写します。そのため、デフォルトデザインでも十分モバイルアプリのデザインになるウィジェットでListTileよりも柔軟にきれいなUIを実現できます。

基本的な使い方は**構文5.4**のとおりです。

▼**構文5.4** Cardウィジェットの使い方

```
Card(
    child: ウィジェット
)
```

Containerウィジェットと同じようにchildプロパティがあるので、描写したいウィジェットを載せます。ほかにも内側の余白のプロパティmarginや丸みを調整するプロパティshapeもあります(**表5.4**)。

▼**表5.4** Cardウィジェットのおもなプロパティ

プロパティ	内容
child	カード内に描画したいウィジェットを指定する。
margin	カード内側の余白。EdgeInsetsクラス(4.6.3項を参照)を使って余白を指定する。
shape	角丸の調整。RoundedRectangleBorderクラス(後述)を使って角丸の具合を指定する。

今回(**リスト5.17**)のCardウィジェットのmarginプロパティには次のように余白をしています。横方向に10.0px、縦方向に5.0pxの余白を付けるという指定です。

```
067:         margin: const EdgeInsets.symmetric(horizontal: 10.0, vertical: 5.0),
```

そして、Cardウィジェットのchildプロパティに Todoカードに必要な「Todoのタイトル」「完了ボタン」「削除ボタン」を載せています注5。「Todoのタイトル」にはListTileを使っています。「完了ボタン」「削除ボタン」は

注4 https://api.flutter.dev/flutter/material/Card-class.html

注5 正確に述べると、Cardウィジェットのchildに、Columnを載せ、ColumnのchildrenにListTileとRowを載せています(これで「Todoのタイトル」と各ボタンが縦に並ぶ)。そしてRowのchildrenに2つのElevatedButtonを載せています(これで「完了ボタン」と「削除ボタン」が横に並ぶ)。

ElevatedButtonを使っています。Cardウィジェットの説明は以上です。

話を戻します。**リスト5.17**の_createTodoCardはこのCardウィジェットを作成する関数です。_createTodoCardを呼び出すと、引数titleに指定した文字列が記載された「Todoカード」を生成し返します。**リスト5.16**の51～52行目を見ると、引数titleにはtodoListのデータが格納されています。つまり、todoListをもとにTodoカードを作成しているわけです。

Todoカードを作成するための関数なので_createTodoCardという関数名にしています。関数名の先頭にアンダースコア（_）を付けています。Dartでは関数名やプロパティの先頭にアンダースコアを付けると、同一ライブラリ内でしか扱えない関数になります（3.11節参照）。

5.5.3 テキストフィールドを実装する

次にテキストフィールドを作成する処理について説明します。テキストフィールドを作成する場合には、_createTextArea関数を呼び出します。この関数のコードを**リスト5.18**に再掲します。

▼リスト5.18 _TextInputWidgetStateの_createTextArea関数部分（再掲）

```
091:  Widget _createTextArea() {
092:    return Card(
093:      margin: const EdgeInsets.symmetric(horizontal: 10.0, vertical: 5.0),
094:      child: TextField(
095:        controller: _controller,
096:        decoration: const InputDecoration(hintText: '入力してください'),
097:        onChanged: (String value) {
098:          print(value);
099:        },
100:        onSubmitted: (String value) {
101:          setState(() {
102:            if (value.isEmpty == false) {
103:              todoList.add(value);
104:              _controller.clear();
105:            }
106:          });
107:        },
108:      ),
109:    );
110:  }
```

テキストフィールドの部分にもCardウィジェットを使っています。Cardウィジェットで余白のmarginプロパティとウィジェットを載せるchildプロパティを指定しています。marginには「Todoカード」と同様の余白を設定しました。childに載せているウィジェットはTextFieldです。

リスト5.18のTextFieldには本書で初めて登場するプロパティもあるため、ここで使われているプロパティを**表5.5**に整理しました。

▼**表5.5** TextFieldのプロパティ(リスト5.18で使用しているもの)

プロパティ	内容
controller	TextEditingControllerのインスタンスを指定する。
decoration	テキストフィールドを装飾できるInputDecorationクラス(後述)のインスタンスを指定する。
onChanged	テキストフィールドの入力中に呼び出される関数を指定する。つまり、テキスト入力中に何か処理を行いたい場合、関数に該当の処理を記述する。関数の引数には入力中の文字列が入る。
onSubmitted	テキストフィールドで Enter キーを押すと呼び出される関数を指定する。つまり、テキスト入力完了時に何か処理を行いたい場合、関数に該当の処理を記述する。引数には入力後の文字列が入る。

今回、controllerプロパティには**リスト5.15**で説明した_controllerを指定しています。decorationプロパティにテキストフィールドの装飾としてInputDecorationクラス(のコンストラクタ)を指定しています。

onSubmittedプロパティには、コールバック関数を指定しています。コールバック関数の中ではsetStateメソッドを呼び出しています。TextInputWidgetは、StatefulWidgetなのでsetStateを呼び出すことで動的に状態を変更できます。setStateの引数で指定した関数の中では、テキストフィールドに入力された文字列を配列todoListに追加しています。その後にテキストフィールドの文字をクリアするために_controller.clearを呼び出しています。

テキストフィールドに文字を入力し Enter キーを押すと、このonSubmittedプロパティのコールバック関数が実行されて、アプリの画面が更新され、新しいTodoカードが追加されることになります。

●InputDecorationクラス

InputDecorationクラス[注6]を使うとテキストフィールドを装飾できます。このクラスにはiOSアプリでいうところのplaceholder(テキストフィールドにあらかじめ入力されている仮の文字や値)を設定できるhintTextというプロパティがあります。本書では、おもにhintTextを表示させる目的でInputDecorationを使っています。

InputDecorationクラスの基本的な使い方を**構文5.5**に、おもなプロパティを**表5.6**に示します。

▼**構文5.5** InputDecorationクラスの使い方

```
TextField(
  decoration: const InputDecoration(
    labelText: 文字列,
    hintText: 文字列,
  ),
)
```

▼**表5.6** InputDecorationクラスのおもなプロパティ

プロパティ	内容
labelText	文字列を指定する。テキストフィールドの上部に指定した文字列が表示される。
hintText	文字列を指定する。テキストフィールドにplaceholderとして文字列が入る。

TodoアプリのTextFieldの解説は以上です。これでアプリのUIレイアウトができあがりました。あとはTodoアプリの細かい部分の実装をしていくのみです。

注6 https://api.flutter.dev/flutter/material/InputDecoration-class.html

5.5.4　諸処の調整と修正を行う

ここでは細かい調整をしていきます。プロパティtodoListの初期値を変更します。アプリを実行した直後は、Todoカードが表示されない状態にしたいため、todoListに空を設定します。

▼変更前

```
030:   List<String> todoList = ['name'];
```

▼変更後

```
030:   List<String> todoList = [];
```

ステートクラス_TextInputWidgetStateのinitState関数の処理を変更します。アプリを実行した直後のテキストフィールドには、hintTextの値を表示させるために、_controller.textの設定処理をなくします。

▼変更前

```
032:   @override
033:   void initState() {
034:     super.initState();
035:     _controller.text = '初期値が入っています';
036:   }
```

▼変更後

```
032:   @override
033:   void initState() {
034:     super.initState();
035:   }
```

AppBarのtitleを変更します。タイトルの文言を正式なものに書き換えます。

▼変更前

```
042:       appBar: AppBar(
043:         title: const Text('Text Input Sample'),
044:       ),
```

▼変更後

```
041:       appBar: AppBar(
042:         title: const Text('Todo App'),
043:       ),
```

以上の作業を実施したら、次の作業に進みます。

5.5.5　カード、テキストフィールドの装飾・間隔調整を行う

次の作業はコンポーネントの装飾や間隔の調整です。変更する箇所は2つです。

・Todoカード（_createTodoCard関数）

・テキストフィールド (_createTextArea関数)

●Todoカード (_createTodoCard関数) の変更

_createTodoCard関数を**リスト5.19**の青字箇所のように変更します。

▼リスト5.19 _TextInputWidgetStateの_createTodoCard関数部分 (main.dart)

```
064:  Widget _createTodoCard(String title) {
065:    return Card(
066:        shape: RoundedRectangleBorder(
067:          borderRadius: BorderRadius.circular(10.0),
068:        ),
069:        margin: const EdgeInsets.symmetric(horizontal: 10.0, vertical: 5.0),
070:        child: Column(
071:          mainAxisSize: MainAxisSize.max,
072:          children: [
073:            ListTile(title: Text(title)),
074:            Row(
075:              mainAxisAlignment: MainAxisAlignment.end,
076:              children: [
077:                ElevatedButton(
078:                    onPressed: () {
079:                      // 完了したときの処理
080:                    },
081:                    child: const Text('完了')),
082:                const SizedBox(
083:                  width: 10.0,
084:                ),
085:                ElevatedButton(
086:                    onPressed: () {
087:                      // 削除したときの処理を書く
088:                    },
089:                    child: const Text('削除')),
090:                const SizedBox(
091:                  width: 10.0,
092:                )
093:              ],
094:            )
095:          ],
096:        )
097:    );
098:  }
```

変更したのは、次の2ヵ所です。

・カードに角丸を装飾するために、shapeプロパティでRoundedRectangleBorderを指定。
・[完了ボタン] と [削除ボタン] の左右の間隔をSizedBoxウィジェットで調整。

1つめのポイントの角丸について説明します。完成形のアプリ (**図5.10**) のTodoカードにはかなりの角丸の装飾が付いています。Cardウィジェットのデフォルトのデザインでも角丸が付いていますが、完成形のデザインのようにもっと角丸に丸みを持たせたいです。そこでCardウィジェットのshapeプロパティで調整しています。

このshapeプロパティは、Cardウィジェット以外にTextButtonやElevatedButtonなどのウィジェットにも存在します。

shapeプロパティで指定しているRoundedRectangleBorderクラスには、角丸を装飾するborderRadiusプロパティや枠線を装飾するsideプロパティがあります（**表5.7**）。

▼表5.7　RoundedRectangleBorderのおもなプロパティ

プロパティ	内容
borderRadius	角丸を装飾する。BorderRadiusのインスタンスを指定する。
side	枠線を装飾する。BorderSideのインスタンスを指定する。

これでCardウィジェットに細かい装飾を付けられます。今回は10.0pxの角丸を付けたいので、次のように設定しています。

```
Card(
    shape: RoundedRectangleBorder(
      borderRadius: BorderRadius.circular(10.0),
    )
)
```

2つめのポイントの［完了ボタン］と［削除ボタン］の間隔の調整について説明します。Flutterアプリ開発においてウィジェット間の間隔の調整は非常に議論されるテーマですが、ここではSizedBoxウィジェットを使って間隔を調整しました。

今回、［完了ボタン］と［削除ボタン］は横に並べたいのでRowクラスを使っています。RowやColumnに並べたウィジェットの場合、SizedBoxを間におくと空白の間隔にすることができます。

●テキストフィールド（_createTextArea関数）の変更

_createTextArea関数は**リスト5.20**の青字箇所のように変更します。

▼リスト5.20　_TextInputWidgetStateの_createTextArea関数部分（main.dart）

```
100:   Widget _createTextArea() {
101:     return Card(
102:       shape: RoundedRectangleBorder(
103:         borderRadius: BorderRadius.circular(10.0),
104:       ),
105:       margin: const EdgeInsets.symmetric(horizontal: 10.0, vertical: 5.0),
106:       child: Column(
107:         crossAxisAlignment: CrossAxisAlignment.start,
108:         children: [
109:           Padding(
110:             padding: const EdgeInsets.symmetric(horizontal: 10.0),
111:             child: TextField(
112:               controller: _controller,
113:               decoration: const InputDecoration(hintText: '入力してください'),
114:               onChanged: (String value) {
115:                 print(value);
116:               },
```

```
117:               onSubmitted: (String value) {
118:                 setState(() {
119:                   if (value.isEmpty == false) {
120:                     todoList.add(value);
121:                     _controller.clear();
122:                   }
123:                 });
124:               },
125:             ),
126:           ),
127:           Padding(
128:             padding: const EdgeInsets.symmetric(horizontal: 10.0, vertical: 5.0),
129:             child: ElevatedButton(
130:               onPressed: () {
131:                 // カードを追加するをタップしたときの処理
132:               },
133:               child: const Text('カードを追加する')),
134:           )
135:         ],
136:       ),
137:     );
138:   }
```


ここで変更したのは、おもに次の2ヵ所です。

・テキストフィールドの下にElevatedButtonで［カードを追加する］ボタンを追加。
・テキストフィールドと［カードを追加する］ボタンの左右の間隔をPaddingクラスで調整。

1つめの［カードを追加する］ボタンの追加については、テキストフィールドの下にボタンを配置するためにColumnウィジェットを使って、TextFieldの下にElevatedButtonを指定しています。

また、これだとCardとTextField間、そしてCardとElevatedButton間の左右の間隔が狭いため、2つめのようにPaddingを使って間隔調整を行っています。

この2点以外に、**リスト5.20**ではTodoカードと同様にカードの角丸の装飾を付けています。これで_createTextArea関数の処理ができあがります。

●Paddingウィジェット

リスト5.20で使った**Padding**ウィジェット[注7]について説明します。これはウィジェットの外側の余白を調整するためのものです。Paddingウィジェットの基本的な書き方は**構文5.6**のとおりです。

▼**構文5.6** Paddingウィジェットの使い方

```
Padding(
  padding: 余白（EdgeInsetsクラスで指定）,
  child: 載せたいウィジェット,
)
```

EdgeInsetsクラスを使って余白を指定する方法は、4.6.3項を参照してください。

注7 https://api.flutter.dev/flutter/widgets/Padding-class.html

このPaddingの使用例として、**リスト5.20**でTextFieldやElevatedButtonの左右／上下に間隔を入れている部分のコードを、**リスト5.21**と**リスト5.22**に示します。

▼リスト5.21　TextFieldの左右に10pxの余白を入れる

```
109:          Padding(
110:            padding: const EdgeInsets.symmetric(horizontal: 10.0),
111:            child: TextField(
                  (..略..)
125:            ),
126:          ),
```

▼リスト5.22　ElevatedButtonの左右に10px、上下に5pxの余白を入れる

```
127:          Padding(
128:            padding: const EdgeInsets.symmetric(horizontal: 10.0, vertical: 5.0),
129:            child: ElevatedButton(
                    (..略..)
134:          )
```

Column　Paddingウィジェットを簡単に追加する方法

Paddingウィジェットのコードを簡単に入力する方法があります。Android StudioかVS Codeにおいて、余白を入れたいウィジェットにカーソルを合わせて Option + Enter を入力すると、**図5.13**のようにショートカットメニューが表示されます。メニューから［Wrap with Padding］を選択すると、**リスト5.22**のようなコードが挿入されます。これを利用すれば、効率的に余白の調整が行えるでしょう。

▼図5.13　補完のメニュー

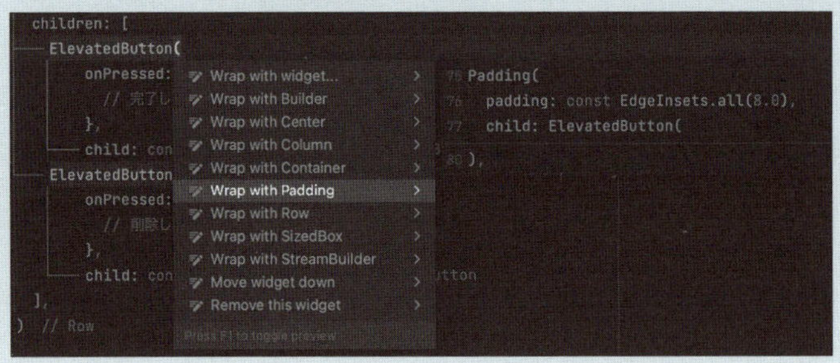

```
children: [
  ElevatedButton(
    onPressed:     Wrap with widget...          75 Padding(
      // 完了し    Wrap with Builder            76   padding: const EdgeInsets.all(8.0),
    },             Wrap with Center             77   child: ElevatedButton(
    child: con     Wrap with Column             80 ),
  ElevatedButton   Wrap with Container
    onPressed:     Wrap with Padding
      // 削除し    Wrap with Row
    },             Wrap with SizedBox
    child: con     Wrap with StreamBuilder
],                 Move widget down
) // Row           Remove this widget
                   Press F1 to toggle preview
```

●ここまでの動作を確認する

ここまでのソースコード（**リスト5.20**）をビルドすると、初期画面では**図5.14左**のように表示されます。「入力してください」と書かれたテキストフィールドをタップするとソフトウェアキーボードが出現するため、何かを入力して Enter キーを押します。すると、**図5.14右**のようにTodoカードが表示されます。また、［完了ボタン］と［削除ボタン］の左右の間隔が調整されていることがわかります。

▼図5.14 テキストフィールドに入力してカードを作成する

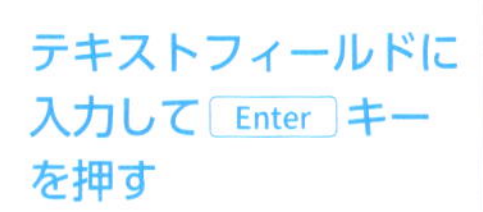

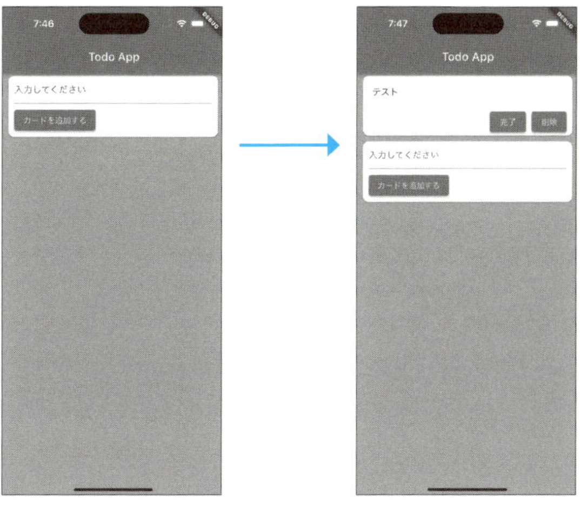

Todoカードが
表示される

5.5.6 Todo作成処理を関数化する

前項までで、テキスト入力とTodoカードの作成の機能ができあがりました。ですが、まだボタンをタップしたときのイベント処理を書いていないので、[カードを追加する] ボタンや [完了ボタン][削除ボタン] をタップしても何も起こりません。

そこで本項では、まず [カードを追加する] ボタンをタップしたときにTodoカードを作成するための処理を書いていきます。Todoのデータを作成する_submitTodo関数を_TextInputWidgetStateクラスに新しく定義します (**リスト5.23**)。

▼**リスト5.23** _submitTodo関数 (main.dart)

```
136:  void _submitTodo(String title) {
137:    setState(() {
138:      if (title.isEmpty == false) {
139:        todoList.add(title);
140:        _controller.clear();
141:      }
142:    });
143:  }
144:
```

Todoを作る際にはカードのタイトルの文字列が必要であるため、_submitTodoには引数としてString型のtitleを持たせています。

関数の中では、動的に状態を変更するためにsetStateメソッドを呼び出しています。setStateの引数で指定した関数の中で、引数titleで渡された文字列をtodoListに追加し、その後にテキストフィールドの文字をクリアするために_controller.clearを呼び出しています。

この_submitTodo関数を次の①②の場合に呼び出します。

①テキストフィールドで Enter キーが押されたとき

② [カードを追加する] ボタンがタップされたとき

①の「テキストフィールドで Enter キーが押されたとき」ついては、**リスト5.24**のようにTextFieldを変更します。

▼**リスト5.24** TextFieldのonSubmittedプロパティを変更

```
113:            child: TextField(
114:              controller: _controller,
115:              decoration: const InputDecoration(hintText: '入力してください'),
116:              onChanged: (String value) {
117:                print(value);
118:              },
119:              onSubmitted: _submitTodo,
120:            ),
```

②の「[カードを追加する] ボタンがタップされたとき」については、**リスト5.25**のようにElevatedButtonを変更します。

▼**リスト5.25** [カードを追加する] のElevatedButtonのonPressedプロパティを変更

```
124:            child: ElevatedButton(
125:              onPressed: () {
126:                // カードを追加するをタップしたときの処理
127:                _submitTodo(_controller.text);
128:              },
129:              child: const Text('カードを追加する')),
130:          )
```

①と②で_submitTodoの呼び出し方が違っています。①のTextFieldのonSubmittedプロパティにはStirng型の引数があるため、その引数を通じてテキストフィールドに入力されている値がコールバック関数(ここでは_submitTodo)に渡されます。一方、ElevatedButtonのonPressedには引数がないため、コールバック関数(ここでは_submitTodo)の引数にテキストフィールドの値を指定しないといけません。

これでTodo作成処理の関数と[カードを追加する]ボタンをタップしたときのイベント処理ができあがりました。

5.5.7 完了機能、削除機能を追加する

次に[完了]ボタンと[削除]ボタンのそれぞれのタップイベントの処理を作成していきます。今回のTodoアプリは、完了したTodoを保存する必要がないため、完了したTodoは削除すればいいだけです。

そのため、どちらもTodoの削除処理を実装すればいいだけです。ただ、今後の拡張性を持たせるために、それぞれの処理を別々の関数(**リスト5.26**、**リスト5.27**)として定義することにします。

▼**リスト5.26** 完了したときの処理

```
145:  void _complete(int index) {
146:    setState(() {
147:      todoList.removeAt(index);
148:    });
```

```
149:   }
150:
```

▼**リスト5.27** 削除したときの処理

```
151:   void _delete(int index) {
152:     setState(() {
153:       todoList.removeAt(index);
154:     });
155:   }
```


それぞれ_complete関数と_delete関数を作成しました。この引数について説明します。今回のアプリでは、Todoのデータを次の配列で管理しています。

```
030:   List<String> todoList = [];
```

［完了］ボタンや［削除］ボタンがタップされたときには、この配列todoListにある該当のデータを削除する必要があります。それぞれのTodoのカードにtodoListのインデックスを持たせてやれば、_completeと_deleteを実行するときにそのカードのインデックスを使ってtodoListの該当のデータを削除できるというわけです。

それでは、**リスト5.28**のとおり_createTodoCard関数に引数indexを追加するとともに、関数の処理内容も変更します（青字のところが変更箇所）。

▼**リスト5.28** _createTodoCard関数に引数indexを追加する

```
064:   Widget _createTodoCard(String title, int index) {
065:     return Card(
066:         shape: RoundedRectangleBorder(
067:           borderRadius: BorderRadius.circular(10.0),
068:         ),
069:         margin: const EdgeInsets.symmetric(horizontal: 10.0, vertical: 5.0),
070:         child: Column(
071:           mainAxisSize: MainAxisSize.max,
072:           children: [
073:             ListTile(title: Text(title)),
074:             Row(
075:               mainAxisAlignment: MainAxisAlignment.end,
076:               children: [
077:                 ElevatedButton(
078:                     onPressed: () {
079:                       // 完了したときの処理
080:                       _complete(index);
081:                     },
082:                     child: const Text('完了')),
083:                 const SizedBox(
084:                   width: 10.0,
085:                 ),
086:                 ElevatedButton(
087:                     onPressed: () {
088:                       // 削除したときの処理
089:                       _delete(index);
090:                     },
```

```
091:                         child: const Text('削除')),
092:                     const SizedBox(
093:                       width: 10.0,
094:                     )
095:                   ],
096:                 )
097:               ],
098:           )
099:       );
100:   }
```

具体的な変更箇所は［完了］ボタンのElevatedButtonと［削除］ボタンのElevatedButtonのonPressedプロパティです。onPressedで、**リスト5.26**、**リスト5.27**で定義した_complete関数や_delete関数を呼び出すコールバック関数を指定しました。

これで_createTodoCard関数の変更は終わりますが、このままだとビルドエラーのままです。ListViewを使ってTodoリスト一覧を作るコードにて_createTodoCard関数を呼び出していますが、その引数が修正されていないためです。

そこで最後に、ListView.builderの中の_createTodoCard関数を呼び出している箇所を、**リスト5.29**の青字箇所のように修正します。

▼リスト5.29 _createTodoCard関数の呼び出し箇所を修正する

```
044:       body: ListView.builder(
045:         itemCount: todoList.length + 1,
046:         itemBuilder: (BuildContext context, int index) {
047:           if (index == todoList.length) {  // リスト一覧の最後のindexにTextFieldを作成
048:             return _createTextArea();
049:           } else {                         // それ以外はTodoカードを作成
050:             var title = todoList[index];
051:             return _createTodoCard(title, index);  // titleだけでなく、indexも渡す
052:           }
053:         },
054:       ),
```

これでTodoカードに配列のindexを持たせられました。この状態でソースコードをビルドします。そして［完了］ボタンや［削除］ボタンをタップすると、そのカードが削除されるようになるはずです。

以上でTodoアプリの開発は完了です。最後に、Todoアプリの全体のソースコードを**リスト5.30**に掲載します。

▼リスト5.30 Todoアプリの完成形（main.dart）

```
001: import 'package:flutter/material.dart';
002:
003: void main() {
004:   runApp(const MainPage());
005: }
006:
007: class MainPage extends StatelessWidget {
008:
009:   const MainPage({super.key});
010:
011:   @override
```

```
012:   Widget build(BuildContext context) {
013:     return const MaterialApp(
014:       title: 'Todo App',
015:       home: TextInputWidget(),
016:     );
017:   }
018: }
019:
020: class TextInputWidget extends StatefulWidget {
021:
022:   const TextInputWidget({super.key});
023:
024:   @override
025:   State<TextInputWidget> createState() => _TextInputWidgetState();
026: }
027:
028: class _TextInputWidgetState extends State<TextInputWidget> {
029:   final _controller = TextEditingController();
030:   List<String> todoList = [];
031:
032:   @override
033:   void initState() {
034:     super.initState();
035:   }
036:
037:   @override
038:   Widget build(BuildContext context) {
039:     return Scaffold(
040:       backgroundColor: const Color.fromRGBO(165, 190, 215, 1.0),
041:       appBar: AppBar(
042:         title: const Text('Todo App'),
043:       ),
044:       body: ListView.builder(
045:         itemCount: todoList.length + 1,
046:         itemBuilder: (BuildContext context, int index) {
047:           if (index == todoList.length) {  // リスト一覧の最後の index に TextField を作成
048:             return _createTextArea();
049:           } else {                         // それ以外は Todo カードを作成
050:             var title = todoList[index];
051:             return _createTodoCard(title, index);
052:           }
053:         },
054:       ),
055:     );
056:   }
057:
058:   @override
059:   void dispose() {
060:     super.dispose();
061:     _controller.dispose();
062:   }
063:
064:   Widget _createTodoCard(String title, int index) {
065:     return Card(
066:         shape: RoundedRectangleBorder(
```

```
067:            borderRadius: BorderRadius.circular(10.0),
068:          ),
069:          margin: const EdgeInsets.symmetric(horizontal: 10.0, vertical: 5.0),
070:          child: Column(
071:            mainAxisSize: MainAxisSize.max,
072:            children: [
073:              ListTile(title: Text(title)),
074:              Row(
075:                mainAxisAlignment: MainAxisAlignment.end,
076:                children: [
077:                  ElevatedButton(
078:                      onPressed: () {
079:                        // 完了したときの処理
080:                        _complete(index);
081:                      },
082:                      child: const Text('完了')),
083:                  const SizedBox(
084:                    width: 10.0,
085:                  ),
086:                  ElevatedButton(
087:                      onPressed: () {
088:                        // 削除したときの処理
089:                        _delete(index);
090:                      },
091:                      child: const Text('削除')),
092:                  const SizedBox(
093:                    width: 10.0,
094:                  )
095:                ],
096:              )
097:            ],
098:          )
099:      );
100:    }
101:
102:    Widget _createTextArea() {
103:      return Card(
104:        shape: RoundedRectangleBorder(
105:          borderRadius: BorderRadius.circular(10.0),
106:        ),
107:        margin: const EdgeInsets.symmetric(horizontal: 10.0, vertical: 5.0),
108:        child: Column(
109:          crossAxisAlignment: CrossAxisAlignment.start,
110:          children: [
111:            Padding(
112:              padding: const EdgeInsets.symmetric(horizontal: 10.0),
113:              child: TextField(
114:                controller: _controller,
115:                decoration: const InputDecoration(hintText: '入力してください'),
116:                onChanged: (String value) {
117:                  print(value);
118:                },
119:                onSubmitted: _submitTodo,
120:              ),
121:            ),
```

```
122:          Padding(
123:            padding: const EdgeInsets.symmetric(horizontal: 10.0, vertical: 5.0),
124:            child: ElevatedButton(
125:                onPressed: () {
126:                  // カードを追加するをタップしたときの処理
127:                  _submitTodo(_controller.text);
128:                },
129:                child: const Text('カードを追加する')),
130:          )
131:        ],
132:      ),
133:    );
134:  }
135:
136:  void _submitTodo(String title) {
137:    setState(() {
138:      if (title.isEmpty == false) {
139:        todoList.add(title);
140:        _controller.clear();
141:      }
142:    });
143:  }
144:
145:  void _complete(int index) {
146:    setState(() {
147:      todoList.removeAt(index);
148:    });
149:  }
150:
151:  void _delete(int index) {
152:    setState(() {
153:      todoList.removeAt(index);
154:    });
155:  }
156: }
```

本章の内容を復習したい人は、次の課題にチャレンジしてみてください。5.5節で作成したTodoアプリを次のように修正してみてください。

① [削除] ボタンの背景色を赤色 (#ff0000) に変更してください。
②InputDecorationのhintTextのカラーをライトグレー(#d3d3d3) に変更してください。
③ [カードを追加する] ボタンの位置を親のカードに対して中央寄せに変更してください。
④ [カードを追加する] ボタンの横幅を親のカードに対して横幅いっぱいまで広げてください。

第6章

クラスの作り方

6.1 クラスとは

クラスとは、データと、（そのデータを扱う）処理をまとめて扱いたいときに使う機能です。クラスはいわゆるひな形のようなものです。クラスを定義するときには、扱いたいデータと行いたい処理を定義します。そのクラスを基にインスタンスを生成します。プログラマーはインスタンスを通してその内部にあるデータを扱ったり、処理を実行したりできます。一般的には、クラス内に持つデータを**インスタンス変数**や**プロパティ**や**フィールド**と呼びます。また、クラス内に定義された処理（関数）を**メソッド**と呼びます。

6.1.1 新しいクラスを作る目的

この章では、おもにDartで新しいクラスを作成する方法について説明していきます。

これまでのサンプルプログラムのソースコードを見てわかったかもしれませんが、Flutterではウィジェットのコードを書くときにプロパティごとに改行して記述するために、1つのファイルの行数が増える傾向にあります。また、1つのクラスやウィジェットの中にさらに別のウィジェットを記述するために、コードのインデントの階層が深くなる傾向があります。Flutterでアプリ開発をしていると、1つのファイルの行数が数百行に及ぶケースもあります。

開発の初期段階や小規模でのアプリ開発の場合はそれほど気にする必要はありませんが、現代のシステム開発では、複雑性をなるべく排除して簡潔な設計を心がけて保守しやすいコードにすることが一般的です。あまりに長大なクラスは保守しづらいため、機能ごとにクラスを分割するのも保守性を保つ1つの手段です。そこで、本章ではDartでいかにしてクラスを分割していくのか、その方法についても解説します。

6.2 クラスとコンストラクタの定義のしかた

本節では、Android Studio上でmain.dart以外のdartファイルを作成し、そのファイルに新しいクラスを定義する方法を説明します。ユーザーが独自に作成するクラスのことを**カスタムクラス**と呼びます。

6.2.1 新しいdartファイルを作成する

まずは新しいFlutterプロジェクト「custom_widget_app」を作成します。プロジェクトを作成したら、ルートの直下にあるlibディレクトリ内に「user.dart」というファイルを作ります。新しいdartファイルを作るには、libにカーソルを合わせて右クリックして［New］→［Dart File］と選択します（**図6.1**）。

▼**図6.1**　dartファイルを作成する

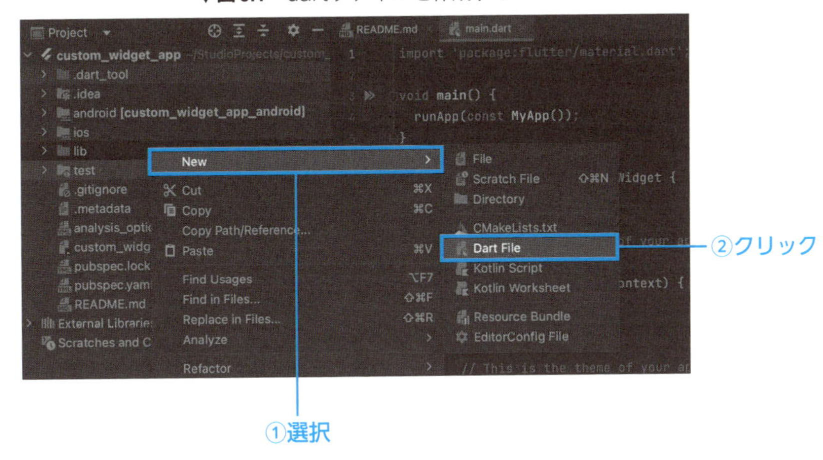

[New Dart File] という入力エリアが表示されますので、**図6.2**のように「user.dart」と入力して Enter キーで決定します。するとlibフォルダにuser.dartが追加されます（**図6.3**）。

▼**図6.2**　ファイル名を指定する

▼**図6.3**　user.dartファイルが作成される

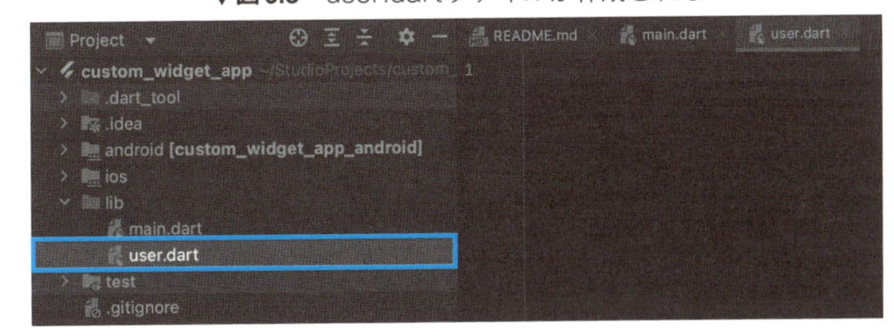

このuser.dartファイルにクラスを定義していきます。

6.2.2　クラスとコンストラクタを定義する

user.dartファイルにクラスを定義していきます。まず、次のようにUserクラスを定義します。

```
01: class User {
02:
03: }
```

Userクラスは何も定義していませんが、このままでもビルドが通ります。

このUserクラスに名前のプロパティと年齢のプロパティを定義します。名前のプロパティはString型で

nameとし、年齢のプロパティはint型でageとします。次の青字部分のようにコードを書きます。

```
01: class User {
02:   String name;
03:   int age;
04: }
```

それでは、Userクラスのインスタンスを生成するときに呼び出す関数を定義します。このようなクラスのインスタンスを生成するときに呼び出す関数を**コンストラクタ**と呼びます。コンストラクタの中でnameとageの初期化を行います。**リスト6.1**の青字部分のようにコードを追記します。

▼**リスト6.1**　Userクラス（user.dart）

```
01: class User {
02:   String name;
03:   int age;
04: 
05:   // コンストラクタ
06:   User(this.name, this.age);
07: }
```

コンストラクタの名前はクラス名と同じ名前にします。コンストラクタの引数を記述することで、コンストラクタを呼び出したときに指定された引数name、ageの値で、プロパティnameとageが初期化されます。これでUserクラスのコンストラクタができあがりました。このコンストラクタについてはほかにも解説したいことがありますが、それは後々にします。

6.2.3　作成したファイルやクラスを呼び出す

それでは作成した新しいクラスをmain.dartから呼び出す方法を解説します。Dartでは、ほかのファイルのクラスを呼び出すにはimport文を記述する必要があります。import文は次のように書きます。

```
import 'package:custom_widget_app/user.dart';
```

今回の場合は「package:」のあとに「プロジェクト名」+「/」+「ファイル名」を記述します。
user.dartはmain.dartと同じディレクトリにあるので、次のようにも書けます。

```
import 'user.dart';
```

Column　import文の入力補完

Android Studioを使っている場合はコード補完機能が利くため、**図6.4**のように「import」と入力すると補完が働き、次にファイル名の一部（ここではuser）を入力すると、インポートできるファイルの候補が補完機能で表示されます。

▼図6.4 入力補完を使ってimport文を記述する

```
main.dart
1    import 'user';
           user.dart
           package:custom_widget_app/user.dart
           Press ⏎ to insert, → to replace  Next Tip
```

今回は、汎用性がある最初のパターンでインポートします。
そして、main.dartファイルを**リスト6.2**のように記述します。

▼**リスト6.2** Userクラスを呼び出す（main.dart）

```
01: import 'package:custom_widget_app/user.dart';
02:
03: void main() {
04:   var user = User('Tanaka', 22);
05:   print(user.name);  // => Tanaka
06: }
```

4行目の`var user = User('Tanaka', 22);`で先ほどのUserコンストラクタを呼び出してUserクラスのインスタンスを生成し、変数userに代入しています。次のように、型にクラス名を指定することもできます。

```
User user = User('Tanaka', 22);
```

アプリ自体は**リスト6.2**の状態でビルドできるはずです。しかし、MaterialAppなどのウィジェットを定義していないので、プログラムを実行してもAndoridエミュレータの画面には何も表示されません。Android Studioのコンソールには、次のように表示されるはずです。

```
Tanaka
```

Userのnameが出力されたことがわかります。これでほかのdartファイルをインポートする方法と新しく定義したクラスのインスタンスの作成方法がわかりました。

6.2.4 その他のコンストラクタの書き方

ここでは、あらためてカスタムクラスのコンストラクタについて学んでいきます。
先ほどの**リスト6.1**のuser.dartは、コンストラクタの引数でプロパティを初期化していました。引数ではなく、あらかじめ決められた値で初期化することもできます。たとえば、次の**リスト6.3**のように書いてもコンストラクタとして成り立ちます。

▼**リスト6.3** 引数のないコンストラクタ（user.dart）

```
01: class User {
02:   late String name;
03:   late int age;
```

```
04:
05:   // コンストラクタ
06:   User() {
07:     name = '';
08:     age = 0;
09:   }
10: }
```

こちらはコンストラクタに引数を持たせない場合の書き方の一例です。2、3行目のlateは、遅延初期化やNon-Null（Nullが入らないこと）を保証するために使用されます。lateは、変数が宣言された時点では初期化されず、最初にアクセスされたタイミングで初期化されることを示します。**リスト6.3**の例では、変数に値を代入せずに宣言だけするために使いました。

このようにコンストラクタに引数を持たせない場合、main.dartでの呼び出し時には**リスト6.4**のようにプロパティの値を指定する必要はありません（指定することもできません）。

▼リスト6.4 リスト6.3のUserクラスを呼び出す（main.dart）

```
01: import 'package:custom_widget_app/user.dart';
02:
03: void main() {
04:   var user = User();
05:   print(user.name);  // => '' (つまり、何も表示されない)
06: }
```

リスト6.4のプログラムを実行しても、コンストラクタ内（**リスト6.3**の7行目）でnameに空（''）を代入している（初期化している）ため、エラーにはなりません。

6.3 継承

次にクラスの継承について解説します。**継承**とは、オブジェクト指向のプログラミング言語における主要な機能の1つです。あるクラスBがクラスAの特性を引き継ぐ場合、両者の間に「継承関係」があると言われます。この場合は、一般的にクラスAが継承元、または**親クラス**、**スーパークラス**と呼ばれます。クラスBが継承先、または**子クラス**、**サブクラス**と呼ばれます。

継承を使うと、子クラスは親クラスのプロパティやメソッドを引き継ぐことができます。そのほかに次のようなことも可能です。

①親クラスにはないプロパティを子クラスで宣言できる。
②親クラスにはないメソッドを子クラスで定義できる。

つまり、子クラスには親クラスと異なるコードだけを書けばよいため、効率的に開発を行えます。

6.3.1 クラスを継承して新たなクラスを定義する

クラスを継承するには**構文6.1**のように記述します。

▼**構文6.1** 親クラスを継承して子クラスを定義する

```
class 子クラス extends 親クラス {
  // 何らかの処理
}
```

たとえば、user.dartにUserクラスを継承したSubPersonクラスを作成します。extendsを使って**リスト6.5**のように表現します。

▼**リスト6.5** Userクラスを継承してSubPersonクラスを定義する（user.dart）

```
01: // 親クラスを定義
02: class User {
03:   String name;
04:   int age;
05:
06:   User(this.name, this.age);
07: }
08:
09: // 子クラスを定義（親クラスを継承する）
10: class SubPerson extends User {
11:
12:   SubPerson(String name, int age) : super(name, age);
13:
14:   void hello() {
15:     print('Hello world');
16:   }
17: }
```

`SubPerson(String name, int age) : super(name, age);`と書くことにより、親クラスのコンストラクタを呼び出せます（12行目）。また、SubPersonクラスには挨拶ができるhelloメソッドを持たせています（14～16行目）。

リスト6.6のように、子クラスであるSubPersonクラス（子クラス）は、親クラスであるUserクラスのプロパティを利用できるうえに、Userクラスにないhelloメソッドを呼び出せます。

▼**リスト6.6** SubPersonクラスを呼び出す（main.dart）

```
01: import 'package:custom_widget_app/user.dart';
02:
03: void main() {
04:   var user = SubPerson('Yamada', 40);
05:   user.hello(); // => Hello world
06: }
```

6.4 カスタムウィジェットを作成する方法（StatelessWidget）

ここまではクラスの定義や継承について学びました。それらの知識を応用して、独自のウィジェット（**カスタムウィジェット**）を作成する方法を解説していきます。

ウィジェットを作成するときは、基本的にStatelessWidgetクラスかStatefulWidgetクラスを継承して作成します。まず、状態変化のないStatelessWidgetを継承したウィジェットを作成してみます。

6.4.1 カスタムウィジェットを作成する

6.2.1項のuser.dartのときと同じように、libフォルダ上に新しいdartファイル「sample_custom_widget.dart」を作成します。クラス名がSampleCustomWidgetなので、ファイル名にはクラス名をスネークケースの形式に変えた名称を採用しました。

作成したsample_custom_widget.dartファイルに**リスト6.7**のコードを書きます。これはPlaceholderウィジェットを載せただけのStatelessWidgetのコードです。IDEの補完機能を使うと、簡単に入力できると思います（第4章のコラム「Android Studioの補完機能」を参照）。

▼リスト6.7　カスタムウィジェットを定義する（sample_custom_widget.dart）

```
01: // 最初はあえて何もインポートしない
02:
03: class SampleCustomWidget extends StatelessWidget {
04:
05:   const SampleCustomWidget({super.key});
06:
07:   @override
08:   Widget build(BuildContext context) {
09:     return const Placeholder();
10:   }
11: }
```

リスト6.7のコードをビルドするとエラーになります。これはStatelessWidgetやPlaceholderを使うためにはFlutterのmaterial.dartファイルが必要なのに、それがインポートされていないことが原因です。そのため、**リスト6.8**に青字で示した1行をsample_custom_widget.dartファイルに書きます。

▼リスト6.8　import文を追加する（sample_custom_widget.dart）

```
01: import 'package:flutter/material.dart';  // material.dartをインポートする
02:
03: class SampleCustomWidget extends StatelessWidget {
04:
05:   const SampleCustomWidget({super.key});
06:
07:   @override
08:   Widget build(BuildContext context) {
09:     return const Placeholder();
10:   }
11: }
```

リスト6.8がStatelessWidgetを継承したときの最小限のコードになります。もちろん、Placeholderウィジェットは仮のウィジェットなので、ほかのウィジェットに変更できます。試しに**リスト6.9**の青字のように修正してみましょう。

▼**リスト6.9** ContainerにTextウィジェットを載せる（sample_custom_widget.dart）

```
01: import 'package:flutter/material.dart';
02:
03: class SampleCustomWidget extends StatelessWidget {
04:
05:   const SampleCustomWidget({super.key});
06:
07:   @override
08:   Widget build(BuildContext context) {
09:     return Container(
10:       child: const Text('Sample_Custom_Widget'),
11:     );
12:   }
13: }
```

Textウィジェットを載せたContainerウィジェットに変更しました。

6.4.2 カスタムウィジェットを使用する

それでは、このSampleCustomWidgetウィジェットを、main.dartで使用して画面に表示させましょう。main.dart全体を**リスト6.10**のように書き換えます。

▼**リスト6.10** 作成したSampleCustomWidgetを呼び出す（main.dart）

```
01: import 'package:custom_widget_app/sample_custom_widget.dart';
02: import 'package:flutter/material.dart';
03:
04: void main() {
05:   runApp(const MainPage());
06: }
07:
08: class MainPage extends StatelessWidget {
09:
10:   const MainPage ({super.key});
11:
12:   @override
13:   Widget build(BuildContext context) {
14:     return const MaterialApp(
15:       title: "Sample App",
16:       home: SampleCustomWidget(),
17:     );
18:   }
19: }
```

コードの内容は、main.dartに新しいウィジェットMainPageを定義してMaterialAppをreturnさせています。MaterialAppのhomeプロパティに先ほど作成したSampleCustomWidget（のコンストラクタ）を指定しました。

ここまでのソースコードをビルドすると、**図6.5**のように画面に表示されます（この例ではiPhone 15のシミュレータを使っています）。

▼図6.5 SampleCustomWidgetを表示させる

画面が真っ黒になっていますが、これはScaffoldがないためです。そして、SampleCustomWidgetウィジェットで指定した「Sample_Custom_Widget」の文字が左上に表示されているのは、Centerウィジェットを使っていないためです。

そこで、**リスト6.11**の青字箇所のようにmain.dartファイルを変更します。

▼リスト6.11 アプリらしく背景と文字の位置を整える（main.dart）

```
08: class MainPage extends StatelessWidget {
09:
10:   const MainPage ({super.key});
11:
12:   @override
13:   Widget build(BuildContext context) {
14:     return MaterialApp(
15:       title: "Sample App",
16:       home: Scaffold(
17:         appBar: AppBar(
18:           title: const Text('Sample Custom Widget App')
19:         ),
20:         body: const Center(
21:           child: SampleCustomWidget()
22:         )
23:       )
24:     );
25:   }
```

```
26: }
```

このように変更してアプリをビルドすると、**図6.6**のように画面の背景色が白色になり、「Sample_Custom_Widget」の文字が画面中央に表示されます。これでアプリらしくなりました。

▼**図6.6**　SampleCustomWidgetを画面中央に表示させる

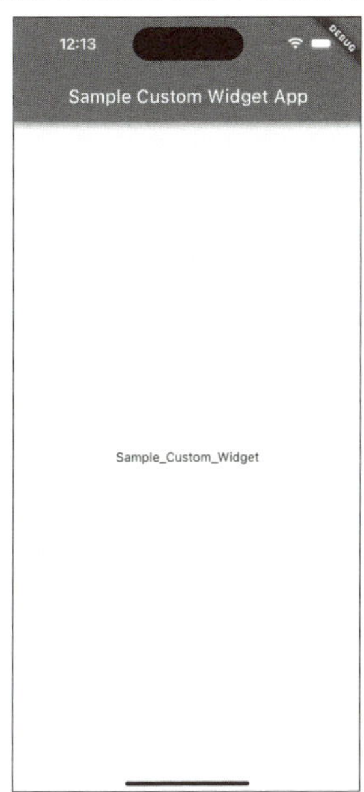

6.4.3 必須プロパティを作成する

ここまで、カスタムウィジェットのクラスを自分で作成して利用する方法を学習しました。ただ、**リスト6.9**で作成したSampleCustomWidgetは「Sample_Custom_Widget」という固定文字でしか表示できないため、ほかで使い回すには少々不便に感じられると思います。

そこで、ここではSampleCustomWidgetを呼び出すときに、「Sample_Custom_Widget」以外の文字を表示できるようにウィジェットにプロパティを持たせる方法を解説します。

SampleCustomWidgetクラスを**リスト6.12**の青字箇所のように変更します。

▼**リスト6.12**　必須プロパティを追加する（sample_custom_widget.dart）

```
01: import 'package:flutter/material.dart';
02: 
03: class SampleCustomWidget extends StatelessWidget {
04:   // プロパティ
05:   final String text;
06: 
07:   // コンストラクタ
08:   const SampleCustomWidget ({
09:     super.key,
10:     required this.text  // text の初期化処理に required を付ける
```

```
11:   });
12:
13:   @override
14:   Widget build(BuildContext context) {
15:     return Text(text);
16:   }
17: }
```

新しいString型のtextのプロパティを宣言しました。ここで行った変更でポイントになることが3つあります。

①String型のtextをfinal付きで宣言する。
②コンストラクタを修正する。
③textを初期化する際に、必須プロパティであることを示すrequiredを付ける。

③について説明します。Dart 2.12およびFlutter 2がリリースされたときに、Null Safetyという機能が追加されました。それまでのDartでは、変数を宣言するときにその変数にNullが入るかどうかを区別できませんでした。Null Safetyの導入により、変数の宣言時にNullが入ることを許可する変数かどうかを区別できるようになりました。Dart 2.12以降では、基本的に変数にNullが入ることは許されません（Nullを許可するには個別に指定する必要があります。詳しくは3.8節を参照してください）。クラス内にNullを許可しないプロパティを宣言した場合は、コンストラクタの定義においてそのプロパティに該当する引数にrequiredを付ける必要があります[注1]。requiredが付けられた引数はコンストラクタ呼び出し時に値を設定するのが必須になります（3.9.2項の名前付き引数の説明も参考のこと）。このように宣言したプロパティを本書では、「必須プロパティ」と呼ぶことにします。

①②③の対応によりStatelessWidgetを継承したウィジェットクラスでプロパティを使えるようになります。

そして、この変更を行うとmain.dartがビルドエラーになるので、main.dartのSampleCustomWidgetを呼び出している箇所も修正します（**リスト6.13**）。

▼リスト6.13　SampleCustomWidgetの必須プロパティtextに値を設定する（main.dart）

```
20:           body: const Center(
21:               child: SampleCustomWidget(text: 'プロパティを作りました')
22:           )
```

これらの修正を行ってソースコードをビルドすると、アプリの画面が**図6.7**のように表示されます。

注1　Nullを許可しないプロパティを宣言した場合でも、コンストラクタでデフォルト値を設定するなどすれば、requiredは必要ありません。

▼図6.7 textプロパティに指定した文字列が表示される

6.4.4 値の設定が省略できるプロパティを作成する

前述したとおり、Dart 2.12およびFlutter 2からは、Nullが入らない変数（Non-Null）とNullが入ってもよい変数（Nullable）を区別するようになりました。先ほどは、Non-Nullの変数にNullが入らないようにするために、必須プロパティを作成しました。ここでは値の設定が省略できる（代わりにデフォルト値が入る）プロパティの作り方について解説します。

sample_custom_widget.dartファイルのSampleCustomWidgetクラスの下に**リスト6.14**のような新しいUserNameWidgetクラスを定義します。

▼リスト6.14 値の設定を省略できるプロパティを持つUserNameWidgetクラスを定義する（sample_custom_widget.dart）

```
01: import 'package:flutter/material.dart';
02:
03: class SampleCustomWidget extends StatelessWidget {
    (.. 略 ..)
17: }
18:
19: class UserNameWidget extends StatelessWidget {
20:   // プロパティ
21:   final String name;
22:   final int? age;
23:
24:   // コンストラクタ
25:   const UserNameWidget({
26:     super.key,
27:     required this.name, // 必須プロパティ
28:     this.age // 設定を省略できるプロパティ
```

```
29:   });
30:
31:   @override
32:   Widget build(BuildContext context) {
33:     var userAge = age ?? 0;  // ?? は age の値が null だったときに 0 が入る
34:     return Column(
35:       children: [
36:         Text(name),
37:         Text('$userAge')
38:       ],
39:     );
40:   }
41: }
```

ソースコード側にもコメントで記載しましたが、このUserNameWidgetクラスでのポイントは次の2点になります。

①プロパティとしてString型のnameとint?型のageを宣言する。
②コンストラクタでプロパティを初期化する際に、nameは必須プロパティ、ageは設定を省略できるプロパティとする。

UserNameWidgetクラスはユーザーの名前と年齢を画面に表示させるだけのウィジェットです。nameは必須プロパティに、年齢は呼び出し側で入力するかどうかを調整できるプロパティにしました。

33行目では、年齢は値が入っていなければ「0」と表示させることにしました。**構文6.2**の**??演算子**を使っています。

▼構文6.2　??演算子

```
変数1 = 変数2 ?? 変数2がnullの場合に代入する値
```

このように書くと、変数2にnullが入っていた場合は、変数1に「変数2がnullの場合に代入する値」を代入します。変数2がnull以外の場合は、変数2の値を変数1に代入します。

リスト6.14の`var userAge = age ?? 0;`は、ageにnullが入っていた場合はuserAgeに0が入り、ageにnull以外の値が入っていた場合はuserAgeにageの値が入ります。

このように??演算子を使うことにより、Nullableの変数を安全に取り扱うことができます。

このUserNameWidgetを呼び出すときの方法は**リスト6.15**の2種類があります。

▼リスト6.15　UserNameWidgetの呼び出し方

```
// name のみを指定する（age の指定は省略する）方法
UserNameWidget(name: 'Tanaka')

// name と age を指定する方法
UserNameWidget(name: 'Tanaka', age: 22)
```

リスト6.15の上の例のようにageを指定せずにウィジェットを呼び出すことも可能です。

それでは、実際にUserNameWidgetを使っていきます。main.dartを**リスト6.16**の青字箇所のように修正します。

▼リスト6.16 作成したUserNameWidgetを呼び出す（main.dart）

```
13:   Widget build(BuildContext context) {
14:     return MaterialApp(
15:         title: "Sample App",
16:         home: Scaffold(
17:             appBar: AppBar(
18:                 title: const Text('Sample Custom Widget App')
19:             ),
20:             body: const Center(
21:                 child: Column(
22:                   children: [
23:                     UserNameWidget(name: 'Tanaka'),
24:                     UserNameWidget(name: 'Yamada', age: 22)
25:                   ],
26:                 )
27:             )
28:         )
29:     );
30:   }
```

23行目と24行目で、UserNameWidgetを2つ指定しています。このソースコードをビルドすると、アプリの画面は**図6.8**のように表示されます。

▼図6.8 UserNameWidgetが2つ表示される

2つのUserNameWidgetのうち、nameに「Tanaka」を指定したほうは、ageを指定していないので年齢が「0」と表示されています。また、nameに「Yamada」を指定したほうは、ageに22と指定したので「22」と表示されています。

6.5 カスタムウィジェットを作成する方法（StatefulWidget）

ここでは動的に状態が変化するStatefulWidgetを継承したカスタムウィジェットを作成する方法を解説をします。たとえば、これまでの章で出てきたTextButtonやElevatedButtonを基にして新たなウィジェットを作りたいときには、このStatefulWidgetを継承してウィジェットを作る方法が使えます。

6.5.1 カスタムウィジェットを作成する

それでは、StatefulWidgetを継承したCustomButtonウィジェットを作成してみます。プロジェクトのlibディレクトリ上に、**図6.9**のように新しく「custom_button.dart」ファイルを作成します。

▼図6.9　custom_button.dartを作成する

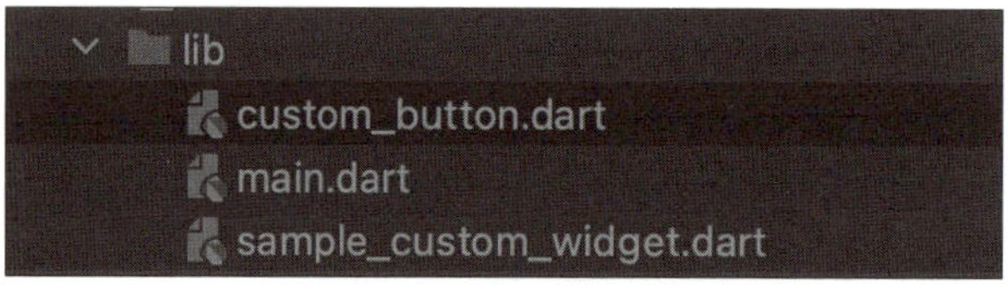

```
lib
  custom_button.dart
  main.dart
  sample_custom_widget.dart
```

このファイルに、StatefulWidgetを継承したクラスのコードを書いていきます。StatefulWidgetのコードもIDEの補完機能が利きます。「stf」と入力すると補完でStatefulWidgetのテンプレートが表示されるため、そのコードを確定します（**図6.10**）。

▼図6.10　StatefulWidgetのテンプレートを使う

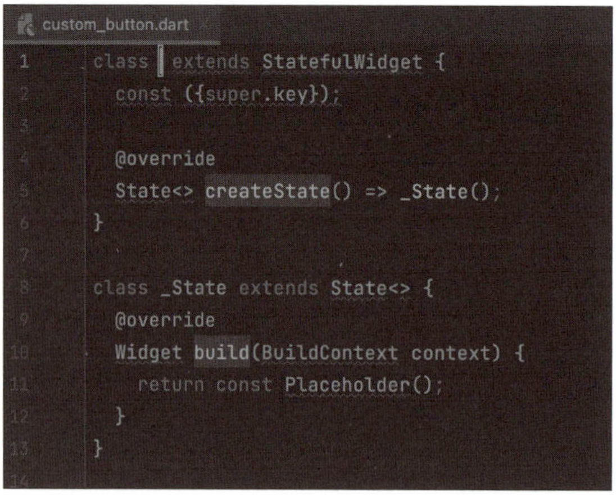

```
custom_button.dart
1  class  extends StatefulWidget {
2    const ({super.key});
3
4    @override
5    State<> createState() => _State();
6  }
7
8  class _State extends State<> {
9    @override
10   Widget build(BuildContext context) {
11     return const Placeholder();
12   }
13 }
14
```

そして、クラス名はCustomButtonにします。さらにmaterial.dartをインポートするコードを書くと、**リスト6.17**のコードのようになります。

▼リスト6.17 カスタムウィジェットを定義する（custom_button.dart）

```
01: import 'package:flutter/material.dart';
02:
03: class CustomButton extends StatefulWidget {
04:   const CustomButton({super.key});
05:
06:   @override
07:   State<CustomButton> createState() => _CustomButtonState();
08: }
09:
10: class _CustomButtonState extends State<CustomButton> {
11:   @override
12:   Widget build(BuildContext context) {
13:     return const Placeholder();
14:   }
15: }
```


あとはStateクラスの_CustomButtonStateを修正していくだけです。今回は単純にElevatedButtonウィジェットを載せるだけにしますので、**リスト6.18**の青字箇所のようにコードを変更します。

▼リスト6.18 Stateクラスを修正する（custom_button.dart）

```
01: import 'package:flutter/material.dart';
02:
03: class CustomButton extends StatefulWidget {
04:   const CustomButton({super.key});
05:
06:   @override
07:   State<CustomButton> createState() => _CustomButtonState();
08: }
09:
10: class _CustomButtonState extends State<CustomButton> {
11:   @override
12:   Widget build(BuildContext context) {
13:     return ElevatedButton(
14:         onPressed: () {
15:           // ボタンのタップイベント処理を書く
16:         },
17:         child: const Text('カスタムボタン')
18:     );
19:   }
20: }
```

これでCustomButtonウィジェットのソースコードが完成になります。

6.5.2 カスタムウィジェットを使用する

前項で作成したCustomButtonウィジェットをmain.dartで使っていきましょう。main.dartを**リスト6.19**の青字箇所のように修正します。

▼リスト6.19　作成したCustomButtonを呼び出す (main.dart)

```
01: import 'package:custom_widget_app/sample_custom_widget.dart';
02: import 'package:flutter/material.dart';
03: import 'package:custom_widget_app/custom_button.dart';
04:
05: void main() {
06:   runApp(const MainPage());
07: }
08:
09: class MainPage extends StatelessWidget {
10:
11:   const MainPage ({super.key});
12:
13:   @override
14:   Widget build(BuildContext context) {
15:     return MaterialApp(
16:         title: "Sample App",
17:         home: Scaffold(
18:             appBar: AppBar(
19:                 title: const Text('Sample Custom Widget App')
20:             ),
21:             body: const Center(
22:                 child: Column(
23:                   children: [
24:                     UserNameWidget(name: 'Tanaka'),
25:                     UserNameWidget(name: 'Yamada', age: 22),
26:                     CustomButton()
27:                   ],
28:                 )
29:             )
30:         )
31:     );
32:   }
33: }
```

CustomButtonはMaterialAppのbodyのColumnの一番下に追加しました（26行目）。

このソースコードをビルドすると、**図6.11**のようにカスタムボタンが表示されることが確認できます。

▼図6.11 画面にカスタムボタンが表示される

これでStatefulWidgetを継承したカスタムボタンの作り方がわかりましたね。

6.5.3 プロパティを作成する

StatefulWidgetでのカスタムウィジェットの作り方がわかりました。ここでは、もう少し使いやすくするために、StatefulWidgetを継承したカスタムウィジェットにもプロパティを作成していきましょう。6.4.3項や6.4.4項で説明したStatelessWidgetのときとの大きな違いは、Stateクラスがある点です。

ここでは6.5.1項で作成したCustomButtonを例にして解説します。コードで説明したほうが早いので先にソースコードを示します(**リスト6.20**)。青字箇所が今回修正したところです。

▼リスト6.20 必須プロパティを追加する(custom_button.dart)

```
01: import 'package:flutter/material.dart';
02:
03: class CustomButton extends StatefulWidget {
04:   final String title;  // Widgetクラスでプロパティを宣言する
05:
06:   const CustomButton({
07:     super.key,
08:     required this.title  // titleは必須プロパティ
09:   });
10:
11:   @override
12:   State<CustomButton> createState() => _CustomButtonState();
13: }
14:
```

```
15: class _CustomButtonState extends State<CustomButton> {
16:   @override
17:   Widget build(BuildContext context) {
18:     return ElevatedButton(
19:         onPressed: () {
20:           // ボタンのタップイベント処理を書く
21:         },
22:         child: Text(widget.title)  // Widgetクラスのプロパティにアクセスする
23:     );
24:   }
25: }
```

ソースコード上にコメントで要点を3点記載しました。

①Widgetクラスでプロパティを宣言する。
②コンストラクタでプロパティを初期化する。titleは必須プロパティとする。
③Widgetクラスのプロパティは「widget.プロパティ」でアクセスできる。

①と②は6.4.3項で説明したことと同じです。③で初めてwidgetという記述が出てきたので、簡単に解説します。StatefulWidgetを継承したCustomButtonクラスで定義したtitleプロパティに、_CustomButtonStateクラスからアクセスするには「widget.title」と書きます。

この3ステップでカスタムウィジェットにプロパティを作れます。**リスト6.20**では、String型のプロパティtitleを定義し、その内容をTextウィジェットで表示させています。

これで、main.dartのCustomButtonを呼び出しているところが「引数が足りない」ということでビルドエラーになるはずです。CustomButtonウィジェットを使うためにはtitleに値を指定する必要があるからです。そこで、main.dart側を**リスト6.21**の青字箇所のように変更します。

▼リスト6.21　CustomButtonの必須プロパティtextに値を設定する（main.dart）

```
21:           body: const Center(
22:               child: Column(
23:                 children: [
24:                   UserNameWidget(name: 'Tanaka'),
25:                   UserNameWidget(name: 'Yamada', age: 22),
26:                   CustomButton(title: 'ボタンのタイトルが指定できるようになりました')
27:                 ],
28:               )
29:           )
```

26行目のCustomButtonの呼び出し箇所に着目してください。titleプロパティに文字列を渡しています。これらのソースコードをビルドすると、**図6.12**のようにボタンの文字部分が「ボタンのタイトルが指定できるようになりました」に変わったことが確認できるはずです。

▼**図6.12** titleプロパティで指定した文字列がカスタムボタンに表示される

これでStatefulWidgetを継承したカスタムウィジェットでプロパティを作る方法もわかりましたね。

6.5.4 関数を受け渡せるプロパティを作成する

前項では、StatefulWidgetを継承したカスタムウィジェットにプロパティを作る方法を解説しました。StatefulWidgetとStatelessWidgetとの大きな違いは、状態が変化するかどうかですが、まだonPressedプロパティに処理を記述していないため**リスト6.21**（**図6.12**）のアプリでボタンを押しても状態は変わりません。たとえば、第4章で紹介したFloatingActionButtonなどのボタンウィジェットでは、onPressedプロパティに「setStateメソッドを実行する関数」を指定することで、状態を変化させていました（setStateは状態変化に関わるメソッドです。4.4.1項を参照）。

普通に考えると関数をプロパティとして扱う（コンストラクタの引数として受け渡す）なんてできないように思えます。ですがDartでは、関数はVoidCallback型やFunction型といったデータの一種で数値や文字列と同じように、変数に入れたり、引数や返り値で受け渡ししたり、プロパティとして扱ったりできます。

ここでは、VoidCallback型を使用して関数を受け渡せるプロパティを作成する方法を解説します。こちらもコードで説明したほうが早いので先にソースコードを載せます。**リスト6.22**は、**リスト6.20**を修正したものです（青字が修正した箇所）。

▼**リスト6.22** CustomButtonにonPressedButtonプロパティを追加する（custom_button.dart）

```
01: import 'package:flutter/material.dart';
02:
03: class CustomButton extends StatefulWidget {
04:   final String title;
```

```
05:   final VoidCallback onPressedButton;
06:
07:   const CustomButton({
08:     super.key,
09:     required this.title,
10:     required this.onPressedButton
11:   });
12:
13:   @override
14:   State<CustomButton> createState() => _CustomButtonState();
15: }
16:
17: class _CustomButtonState extends State<CustomButton> {
18:   @override
19:   Widget build(BuildContext context) {
20:     return ElevatedButton(
21:         onPressed: widget.onPressedButton,
22:         child: Text(widget.title)
23:     );
24:   }
25: }
```

VoidCallback型の変数としてonPressedButtonを宣言しました（5行目）。コンストラクタは通常のプロパティと同じ書き方で問題ありません（10行目）。そして、着目するポイントは、ElevatedButtonウィジェットのonPressedプロパティにwidget.onPressedButtonを指定しているところです（21行目）。プロパティで渡された関数をそのままElevatedButtonに渡しています。

この変更によってmain.dartファイルでエラーが発生するため、呼び出し側も**リスト6.23**のように変更します。

▼リスト6.23　CustomButtonのonPressedButtonプロパティに値を設定する（main.dart）

```
26:     CustomButton(title: 'ボタンのタイトルが指定できるようになりました', onPressedButton: (){
27:       // ここに処理を書く
28:     })
```

今回のmain.dartのMainPageがStatelessWidgetを継承している関係で、このままMainPageでCustomButtonを呼び出して状態変化の処理を行っても変化は起こりません。これはStatelessWidgetが状態変化するウィジェットではないためです。状態変化を確認するためには、MainPageの継承元をStatefulWidgetに書き直す必要があります。

さらに状態変化がわかるようにMainPageクラスにint型のcountの変数を持たせて、CustomButtonのタップイベントにcountに1を足す処理を加えます。

これらの修正を実施したコードを**リスト6.24**に示します。

▼リスト6.24　MainPageクラスがStatefulWidgetを継承するように修正する（main.dart）

```
09: class MainPage extends StatefulWidget {
10:
11:   const MainPage ({super.key});
12:
13:   @override
14:   State<MainPage> createState() => _MainPageState();
15: }
```

```
16:
17: class _MainPageState extends State<MainPage> {
18:   int count = 0;  // int 型の count 変数を宣言
19:
20:   @override
21:   Widget build(BuildContext context) {
22:     return MaterialApp(
23:       title: "Sample App",
24:       home: Scaffold(
25:         appBar: AppBar(
26:           title: const Text('Sample Custom Widget App')
27:         ),
28:         body: Center(
29:           child: Column(
30:             children: [
31:               const UserNameWidget(name: 'Tanaka'),
32:               const UserNameWidget(name: 'Yamada', age: 22),
33:               CustomButton(title: 'CustomButton $count', onPressedButton: () {
34:                 setState(() {  // setState() を呼び出す
35:                   count += 1;
36:                 });
37:               })
38:             ],
39:           )
40:         )
41:       )
42:     );
43:   }
44: }
```

CustomButtonのonPressedButtonプロパティに指定した関数では、setStateメソッドを呼び出しています（34行目）。

このソースコードをビルドすると、**図6.13**のようにボタンの文字部分が「CustomButton 0」に変わったことが確認できるはずです。ボタンをタップすると0が1ずつ足されます。

▼図6.13　CustomButtonに表示される文字が変化する

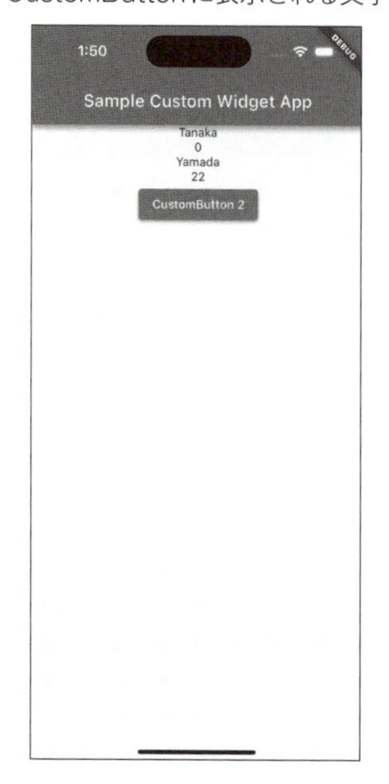

関数を受け渡せるプロパティの作り方について参考程度に解説しました。関数を受け渡せるプロパティの作り方はほかにも方法があるのですが、必要になったタイミングで紹介します。ここでは、VoidCallbackという型が存在することと、VoidCallback型もプロパティとして宣言できることを理解できれば問題ありません。

6.6 Todoアプリに新しいウィジェットを作成してコードを分割する

この章で学習した知識を利用して、クラスの分割を実践してみましょう。第5章で作成したTodoアプリ「text_input_todo_app」をコンポーネントごとに分割します。

基にするソースコードはとても長いので再掲はしません。必要に応じて第5章の最後に記載したソースコード（**リスト5.30**）を参照してください。動作確認にはiPhone 15のシミュレータを使います。

Flutterプロジェクトは、第5章で作成した「text_input_todo_app」プロジェクトを流用して修正していきます。「text_input_todo_app」プロジェクトを開いてください。

それでは、このmain.dartをいくつかのカスタムウィジェットに分割していきましょう。このアプリでカスタムウィジェット化する部分は次の2ヵ所です。

①Todoカード
②テキストフィールド

この2つのコンポーネントを別クラスに分割して、main.dartから呼び出すように修正していきます。

6.6.1 Todoカードをカスタムウィジェット化する

もともとのサンプルコードで、①のTodoカードを生成している部分は**リスト6.25**の関数です。

▼リスト6.25 _createTodoCard関数（main.dart）

```
064:  Widget _createTodoCard(String title, int index) {
065:    return Card(
066:        shape: RoundedRectangleBorder(
067:          borderRadius: BorderRadius.circular(10.0),
068:        ),
069:        margin: const EdgeInsets.symmetric(horizontal: 10.0, vertical: 5.0),
070:        child: Column(
071:          mainAxisSize: MainAxisSize.max,
072:          children: [
073:            ListTile(title: Text(title)),
074:            Row(
075:              mainAxisAlignment: MainAxisAlignment.end,
076:              children: [
077:                ElevatedButton(
078:                    onPressed: () {
079:                      // 完了したときの処理
080:                      _complete(index);
081:                    },
082:                    child: const Text('完了')),
083:                const SizedBox(
084:                  width: 10.0,
085:                ),
086:                ElevatedButton(
087:                    onPressed: () {
088:                      // 削除したときの処理
089:                      _delete(index);
090:                    },
091:                    child: const Text('削除')),
092:                const SizedBox(
093:                  width: 10.0,
094:                )
095:              ],
096:            )
097:          ],
098:        )
099:    );
100:  }
```

この関数でCardウィジェットを返しています。このCardの部分を別ウィジェットに切り離します。

●TodoCardウィジェットを作成する

新しいファイルとして「todo_card.dart」を作成します。作成できたら、**リスト6.26**のように、StatelessWidgetを継承したTodoCardウィジェットのクラスを定義します。

▼リスト6.26 TodoCardウィジェットを作成する（todo_card.dart）

```
01: import 'package:flutter/material.dart';
```

```
02:
03: class TodoCard extends StatelessWidget {
04:   const TodoCard({super.key});
05:
06:   @override
07:   Widget build(BuildContext context) {
08:     return const Placeholder();
09:   }
10: }
```

リスト6.26のPlaceholderウィジェットの部分を、_createTodoCard関数で返しているCardのコードに差し替えます（**リスト6.27**）。

▼リスト6.27　Cardウィジェットを返すようにする（todo_card.dart）

```
01: import 'package:flutter/material.dart';
02:
03: class TodoCard extends StatelessWidget {
04:   const TodoCard({super.key});
05:
06:   @override
07:   Widget build(BuildContext context) {
08:     return Card(
09:         shape: RoundedRectangleBorder(
10:           borderRadius: BorderRadius.circular(10.0),
11:         ),
12:         margin: const EdgeInsets.symmetric(horizontal: 10.0, vertical: 5.0),
13:         child: Column(
14:           mainAxisSize: MainAxisSize.max,
15:           children: [
16:             ListTile(title: Text(title)),
17:             Row(
18:               mainAxisAlignment: MainAxisAlignment.end,
19:               children: [
20:                 ElevatedButton(
21:                     onPressed: () {
22:                       // 完了したときの処理
23:                       _complete(index);
24:                     },
25:                     child: const Text('完了')),
26:                 const SizedBox(
27:                   width: 10.0,
28:                 ),
29:                 ElevatedButton(
30:                     onPressed: () {
31:                       // 削除したときの処理
32:                       _delete(index);
33:                     },
34:                     child: const Text('削除')),
35:                 const SizedBox(
36:                   width: 10.0,
37:                 )
38:               ],
39:             )
40:           ],
```

```
41:         )
42:     );
43:   }
44: }
```

すると、少なくとも次の3ヵ所でエラーが発生するはずです。

- ListTile上のTextウィジェットに指定しているtitle
- 「完了ボタン」の_complete関数と、その引数に指定しているindex
- 「削除ボタン」の_delete関数、その引数に指定しているindex

それぞれ「存在しないものです」というエラーです。

そこで、これらのエラーを解消していきます。まずは、もともとのmain.dartの関数_createTodoCardには2つの引数がありました。そのため、TodoCardにも同じ2つの引数（プロパティ）が必要になります。そこで、この2つのプロパティを宣言し、コンストラクタを定義します（**リスト6.28**）。

▼**リスト6.28**　titleプロパティとindexプロパティを作成する（todo_card.dart）

```
01: import 'package:flutter/material.dart';
02:
03: class TodoCard extends StatelessWidget {
04:
05:   // プロパティを宣言する
06:   final String title;
07:   final int index;
08:
09:   // コンストラクタを定義する。必須プロパティにするためrequiredを記述
10:   const TodoCard({
11:     super.key,
12:     required this.title,
13:     required this.index
14:   });
15:
16:   @override
17:   Widget build(BuildContext context) {
      (..略..)
```

これでtitleとindexのエラーがなくなります。残りのエラーは次の2ヵ所です。

- 「完了ボタン」の_complete関数
- 「削除ボタン」の_delete関数

どちらもElevatedButtonのonPressedプロパティで使われています。これらの関数をmain.dartから受け渡してもらうには、VoidCallback型のプロパティが必要です。_completeと_deleteは別々の関数ですので、プロパティも別々に宣言します（**リスト6.29**）。

▼**リスト6.29**　onPressedCompleteプロパティとonPressedDeleteプロパティを作成する（todo_card.dart）

```
01: import 'package:flutter/material.dart';
```

```
02:
03: class TodoCard extends StatelessWidget {
04:
05:   // プロパティを宣言する
06:   final String title;
07:   final int index;
08:   final VoidCallback onPressedComplete;  // _complete のためのプロパティ
09:   final VoidCallback onPressedDelete;  // _delete のためのプロパティ
10:
11:   // コンストラクタを定義する。必須プロパティにするため required を記述
12:   const TodoCard({
13:     super.key,
14:     required this.title,
15:     required this.index,
16:     required this.onPressedComplete,
17:     required this.onPressedDelete
18:   });
19:
20:   @override
21:   Widget build(BuildContext context) {
        (..略..)
```

これで準備が完了しました。残りは削除ボタンと完了ボタンのタップイベントの部分を宣言したプロパティに変更すれば完了です（**リスト6.30、リスト6.31**）。

▼**リスト6.30**　完了ボタン（todo_card.dart）

```
34:                 ElevatedButton(
35:                     onPressed: onPressedComplete,
36:                     child: const Text('完了')),
```

▼**リスト6.31**　削除ボタン（todo_card.dart）

```
40:                 ElevatedButton(
41:                     onPressed: onPressedDelete,
42:                     child: const Text('削除')),
```

これでTodoCardクラスが完成となります。最終的なtodo_card.dartは本章の最後に掲載しています（**リスト6.42**）ので、必要に応じて確認してください。

●main.dartでTodoCardウィジェットを呼び出す

次にmain.dartで_createTodoCard関数を使っていた部分を作成したTodoCardウィジェットに差し替えます。このとき、main.dartにtodo_card.dartがインポートされていないとTodoCardが認識されません。そこで、main.dartファイルの冒頭にimport文を記述して、todo_card.dartを読み込みます（**リスト6.32**）。

▼**リスト6.32**　TodoCardウィジェットに差し替え、import文を追加する（main.dart）

```
01: import 'package:flutter/material.dart';
02: import 'package:text_input_todo_app/todo_card.dart';
    (..略..)

45:       body: ListView.builder(
```

```
46:           itemCount: todoList.length + 1,
47:           itemBuilder: (BuildContext context, int index) {
48:             if (index == todoList.length) {  // リスト一覧の最後のindexにTextFieldを作成
49:               return _createTextArea();
50:             } else {                         // それ以外はTodoカードを作成
51:               var title = todoList[index];
52:               return TodoCard(
53:                   title: title,
54:                   index: index,
55:                   onPressedComplete: () {
56:                     _complete(index);
57:                   },
58:                   onPressedDelete: () {
59:                     _delete(index);
60:                   }
61:               );
62:             }
63:           },
64:         ),
```


これでTodoカードをカスタムウィジェットにすることができました。今後、TodoカードのUIや処理を拡張する場合はtodo_card.dartファイルを変更するだけでよくなります。

6.6.2 テキストフィールドをカスタムウィジェット化する

同じように、テキストフィールドの部分もカスタムウィジェットにしていきましょう。もともとのサンプルコードでテキストフィールドを生成しているのは、**リスト6.33**の_createTextArea関数です。

▼リスト6.33 _createTextArea関数（main.dart）

```
102:   Widget _createTextArea() {
103:     return Card(
104:       shape: RoundedRectangleBorder(
105:         borderRadius: BorderRadius.circular(10.0),
106:       ),
107:       margin: const EdgeInsets.symmetric(horizontal: 10.0, vertical: 5.0),
108:       child: Column(
109:         crossAxisAlignment: CrossAxisAlignment.start,
110:         children: [
111:           Padding(
112:             padding: const EdgeInsets.symmetric(horizontal: 10.0),
113:             child: TextField(
114:               controller: _controller,
115:               decoration: const InputDecoration(hintText: '入力してください'),
116:               onChanged: (String value) {
117:                 print(value);
118:               },
119:               onSubmitted: _submitTodo,
120:             ),
121:           ),
122:           Padding(
123:             padding: const EdgeInsets.symmetric(horizontal: 10.0, vertical: 5.0),
124:             child: ElevatedButton(
```

```
125:                 onPressed: () {
126:                   // カードを追加するをタップしたときの処理
127:                   _submitTodo(_controller.text);
128:                 },
129:                 child: const Text('カードを追加する')),
130:           )
131:         ],
132:       ),
133:     );
134:   }
```

こちらもCardウィジェットを返しています。そこでTodoカードと同様に、このCardまでの部分を別ウィジェットに切り離します。

●TextInputAreaウィジェットを作成する

新しいファイルとして「text_input_area.dart」ファイルを作成します。作成できたら、**リスト6.34**のように、StatelessWidgetを継承したTextInputAreaウィジェットのクラスを定義します。

▼**リスト6.34** TextInputAreaウィジェットを作成する (text_input_area.dart)

```
01: import 'package:flutter/material.dart';
02:
03: class TextInputArea extends StatelessWidget {
04:   const TextInputArea({super.key});
05:
06:   @override
07:   Widget build(BuildContext context) {
08:     return const Placeholder();
09:   }
10: }
```

リスト6.34のPlaceholderウィジェットの部分を、_createTextArea関数で返しているCardのコードに差し替えます(**リスト6.35**)。

▼**リスト6.35** Cardウィジェットを返すようにする (text_input_area.dart)

```
01: import 'package:flutter/material.dart';
02:
03: class TextInputArea extends StatelessWidget {
04:   const TextInputArea({super.key});
05:
06:   @override
07:   Widget build(BuildContext context) {
08:     return Card(
09:       shape: RoundedRectangleBorder(
10:         borderRadius: BorderRadius.circular(10.0),
11:       ),
12:       margin: const EdgeInsets.symmetric(horizontal: 10.0, vertical: 5.0),
13:       child: Column(
14:         crossAxisAlignment: CrossAxisAlignment.start,
15:         children: [
16:           Padding(
17:             padding: const EdgeInsets.symmetric(horizontal: 10.0),
```

```
18:           child: TextField(
19:             controller: _controller,
20:             decoration: const InputDecoration(hintText: '入力してください'),
21:             onChanged: (String value) {
22:               print(value);
23:             },
24:             onSubmitted: _submitTodo,
25:           ),
26:         ),
27:         Padding(
28:           padding: const EdgeInsets.symmetric(horizontal: 10.0, vertical: 5.0),
29:           child: ElevatedButton(
30:               onPressed: () {
31:                 // カードを追加するをタップしたときの処理
32:                 _submitTodo(_controller.text);
33:               },
34:               child: const Text('カードを追加する')),
35:         )
36:       ],
37:     ),
38:   );
39: }
40: }
```


ここでエラーになる箇所も3ヵ所です。

- TextFieldウィジェットに指定している_controller
- TextFieldウィジェットに指定している_submitTodo関数
- ElevatedButtonウィジェットに指定している_submitTodo関数

それぞれ「存在しないものです」というエラーです。これらのエラーを解消させます。

もともとmain.dartにあった関数_createTextAreaには引数がありませんでした。そのため、一見、TextInputAreaウィジェットにプロパティは用意しなくても良いように思えます。しかし、main.dartでは、TextFieldウィジェットのcontrollerプロパティにTextEditingControllerのインスタンスを指定しています。TextInputAreaウィジェットでは、このインスタンスはmain.dartから渡してもらわなければいけません。結果的には、TextInputAreaにTextEditingControllerのインスタンスを受け渡すためのプロパティを用意する必要があります（**リスト6.36**）。

▼リスト6.36 controllerプロパティを作成する（text_input_area.dart）

```
01: import 'package:flutter/material.dart';
02:
03: class TextInputArea extends StatelessWidget {
04:
05:   // プロパティを宣言する
06:   final TextEditingController controller;
07:
08:   // コンストラクタを定義する
09:   const TextInputArea({
10:     super.key,
```

```
11:     required this.controller
12:   });
13:
14:   @override
15:   Widget build(BuildContext context) {
        (.. 略 ..)
```

このあと、TextFieldウィジェットのcontrollerプロパティ（27行目あたり）に指定している「_controller」を「controller」に書き換えます。

残るエラーは次のとおりです。

- TextFieldウィジェットに指定している_submitTodo関数
- ElevatedButtonウィジェットに指定している_submitTodo関数

これらのエラーを解消するには、プロパティでmain.dartから関数を受け渡してもらう必要があります。そして、このプロパティで受け渡す関数にはString型の引数を持たせる必要があります。6.5.4項や6.6.1項で使ったVoidCallback型は引数も返り値もない関数を表す型なので、今回は使えません。今回は、Function型という型を利用します。このFunction型を使うと、String型の引数を持っている関数をFunction(String)型と表現できます。この型を利用してプロパティを宣言します（**リスト6.37**）。

▼**リスト6.37**　onPressedSubmitButtonプロパティとonSubmittedプロパティを作成する（text_input_area.dart）

```
01: import 'package:flutter/material.dart';
02:
03: class TextInputArea extends StatelessWidget {
04:
05:   // プロパティを宣言する
06:   final TextEditingController controller;
07:   final Function(String) onPressedSubmitButton;
08:   final Function(String) onSubmitted;
09:
10:   // コンストラクタを定義する
11:   const TextInputArea({
12:     super.key,
13:     required this.controller,
14:     required this.onPressedSubmitButton,
15:     required this.onSubmitted
16:   });
17:
18:   @override
19:   Widget build(BuildContext context) {
        (.. 略 ..)
```

ここまできたら、TextFieldとElevatedButtonのそれぞれエラーになっている_submitTodo関数を、作成したプロパティに変更します（**リスト6.38**、**リスト6.39**）。

▼**リスト6.38**　TextField（text_input_area.dart）

```
28:           Padding(
29:             padding: const EdgeInsets.symmetric(horizontal: 10.0),
```

```
30:             child: TextField(
31:               controller: controller,
32:               decoration: const InputDecoration(hintText: '入力してください'),
33:               onChanged: (String value) {
34:                 print(value);
35:               },
36:               onSubmitted: onSubmitted,
37:             ),
38:           ),
```

▼リスト6.39　ElevatedButton (text_input_area.dart)

```
39:           Padding(
40:             padding: const EdgeInsets.symmetric(horizontal: 10.0, vertical: 5.0),
41:             child: ElevatedButton(
42:                 onPressed: () {
43:                   onPressedSubmitButton(controller.text);
44:                 },
45:                 child: const Text('カードを追加する')),
46:           )
```


これでTextInputAreaクラス自体のエラーは消えているはずです。text_input_area.dartの全体のソースコードは本章の最後に掲載しています（**リスト6.43**）ので、そちらでご確認ください。

● main.dartでTextInputAreaウィジェットを呼び出す

残りのエラーはmain.dartで_createTextArea関数を呼び出している部分です。

まず、main.dartの冒頭のimport文のところに次の1行を記述して、text_input_area.dartを読み込んでおきましょう。そして、ListViewの中で_createTextArea関数を呼び出していた箇所をTextInputAreaウィジェットに差し替えます（**リスト6.40**）。

▼リスト6.40　TextInputAreaウィジェットに差し替え、import文を追加する（main.dart）

```
01: import 'package:flutter/material.dart';
02: import 'package:text_input_todo_app/text_input_area.dart';
03: import 'package:text_input_todo_app/todo_card.dart';
    (..略..)

46:       body: ListView.builder(
47:         itemCount: todoList.length + 1,
48:         itemBuilder: (BuildContext context, int index) {
49:           if (index == todoList.length) {  // リスト一覧の最後のindexにTextFieldを作成
50:             return TextInputArea(
51:                 controller: _controller,
52:                 onPressedSubmitButton: _submitTodo,
53:                 onSubmitted: _submitTodo
54:             );
55:           } else {                          // それ以外はTodoカードを作成
56:             var title = todoList[index];
57:             return TodoCard(
58:                 title: title,
59:                 index: index,
60:                 onPressedComplete: () {
```

```
61:                 _complete(index);
62:               },
63:               onPressedDelete: () {
64:                 _delete(index);
65:               }
66:           );
67:         }
68:       },
69:     ),
```

テキストフィールドの部分もTodoカードの部分もカスタムウィジェットを呼び出すようにしたことで、これらの箇所については結果的に元のコードよりは少し行数が増えました。

ただ、これで「Todoカード」と「テキストフィールド」を生成する関数は不要になります。_createTodoCard関数（**リスト6.25**）と_createTextArea関数（**リスト6.33**）を削除します。

これで、カード生成していた関数をウィジェット化することに成功し、main.dart全体の行数を減らせました。

6.6.3　分割後のTodoアプリ

最後に完成形のそれぞれのdartファイルのソースコードを載せておきます（**リスト6.41、42、43**）。

▼リスト6.41　main.dartの完成形

```
01: import 'package:flutter/material.dart';
02: import 'package:text_input_todo_app/todo_card.dart';
03: import 'package:text_input_todo_app/text_input_area.dart';
04:
05: void main() {
06:   runApp(const MainPage());
07: }
08:
09: class MainPage extends StatelessWidget {
10:
11:   const MainPage({super.key});
12:
13:   @override
14:   Widget build(BuildContext context) {
15:     return const MaterialApp(
16:       title: 'Todo App',
17:       home: TextInputWidget(),
18:     );
19:   }
20: }
21:
22: class TextInputWidget extends StatefulWidget {
23:
24:   const TextInputWidget({super.key});
25:
26:   @override
27:   State<TextInputWidget> createState() => _TextInputWidgetState();
28: }
29:
30: class _TextInputWidgetState extends State<TextInputWidget> {
```

```
31:   final _controller = TextEditingController();
32:   List<String> todoList = [];
33:
34:   @override
35:   void initState() {
36:     super.initState();
37:   }
38:
39:   @override
40:   Widget build(BuildContext context) {
41:     return Scaffold(
42:       backgroundColor: const Color.fromRGBO(165, 190, 215, 1.0),
43:       appBar: AppBar(
44:         title: const Text('Todo App'),
45:       ),
46:       body: ListView.builder(
47:         itemCount: todoList.length + 1,
48:         itemBuilder: (BuildContext context, int index) {
49:           if (index == todoList.length) {  // リスト一覧の最後のindexにTextFieldを作成
50:             return TextInputArea(
51:                 controller: _controller,
52:                 onPressedSubmitButton: _submitTodo,
53:                 onSubmitted: _submitTodo
54:             );
55:           } else {                          // それ以外はTodoカードを作成
56:             var title = todoList[index];
57:             return TodoCard(
58:                 title: title,
59:                 index: index,
60:                 onPressedComplete: () {
61:                   _complete(index);
62:                 },
63:                 onPressedDelete: () {
64:                   _delete(index);
65:                 }
66:             );
67:           }
68:         },
69:       ),
70:     );
71:   }
72:
73:   @override
74:   void dispose() {
75:     super.dispose();
76:     _controller.dispose();
77:   }
78:
79:   void _submitTodo(String title) {
80:     setState(() {
81:       if (title.isEmpty == false) {
82:         todoList.add(title);
83:         _controller.clear();
84:       }
85:     });
```

```
86:   }
87:
88:   void _complete(int index) {
89:     setState(() {
90:       todoList.removeAt(index);
91:     });
92:   }
93:
94:   void _delete(int index) {
95:     setState(() {
96:       todoList.removeAt(index);
97:     });
98:   }
99: }
```

▼リスト6.42 todo_card.dartの完成形

```
01: import 'package:flutter/material.dart';
02:
03: class TodoCard extends StatelessWidget {
04:
05:   // プロパティを宣言する
06:   final String title;
07:   final int index;
08:   final VoidCallback onPressedComplete;  // _completeのためのプロパティ
09:   final VoidCallback onPressedDelete;  // _deleteのためのプロパティ
10:
11:   // コンストラクタを定義する。必須プロパティにするためrequiredを記述
12:   const TodoCard({
13:     super.key,
14:     required this.title,
15:     required this.index,
16:     required this.onPressedComplete,
17:     required this.onPressedDelete
18:   });
19:
20:   @override
21:   Widget build(BuildContext context) {
22:     return Card(
23:         shape: RoundedRectangleBorder(
24:           borderRadius: BorderRadius.circular(10.0),
25:         ),
26:         margin: const EdgeInsets.symmetric(horizontal: 10.0, vertical: 5.0),
27:         child: Column(
28:           mainAxisSize: MainAxisSize.max,
29:           children: [
30:             ListTile(title: Text(title)),
31:             Row(
32:               mainAxisAlignment: MainAxisAlignment.end,
33:               children: [
34:                 ElevatedButton(
35:                     onPressed: onPressedComplete,
36:                     child: const Text('完了')),
37:                 const SizedBox(
38:                   width: 10.0,
```

```
39:                 ),
40:                 ElevatedButton(
41:                     onPressed: onPressedDelete,
42:                     child: const Text('削除')),
43:                 const SizedBox(
44:                   width: 10.0,
45:                 )
46:               ],
47:             )
48:           ],
49:         )
50:     );
51:   }
52: }
```

▼リスト6.43 text_input_area.dartの完成形

```
01: import 'package:flutter/material.dart';
02:
03: class TextInputArea extends StatelessWidget {
04:
05:   // プロパティを宣言する
06:   final TextEditingController controller;
07:   final Function(String) onPressedSubmitButton;
08:   final Function(String) onSubmitted;
09:
10:   // コンストラクタを定義する
11:   const TextInputArea({
12:     super.key,
13:     required this.controller,
14:     required this.onPressedSubmitButton,
15:     required this.onSubmitted
16:   });
17:
18:   @override
19:   Widget build(BuildContext context) {
20:     return Card(
21:       shape: RoundedRectangleBorder(
22:         borderRadius: BorderRadius.circular(10.0),
23:       ),
24:       margin: const EdgeInsets.symmetric(horizontal: 10.0, vertical: 5.0),
25:       child: Column(
26:         crossAxisAlignment: CrossAxisAlignment.start,
27:         children: [
28:           Padding(
29:             padding: const EdgeInsets.symmetric(horizontal: 10.0),
30:             child: TextField(
31:               controller: controller,
32:               decoration: const InputDecoration(hintText: '入力してください'),
33:               onChanged: (String value) {
34:                 print(value);
35:               },
36:               onSubmitted: onSubmitted,
37:             ),
38:           ),
```

```
39:             Padding(
40:               padding: const EdgeInsets.symmetric(horizontal: 10.0, vertical: 5.0),
41:               child: ElevatedButton(
42:                   onPressed: () {
43:                     onPressedSubmitButton(controller.text);
44:                   },
45:                   child: const Text('カードを追加する')),
46:             )
47:           ],
48:         ),
49:       );
50:   }
51: }
```

アプリ全体としてのソースコードは分割前よりも増えてしまいましたが、一部のコンポーネントをカスタムウィジェットとして別ファイルで管理することによって見通しがよくなりました。実際のアプリ開発では改良に改良を重ねていきます。それらの改良を1つのファイルで実施していくと、開発の終盤にかけて少し修正するだけでも骨が折れる作業になってきます。

また、Flutterでのアプリ開発では、とくにウィジェットのコードにおいてインデントの階層が深くなりがちです。つまり、クラスや関数のネストが深くなりやすいため、できる限り細かいコンポーネントに分割してネストが深くならないように注意しないといけません。

そのために、この章で学習したカスタムウィジェット化の知識を使って、普段から使いまわせるウィジェットの作成を心がけることがFlutterでのアプリ開発の上達のコツだと思います。

第7章

アプリケーションの画面遷移

7.1 アプリの画面構成と遷移

これまでの章の内容で単一画面のアプリは、かなり作れるようになってきたはずです。アプリの基本的なUIの表示や変更、ボタンのタップイベント、テキスト入力など実際のアプリ開発で使われるさまざまなテクニックを紹介してきました。ただ、今まではすべて単一の画面を前提に各機能の実装を解説してきました。実際のほとんどのアプリケーションはただ1つの画面で完結することはあまりなく、複数の画面の遷移で滑らかなユーザー体験を実現しています。アプリによっては画面遷移していないように見せているものもありますが、多くのアプリでは複数の画面をうまく使って紙芝居のように画面を切り替えさせています。

この章では、さらなるアプリ開発のノウハウとして「画面遷移」の実装について紹介していきます。

7.1.1 Flutterにおける画面遷移のしくみ

Flutterアプリ開発での画面遷移の方法はおもに2種類あります。1つはNavigatorのみで遷移させる方法と、もう1つはルーティング（routes）を登録して遷移させる方法です。

Navigatorによる方法はネイティブでのアプリ開発と似た画面遷移です。ルーティングを登録して遷移させる方法はイメージ的にはWebサイトのリクエストに似た画面遷移です。どちらもそこまで難しくありませんが、最初はNavigatorでの画面遷移の方法を解説し、そのあとにルーティングを使った方法を解説することにします。

7.1.2 Navigatorを使って画面遷移させる

はじめにルーティングを登録しないで画面遷移させる方法について解説します。「習うより慣れろ」が一番早いですので、アプリを作りながら学習していきましょう。

新しいFlutterプロジェクト「navigator_app」を作成します。ここからは画面が複数になるため、ファイルの分割が重要になってきます。最初はFirst PageとSecond Pageという画面が存在して画面を行き来できるアプリを作ります。navigator_appのmain.dartには、初期コードとして**リスト7.1**の内容を記述します。

▼リスト7.1　アプリ画面の基礎とFirst Page画面（main.dart）

```
01: import 'package:flutter/material.dart';
02:
03: void main() {
04:   runApp(const MyApp());
05: }
06:
07: class MyApp extends StatelessWidget {
08:   const MyApp({super.key});
09:
10:   @override
11:   Widget build(BuildContext context) {
12:     return MaterialApp(
13:       title: 'Flutter Demo',
14:       theme: ThemeData(
15:         primarySwatch: Colors.blue,
16:       ),
```

```
17:        home: const FirstPage(),
18:      );
19:    }
20: }
21:
22: class FirstPage extends StatelessWidget {
23:   const FirstPage({super.key});
24:
25:   @override
26:   Widget build(BuildContext context) {
27:     return Scaffold(
28:       appBar: AppBar(
29:         title: const Text('Navigator Sample App'),
30:       ),
31:       body: Center(
32:         child: Column(
33:           mainAxisAlignment: MainAxisAlignment.center,
34:           children: <Widget>[
35:             const Text('First Page', style: TextStyle(fontSize: 40.0)),
36:             ElevatedButton(
37:               onPressed: () {
38:                 // ボタンのタップイベントを書く
39:               },
40:               child: const Text('Go to Second Page'),
41:             )
42:           ],
43:         ),
44:       ),
45:     );
46:   }
47: }
```

このソースコードでアプリをビルドして、**図7.1**のような画面が表示されることを確認してください。本章で掲載しているアプリ画面のスクリーンショットもiPhone 15のシミュレータで実行したときのものです。

▼図7.1 FirstPageの画面

1つめの画面をFirst Pageと命名して、TextとElevatedButtonを配置しました。このElevatedButtonのタップイベントで画面遷移させることを目標にします。

さて、ここからが本題です。一般的にモバイルアプリ開発において、画面に相当するクラスはそれぞれ単独のファイルにして管理することが一般的です。そこで新しい画面のクラスのファイルとして「second_page.dart」というファイルを作成します。second_page.dartの作成場所はlibディレクトリ下で問題ありません。

second_page.dartファイルを作成したら、**リスト7.2**のコードを書きましょう。

▼リスト7.2 Second Page画面 (second_page.dart)

```
01: import 'package:flutter/material.dart';
02:
03: class SecondPage extends StatelessWidget {
04:   const SecondPage({super.key});
05:   @override
06:   Widget build(BuildContext context) {
07:     return Scaffold(
08:       appBar: AppBar(
09:         title: const Text('Navigator'),
10:       ),
11:       body: Center(
12:         child: Column(
13:             mainAxisAlignment: MainAxisAlignment.center,
14:             children: <Widget> [
15:               const Text('Second Page', style: TextStyle(fontSize: 40.0)),
16:               ElevatedButton(
17:                   onPressed: () {
18:                     // ボタンのタップイベントを書く
19:                   },
20:                   child: const Text('Back to Previous Page')
21:               ),
22:             ]
23:         ),
24:       ),
25:     );
26:   }
27: }
```

こちらがSecond Page用のクラスです。それでは「First Page」画面のクラスと「Second Page」画面のクラスの用意ができましたので、First PageからSecond Pageへ遷移させる機能を実装していきます。

FlutterでA画面からB画面に遷移させるときに一番シンプルな書き方が**構文7.1**です。

▼構文7.1 画面を遷移させる

```
Navigator.of(context).push(MaterialPageRoute(builder: (context) {
  return 遷移先のB画面のインスタンス;
}));
```

このようなコードをA画面のクラスに記述します。`Navigator.of(context)`を用いてそのpushメソッドを呼び出します。pushメソッドの引数に指定しているMaterialPageRouteはマテリアルデザインに従ったアニメーションを行うためのクラスです。簡単にいえば、Androidアプリのような画面遷移を実現させるためのクラスです[注1]。

Navigator.of(context)の詳細（クラス、メソッド、引数など）について説明すると難しい話になってしまうため、本書では説明は省略します。まずは**構文7.1**の書き方をイディオムのように覚えて使えるようになりましょう。

また、遷移先のB画面からA画面に戻ってくるときには、B画面のクラスで**構文7.2**のコードを実行することで実現できます。

▼構文7.2 前の画面に戻す

```
Navigator.of(context).pop();
```

これで複数の画面を行ったり来たりといったUXを実現できます。

それでは、この知識を使って先ほどのソースコードを修正します。ElevatedButtonのタップイベントonPressedで発動させたいので、main.dartとsecond_page.dartのそれぞれのElevatedButtonのタップイベントを**リスト7.3**と**リスト7.4**のように変更します。

▼リスト7.3 onPressedプロパティにSecondPageへ画面遷移するコードを書く（main.dart）

```
01: import 'package:flutter/material.dart';
02: import 'package:navigator_app/second_page.dart';
(..略..)
37:             ElevatedButton(
38:               onPressed: () {
39:                 Navigator.of(context).push(MaterialPageRoute(builder: (context) {
40:                   return const SecondPage();
41:                 }));
42:               },
43:               child: const Text('Go to Second Page'),
44:             )
```

▼リスト7.4 onPressedプロパティに前画面に戻るコードを書く（second_page.dart）

```
16:             ElevatedButton(
17:               onPressed: () {
18:                 Navigator.of(context).pop();
19:               },
20:               child: const Text('Back to Previous Page')
21:             ),
```

このソースコードでアプリをビルドすると、**図7.2**のように画面のElevatedButtonをタップするたびにFirst PageとSecond Page間で画面遷移するはずです。

注1 また、CupertinoPageRouteを使うと、iOSのようなアニメーションの画面遷移を実現できます。

▼図7.2　FirstPageとSecond Page間の遷移

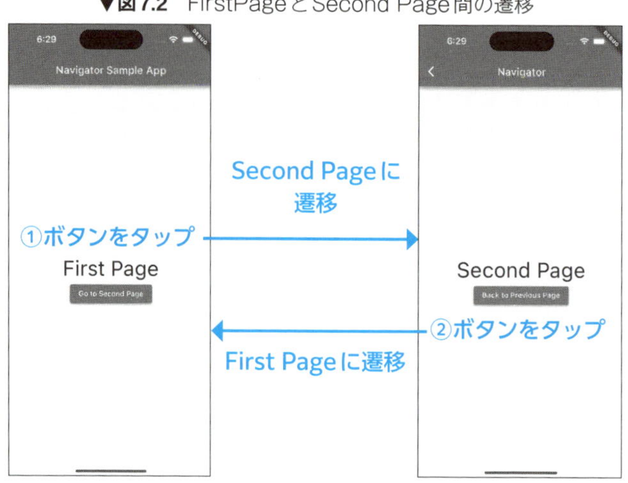

7.1.3　ルーティングを使って画面遷移させる

次に紹介するのはルーティング（名前付きルート）を用いた画面遷移です。この方法はあらかじめアプリ側で画面遷移先をパスとして登録しておき、先ほど紹介したNavigatorを使ってパスにプッシュすることで特定の画面へ遷移させます。ここで紹介するルーティングを用いた画面遷移は、Navigator 1.0という画面遷移の方法になります。今、Flutterでの画面遷移にはNavigator 1.0とNavigator 2.0という概念があります[注2]。この2つの大きな違いは、Webアプリの開発に対応できるかどうかです。Navigator 1.0はFlutterで従来使われてきた画面遷移の方法です。Webアプリを開発するには不十分ですが、モバイルアプリ開発では十分対応できるため、本書ではこちらを解説します。これに対して、Navigator 2.0はFlutterにおける新しい画面遷移の方法でWebアプリに適した画面遷移を実現できます。将来、Webアプリにも対応させたい場合には画面遷移をNavigator 2.0で実装しておくことが推奨されます。

ルーティング（遷移先のパス）の登録方法を説明します。MaterialAppウィジェットにroutesというプロパティがあるため、そのroutesに**リスト7.5**のようにパスを指定します。

▼**リスト7.5**　ルーティング（遷移先のパス）を登録する

```
MaterialApp(
  routes: <String, WidgetBuilder> {
    '/first': (BuildContext context) => FirstPage(),  // First Pageに遷移
    '/second': (BuildContext context) => SecondPage(),  // Second Pageに遷移
    '/third': (BuildContext context) => ThirdPage(),  // Third Page（未作成）に遷移
  },
  home: FirstPage(),
)
```

ルーティングが登録できたら、画面遷移させたいタイミングで**リスト7.6**のコードを実行することで、指定したパス（画面）に遷移させることができます。

注2　https://docs.flutter.dev/ui/navigation

▼リスト7.6 画面遷移させる

```
// Second Page に画面遷移させる場合
Navigator.of(context).pushNamed('/second');
```

それでは、ルーティングを使って前項のサンプルアプリを拡張していきます。ThirdPageクラスを定義するために、新しいファイル「third_page.dart」を作ります。そして、third_page.dartに**リスト7.7**のコードを記述します。

▼リスト7.7 Third Page画面 (third_page.dart)

```
01: import 'package:flutter/material.dart';
02:
03: class ThirdPage extends StatelessWidget {
04:   const ThirdPage({super.key});
05:
06:   @override
07:   Widget build(BuildContext context) {
08:     return Scaffold(
09:       appBar: AppBar(
10:         title: const Text('Navigator'),
11:       ),
12:       body: Center(
13:         child: Column(
14:             mainAxisAlignment: MainAxisAlignment.center,
15:             children: <Widget> [
16:               const Text('Third Page', style: TextStyle(fontSize: 40.0)),
17:               ElevatedButton(
18:                   onPressed: () {
19:                     Navigator.of(context).pushNamed('/first');
20:                   },
21:                   child: const Text('Go to First Page')
22:               ),
23:               ElevatedButton(
24:                   onPressed: () {
25:                     Navigator.of(context).pushNamed('/second');
26:                   },
27:                   child: const Text('Go to Second Page')
28:               )
29:             ]
30:         ),
31:       ),
32:     );
33:   }
34: }
```

次にmain.dartで、ルーティングを登録し、Third Pageに遷移するボタンを設置します（**リスト7.8**）。併せてSecond Pageに遷移させるコードもパスを指定する方法に書き換えます。

▼リスト7.8 ルーティングを使って画面遷移させる (main.dart)

```
01: import 'package:flutter/material.dart';
02: import 'package:navigator_app/second_page.dart';
03: import 'package:navigator_app/third_page.dart';
04:
```

```
05: void main() {
06:   runApp(const MyApp());
07: }
08:
09: class MyApp extends StatelessWidget {
10:   const MyApp({super.key});
11:
12:   @override
13:   Widget build(BuildContext context) {
14:     return MaterialApp(
15:       routes: <String, WidgetBuilder> {
16:         '/first': (BuildContext context) => const FirstPage(),
17:         '/second': (BuildContext context) => const SecondPage(),
18:         '/third': (BuildContext context) => const ThirdPage(),
19:       },
20:       home: const FirstPage(),
21:     );
22:   }
23: }
24:
25: class FirstPage extends StatelessWidget {
26:   const FirstPage({super.key});
27:
28:   @override
29:   Widget build(BuildContext context) {
30:     return Scaffold(
31:       appBar: AppBar(
32:         title: const Text('Navigator Sample App'),
33:       ),
34:       body: Center(
35:         child: Column(
36:           mainAxisAlignment: MainAxisAlignment.center,
37:           children: <Widget>[
38:             const Text('First Page', style: TextStyle(fontSize: 40.0)),
39:             ElevatedButton(
40:               onPressed: () {
41:                 Navigator.of(context).pushNamed('/second');
42:               },
43:               child: const Text('Go to Second Page'),
44:             ),
45:             ElevatedButton(
46:               onPressed: () {
47:                 Navigator.of(context).pushNamed('/third');
48:               },
49:               child: const Text('Go to Third Page'),
50:             )
51:           ],
52:         ),
53:       ),
54:     );
55:   }
56: }
```

ソースコードをビルドするとアプリが起動し、ボタンをタップすると**図7.3**のようにそれぞれの画面へ遷移します。

▼図7.3 FirstPageとSecond PageとThirdPage間の遷移

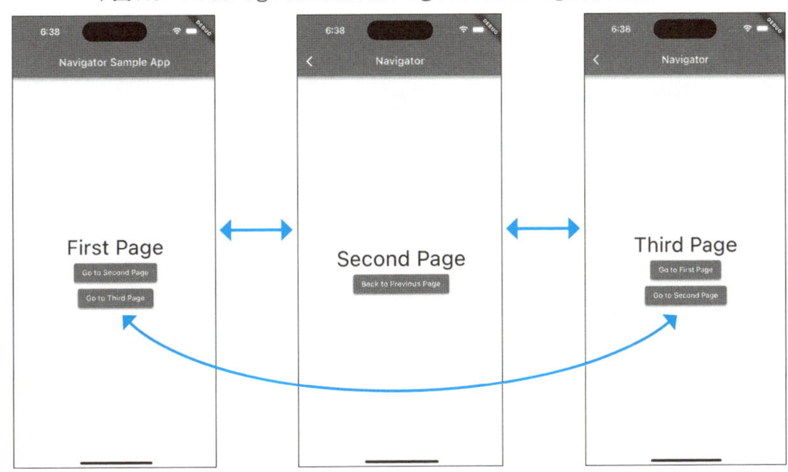

これがルーティングを使った画面遷移の一般的な例です。

●画面間でデータを受け渡す

ところで、読者の中には画面間で特定のデータを受け渡ししたいと思われた方がいるかもしれません。そこで、今度は元の画面からデータを渡して、遷移先の画面で渡されたデータを受け取る方法について解説します。

結論からいうと、画面を遷移するときに呼び出すpushNamedメソッドの第2引数（arguments）に渡したいデータをセットすればいいだけです（**リスト7.9**）。

▼**リスト7.9** 画面遷移するときに、特定のデータを渡す

```
Navigator.of(context).pushNamed('/second', arguments: 'Hello World');
```

遷移先のクラスでは**リスト7.10**のように値を受け取ります。

▼**リスト7.10** 遷移先の画面で渡されたデータを受け取る

```
var arguments = ModalRoute.of(context).settings.arguments;
print(arguments); // => Hello World
```

それでは、この機能を先ほどのアプリに組み込んでみましょう。Fourth Pageの画面を作成して、First Pageから遷移するときに、First Pageから渡した文字列をFourth Pageの画面に表示させてみます。navigator_appプロジェクトに「fourth_page.dart」ファイルを作成し、**リスト7.11**のコードを記述します。

▼**リスト7.11** fourth_page.dart

```
01: import 'package:flutter/material.dart';
02:
03: class FourthPage extends StatelessWidget {
04:   const FourthPage({super.key});
```

```
05:
06:   @override
07:   Widget build(BuildContext context) {
08:     var text = ModalRoute.of(context)!.settings.arguments as String;
09:     return Scaffold(
10:       appBar: AppBar(
11:         title: const Text('Navigator'),
12:       ),
13:       body: Center(
14:         child: Column(
15:             mainAxisAlignment: MainAxisAlignment.center,
16:             children: <Widget> [
17:               Text(text, style: TextStyle(fontSize: 40.0)),
18:               ElevatedButton(
19:                   onPressed: () {
20:                     Navigator.of(context).pop();
21:                   },
22:                   child: const Text('Back to Previous Page')
23:               ),
24:             ]
25:         ),
26:       ),
27:     );
28:   }
29: }
```

そして、main.dartでFourth Page用のパスを登録し、Fourth Pageに文字列を渡して画面遷移するようにします（**リスト7.12**）。

▼リスト7.12　main.dart

```
01: import 'package:flutter/material.dart';
02: import 'package:navigator_app/second_page.dart';
03: import 'package:navigator_app/third_page.dart';
04: import 'package:navigator_app/fourth_page.dart';
    (..略..)
09:
10: class MyApp extends StatelessWidget {
    (..略..)
15:     return MaterialApp(
16:       routes: <String, WidgetBuilder> {
17:         '/first': (BuildContext context) => const FirstPage(),
18:         '/second': (BuildContext context) => const SecondPage(),
19:         '/third': (BuildContext context) => const ThirdPage(),
20:         '/fourth': (BuildContext context) => const FourthPage()
21:       },
22:       home: const FirstPage(),
23:     );
24:   }
25: }
26:
27: class FirstPage extends StatelessWidget {
     (..略..)
47:               ElevatedButton(
48:                   onPressed: () {
```

```
49:                 Navigator.of(context).pushNamed('/third');
50:               },
51:               child: const Text('Go to Third Page'),
52:             ),
53:             ElevatedButton(
54:                 onPressed: () {
55:                   Navigator.of(context).pushNamed('/fourth', arguments: 'Hello world');
56:                 },
57:                 child: const Text('Go to Fourth Page')
58:             )
59:           ],
60:         ),
61:       ),
62:     );
63:   }
64: }
```


ソースコードをビルドして一番下のボタンをタップすると、**図7.4**のようにFourth Pageの画面が表示されます。FirstPageクラスで設定した「Hello world」という文字列がFourth Page画面で表示されていることが確認できます。

▼図7.4 FirstPageとFourth Page間の遷移

以上がよく使うルーティングを使った画面遷移の解説になります。本書では紹介だけにとどめますが、MaterialAppには、ルーティングを登録しておいてアプリ起動時に表示させる画面を指定できるinitialRouteプロパティなどもあります。本格的なアプリを作るときには、利用してみてもよいかもしれません。

7.2 定数クラスによるルーティングの管理

アプリ開発において、ルーティングを用いた画面遷移は頻繁に行われます。ルーティングのパスは一度設定したら変わらない値（情報）ではありますが、新しい画面を追加するたびに新しいパスを追加登録する必要があるため、徐々にパスの値が増えていきます。アプリ開発の序盤であれば、そこまでソースコードが多くないため管理に手間はかかりません。しかし、クラスファイルやソースコードが増えてくるとそれらの管理が大変になってきます。

実際のアプリ開発ではメンテナンスのしやすさも考慮に入れて設計する必要があります。

7.2.1 定数を宣言する

前述した一度設定したら変わらない値を**定数**と呼びますが、定数を管理する手段として**定数クラス**というものがあります。本項では、ルーティングの管理にも活用できる定数クラスについて説明します。

それではまず、Flutterにおける定数の宣言方法とその使い方を見てみましょう。新しく「constants.dart」ファイル作成して、**リスト7.13**のようなコードを記述しましょう。

▼**リスト7.13** 定数を宣言する（constants.dart）

```
01: // 定数の宣言
02: const int COUNT = 1;
03: const String MESSAGE = "Hello World";
```

エラーが発生していないことを確認してください。**リスト7.13**で作成した定数を使うには、main.dartに**リスト7.14**のように記述します。

▼**リスト7.14** ほかのファイルに宣言された定数を参照する（main.dart）

```
01: // constants.dartをインポートしてConstantsとして使う
02: import 'package:navigator_app/constants.dart' as Constants;
03:
04: void main() {
05:   String text = Constants.MESSAGE;
06:   print(text);  // => Hello World
07: }
```

これが一番簡単な定数の使い方です。

7.2.2 定数クラスを定義する

前項のような使い方でもいいのですが、アプリ開発が進んでいくと、さまざまな用途で使われる定数が増えていきます。その場合、あとでソースコードを見直すと「どの定数が、どんな箇所で、どんな意図で、使われていたのか」が瞬時に判断できなくなり、継続的に開発するのが難しくなります。そこで、一般的には定数クラスを定義して、そこでカテゴリ別に定数を宣言していくような方法を採ります。

ということで、**リスト7.13**のconstants.dartで作成した定数をクラス化していきます（**リスト7.15**）。

▼**リスト7.15** 定数クラスを定義する（constants.dart）

```
01: class Constants {
02:   // 定数の宣言
03:   static const int count = 1;
04:   static const String message = "Hello World";
05: }
```

staticとは「静的」であることを宣言するためのものです。staticを付けた変数（および定数）はインスタンスごとの変数ではなく、クラス自体の変数として扱われます。つまり、インスタンスを作成しなくても参照できる変数となります。このように定義した定数クラスを使うときは**リスト7.16**のように書きます。

▼リスト7.16 定数クラスの定数を参照する（main.dart）

```
01: // constants.dartをインポートする
02: import 'package:navigator_app/constants.dart';
03:
04: void main() {
05:   String text = Constants.message;
06:   print(text);  // => Hello World
07: }
```

リスト7.14のコードと見比べると、import文の書き方が変わりました。また、インスタンス化せずに直接定数クラスの定数messageを参照できています。

こういった定数クラスは、たとえば画像ファイルの呼び出し時のファイルのパスやカラーコードの値など、いろいろな文字列にラベル（定数名）を付けて管理できます。わざわざ文字列を定数にして管理することのメリットとしては、IDEのジャンプ機能（macOSの場合は[Command]キーを押しながらクリック）で定数を使用しているところから宣言元に飛べることが挙げられます（文字列のままだと、ソースコード内で文字列検索して宣言元を見つけなければいけません）。また、文字列をリネームするときには、定数の宣言元の文字列を修正するだけで、定数を使用している部分すべてに反映されます。このようにメンテナンスコストを減らせるメリットもあります。

また、実務で文字列をむやみに多用すると、数年後には意味のわからない文字列がいろんな箇所に残ってしまいリファクタリングが大変になることもあるため、できるだけ定数で管理することを推奨します。

7.2.3 ルーティングを定数クラスで管理する

ここでは定数クラスを用いたルーティングの管理について説明します。navigator_appプロジェクトのlib下に「page_routes.dart」ファイルを新しく作成します。ファイルを作成したら**リスト7.17**のコードを記述しましょう。

▼リスト7.17 PageRoutes定数クラスを定義する（page_routes.dart）

```
01: class PageRoutes {
02:   static const firstPage = '/first';
03:   static const secondPage = '/second';
04:   static const thirdPage = '/third';
05:   static const fourthPage = '/fourth';
06: }
```

これで定数クラスを用いたルーティングの管理が完成です。この定数クラスを使って**リスト7.12**のmain.dartを書き換えます。まず、冒頭のimport文に1行追記し、そしてMaterialAppのroutesプロパティを**リスト7.18**の青字箇所のように修正します。

▼**リスト7.18**　ルーティングのパスを定数で指定する（main.dart）

```
04: import 'package:navigator_app/fourth_page.dart';
05: import 'package:navigator_app/page_routes.dart';
    (.. 略 ..)
16:     return MaterialApp(
17:       routes: <String, WidgetBuilder> {
18:         PageRoutes.firstPage: (BuildContext context) => const FirstPage(),
19:         PageRoutes.secondPage: (BuildContext context) => const SecondPage(),
20:         PageRoutes.thirdPage: (BuildContext context) => const ThirdPage(),
21:         PageRoutes.fourthPage: (BuildContext context) => const FourthPage()
22:       },
23:       home: const FirstPage(),
24:     );
```

さらに実は(BuildContext context)の部分は**リスト7.19**のように省略して記述できます。

▼**リスト7.19**　ルーティングの省略形の書き方（main.dart）

```
16:     return MaterialApp(
17:       routes: <String, WidgetBuilder> {
18:         PageRoutes.firstPage: (context) => const FirstPage(),
19:         PageRoutes.secondPage: (context) => const SecondPage(),
20:         PageRoutes.thirdPage: (context) => const ThirdPage(),
21:         PageRoutes.fourthPage: (context) => const FourthPage()
22:       },
23:       home: const FirstPage(),
24:     );
```

これでより短くなりました。省略してもしなくても問題ありませんが、こういう書き方もできるということの1つの例として紹介しました。

そして、実際に「Second Page」に遷移させるために**リスト7.20**の箇所を修正します。

▼**リスト7.20**　Second Page画面に遷移させる（main.dart）

```
43:               onPressed: () {
44:                 Navigator.of(context).pushNamed(PageRoutes.secondPage);
45:               },
```

これでほかの画面から「Second Page」画面に画面遷移させることができます。同じように、Third PageとFourth Pageに遷移させるコード（50行目、56行目）も修正します。

アプリを開発する過程で新しい画面を作成するときに、その都度、PageRoutesクラスにパスの文字列を定義してMaterialAppのroutesにセットしておけば、IDEのジャンプ機能を使うことでどのクラスでどの画面に遷移させているのかが一目でわかります。このようにすることで、保守性の高いソースコードにできます。

7.3 ページ遷移やナビゲーション関連のウィジェット

これまでFlutterアプリ開発での画面遷移のイロハについて解説してきました。ここではモバイルアプリで画面遷移に関わるウィジェットについて紹介していきます画面遷移に関わるウィジェットは次のようなものが存在します。

- Drawer
- BottomNavigationBar
- TabBar & TabBarView

これらはおもにアプリのメニュー画面を作るときに用いられます。本書ではBottomNavigationBarとTabBar & TabBarViewについて解説します。

7.3.1 BottomNavigationBar ウィジェット

BottomNavigationBarウィジェット[注3]は画面の下部にナビゲーションメニューを配置するときに使うウィジェットです[注4]。**図7.5**は公式ドキュメントで紹介されているBottomNavigationBarを使ったときのサンプルの画面です。画面の下部に［Home］［Business］［School］といったメニューが表示されています。

▼**図7.5** BottomNavigationBarを使った画面

● BottomNavigationBarの使い方

BottomNavigationBarの使い方を説明します。Scaffoldのプロパティに bottomNavigationBarプロパティがあるので、そこにBottomNavigationBarウィジェットを指定することで使えるようになります（**構文7.3**）。

注3　https://api.flutter.dev/flutter/material/BottomNavigationBar-class.html

注4　iOSのネイティブアプリ開発でいうと、UITabbarControllerに該当するようなコンポーネントです。iOSアプリの歴史で言えば、iPhone X系の端末が出るまではDrawerを使ったメニュー画面（画面の左右のどちらかからメニュー画面が開閉する）が流行っていましたが、iPhone Xのような縦長の端末が登場して以降はBottomNavigationBarのようなタブによる画面の切り替えが流行るようになりました。

▼構文7.3　BottomNavigationBarの使い方

```
Scaffold(
  appBar: (.. 略 ..),
  body: (.. 略 ..),
  bottomNavigationBar: BottomNavigationBar(
    items: [
        ナビゲーションメニューに表示するウィジェット1,
        ナビゲーションメニューに表示するウィジェット2,
        (.. 略 ..)
    ],
    currentIndex: 最初に表示させるウィジェットのインデックス,
    selectedItemColor: 選択された場合の色,
    onTap: () {
        タブアイテムがタップされたときのイベント処理
    }),
  ),
)
```

構文7.3のBottomNavigationBarのプロパティについて**表7.1**にまとめました。

▼表7.1　BottomNavigationBarウィジェットのおもなプロパティ

プロパティ	内容
items	ナビゲーションメニューに表示するウィジェットの配列（List型）を指定する。
currentIndex	最初に表示させるウィジェットのインデックス（int型）を指定する。
selectedItemColor	選択された場合の色をColorsクラスなどで指定する。
onTap	タブアイテムがタップされたときのイベントを指定する。

BottomNavigationBarを使った画面遷移の特徴は、これまでに学習したルーティングを登録しなくてもいい点です。

BottomNavigationBarの画面遷移のしくみを説明します。BottomNavigationBarは事前に画面に相当するウィジェットの配列（List）を用意して、選択された配列の要素（ウィジェット）を画面として扱います。画面という状態自体は切り替える必要があるため、大元のウィジェット（つまりMaterialAppのhomeプロパティに指定するウィジェット）はStatefulWidgetを継承します。StatefulWidgetを継承することにより、setStateメソッドが使えます。このsetStateメソッドの中で配列のインデックスを切り替えるように実装します。これにより、インデックスが変わったタイミングで画面が切り替わるというわけです。

●BottomNavigationBarを使ったサンプルアプリ

それでは、このBottomNavigationBarを使って簡単なサンプルアプリを作ってみます。新たに**リスト7.21**のコードを書いたmain.dartファイルを用意します。

▼リスト7.21　BottomNavigationBarを使ったサンプルアプリ（main.dart）

```
01: import 'package:flutter/material.dart';
02:
03: void main() {
04:   runApp(const MyApp());
05: }
```

```
06:
07: class MyApp extends StatelessWidget {
08:   const MyApp({super.key});
09:
10:   @override
11:   Widget build(BuildContext context) {
12:     return const MaterialApp(
13:       title: 'BottomNavigationBar App',
14:       home: HomePage(),
15:     );
16:   }
17: }
18:
19: class HomePage extends StatefulWidget {
20:   const HomePage({super.key});
21:
22:   @override
23:   State<HomePage> createState() => _HomePageState();
24: }
25:
26: class _HomePageState extends State<HomePage> {
27:
28:   int _selectedIndex = 0;
29:
30:   static const List<Widget> _pageItems = <Widget>[
31:     Text('First', style: TextStyle(fontSize: 64.0)),
32:     Text('Second', style: TextStyle(fontSize: 64.0)),
33:     Text('Third', style: TextStyle(fontSize: 64.0)),
34:   ];
35:
36:   @override
37:   Widget build(BuildContext context) {
38:     return Scaffold(
39:       appBar: AppBar(
40:         title: const Text('BottomNavigationBar Sample'),
41:       ),
42:       body: Center(
43:         child: _pageItems.elementAt(_selectedIndex),
44:       ),
45:       bottomNavigationBar: BottomNavigationBar(
46:         items: const [
47:           BottomNavigationBarItem(
48:             icon: Icon(Icons.home),
49:             label: 'First',
50:           ),
51:           BottomNavigationBarItem(
52:             icon: Icon(Icons.business),
53:             label: 'Second',
54:           ),
55:           BottomNavigationBarItem(
56:             icon: Icon(Icons.school),
57:             label: 'Third',
58:           ),
59:         ],
60:         currentIndex: _selectedIndex,
```

```
61:         selectedItemColor: Colors.orangeAccent,
62:         onTap: _onNavigationItemTapped,
63:       ),
64:     );
65:   }
66: 
67:   void _onNavigationItemTapped(int index) {
68:     setState(() {
69:       _selectedIndex = index;
70:     });
71:   }
72: }
```

ソースコードの説明をします。

_HomePageStateクラスで宣言している配列_pageItemsは、画面に相当するウィジェットの配列です（30〜34行目）。Scaffoldのbodyプロパティでこの_pageItemsの要素を指定することにより、画面にその要素のウィジェットが表示されます（42〜44行目）。

BottomNavigationBarのitemsプロパティには、BottomNavigationBarItemウィジェットの配列を指定するのが一般的です（46〜59行目）。このitemsに指定したNavigationBarItemウィジェットが画面下部のナビゲーションメニューに描画されます。

BottomNavigationBarのonTapプロパティに指定した関数の引数には、タップで選択されたitemsの要素のインデックスが渡されます。今回は_onNavigationItemTapped関数を指定しています（62行目）。_onNavigationItemTapped関数の引数には、選択されたitemsの要素のインデックスが入っていて、そのインデックスを変数_selectedIndexに代入してsetStateメソッドを実行することで、選ばれた画面が表示されます。

このソースコードをビルドすると、**図7.6**のような画面が表示されます。画面下部に3つのメニューが配置されており、それぞれをタップすると画面中央のテキストが切り替われば成功です。

▼図7.6　BottomNavigationBarを使ったアプリの画面

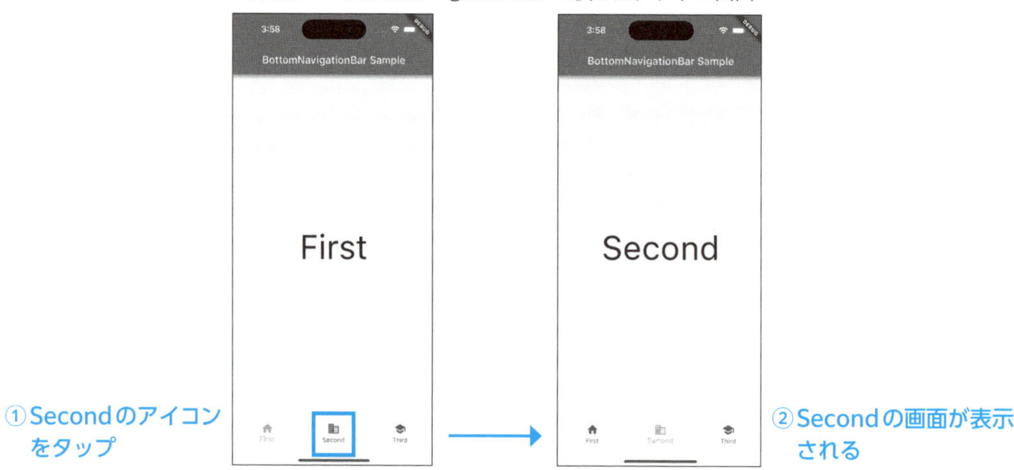

7.3.2 TabBarウィジェットとTabBarViewウィジェット

TabBarウィジェット[注5]はBottomNavigationBarと似たコンポーネントです。パスによる画面遷移を必要としないので、ルーティングの実装は必要ありません。1つの画面の中に複数のサブ画面を用意して、画面上部に表示されるタブでサブ画面を切り替えられるUIを実現したいときに使うコンポーネントです。TabBarウィジェットとTabBarViewウィジェット[注6]をセットで使います。表示される画面の場所はAppBarウィジェットの下になります。

●TabBarとTabBarViewの使い方

TabBarとTabBarViewは**構文7.4**のように、DefaultTabControllerウィジェットとともに使うのが基本です。DefaultTabControllerウィジェットには、サブ画面の数（タブに表示するアイコンの個数）を指定するlengthプロパティと、画面に表示するウィジェットを指定するchildプロパティが用意されています。

AppBarウィジェットのプロパティにbottomプロパティがあるため、そこにTabBarを指定します。TabBarにはtabsプロパティがあります。ここには、タブに表示するアイコンのウィジェットを格納した配列を指定します。

TabBarViewはそのままビュー（画面に表示する領域）になるため、Scaffoldウィジェットのbodyプロパティに指定します。TabBarViewのchildrenプロパティには、サブ画面に相当するウィジェットの配列を指定します。

▼構文7.4 TabBarとTabBarViewの使い方

```
@override
Widget build(BuildContext context) {
  return DefaultTabController(
    length: サブ画面の数,
    child: Scaffold(
      appBar: AppBar(
        title: Text(ヘッダに表示する文字列),
        bottom: TabBar(
          tabs: タブに表示するアイコンの配列
        ),
      ),
      body: TabBarView(
          children: サブ画面に相当するウィジェットの配列
      ),
    )
  );
}
```

●TabBarとTabBarViewを使ったサンプルアプリ

それでは、TabBarとTabBarViewを用いたアプリのソースコードを書いていきます。アプリの土台としてmain.dartファイルに**リスト7.22**のコードを記述します。main関数やMyAppクラスはいつもどおりのコードです。その下のHomePageクラス以降のコードを注目してください。

注5　https://api.flutter.dev/flutter/material/TabBar-class.html
注6　https://api.flutter.dev/flutter/material/TabBarView-class.html

▼リスト7.22　TabBarとTabBarViewを使ったサンプルアプリ（main.dart）

```
01: import 'package:flutter/material.dart';
02:
03: void main() {
04:   runApp(const MyApp());
05: }
06:
07: class MyApp extends StatelessWidget {
08:   const MyApp({super.key});
09:
10:   @override
11:   Widget build(BuildContext context) {
12:     return const MaterialApp(
13:       title: 'TabBar And TabBarView App',
14:       home: HomePage(),
15:     );
16:   }
17: }
18:
19: class HomePage extends StatefulWidget {
20:   const HomePage({super.key});
21:
22:   @override
23:   State<HomePage> createState() => _HomePageState();
24: }
25:
26: class _HomePageState extends State<HomePage> {
27:
28:   final List<Tab> _tabs = <Tab> [
29:     const Tab(text:'HOME', icon: Icon(Icons.home)),
30:     const Tab(text:'MESSAGE', icon: Icon(Icons.message)),
31:     const Tab(text:'SETTING', icon: Icon(Icons.settings)),
32:   ];
33:
34:   @override
35:   Widget build(BuildContext context) {
36:     return DefaultTabController(
37:       length: _tabs.length,
38:       child: Scaffold(
39:         appBar: AppBar(
40:           title: const Text('TabBar Sample App'),
41:           bottom: TabBar(
42:             tabs: _tabs,
43:           ),
44:         ),
45:         body: const TabBarView(
46:             children: <Widget> [
47:               TabPage(title: 'HOME', textColor: Colors.black),
48:               TabPage(title: 'MESSAGE', textColor: Colors.red),
49:               TabPage(title: 'SETTING', textColor: Colors.green,),
50:             ]
51:         ),
52:       ),
53:     );
54:   }
```

```
55: }
56:
57: class TabPage extends StatelessWidget {
58:
59:   final String title;
60:   final Color textColor;
61:
62:   const TabPage({
63:     super.key,
64:     required this.title,
65:     required this.textColor
66:   });
67:
68:   @override
69:   Widget build(BuildContext context) {
70:     return Center(
71:       child:Column(
72:         mainAxisSize: MainAxisSize.min,
73:         crossAxisAlignment: CrossAxisAlignment.center,
74:         children: <Widget>[
75:           Text(title, style: TextStyle(
76:               fontSize: 64.0,
77:               color: textColor
78:           ),),
79:         ],
80:       ),
81:     );
82:   }
83: }
```

TabBarのtabsプロパティには、Tabウィジェットの配列_tabsを指定しています（42行目）。配列_tabsの要素はTabウィジェットです（28～32行目）。このようにtabsプロパティには、Tabウィジェットの配列を指定するのが一般的です。TabBarViewのchildrenには、TabPageという独自のウィジェットの配列を指定しています（46～50行目）。TabPageウィジェットはTabBarView用に描画する画面になります（57～83行目）。

これでソースコードをビルドして、**図7.7**のような画面が表示されたら成功です。画面の上部に3つのタブが表示されます。それぞれのタブをタップすると、横スクロールで画面が切り替わります。また、タブのタップではなく、画面を横スクロールしても画面が切り替わりタブの下線の位置も切り替わります。

▼図7.7　TabBarとTabBarViewを使ったアプリ

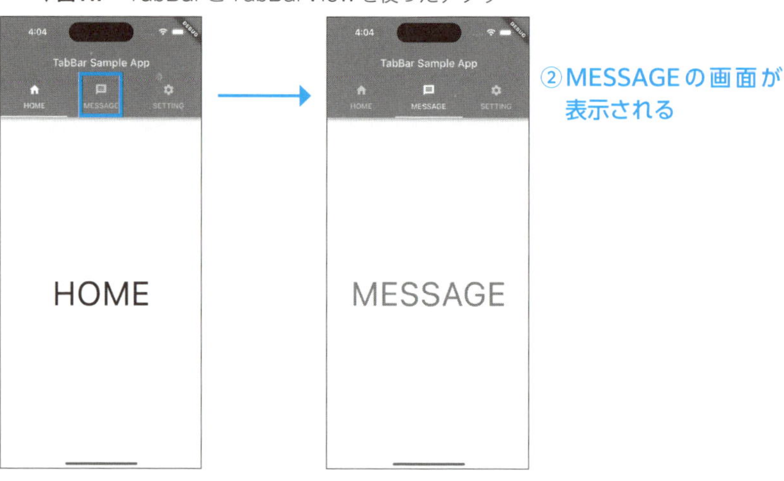

7.4 画面遷移を伴うアプリの作成

ここまでで学習した知見を活かして第5章、第6章で開発したサンプルアプリ（Todoアプリ）を拡張していきましょう。第6章までは画面遷移の伴わない1つのページでのアプリでした。この章で複数画面の実装方法を学習したので、サンプルアプリを複数画面に拡張させます。

今回開発するサンプルアプリの画面の構成図は**図7.8**のとおりです。

▼図7.8　画面遷移を伴うサンプルアプリの構成図

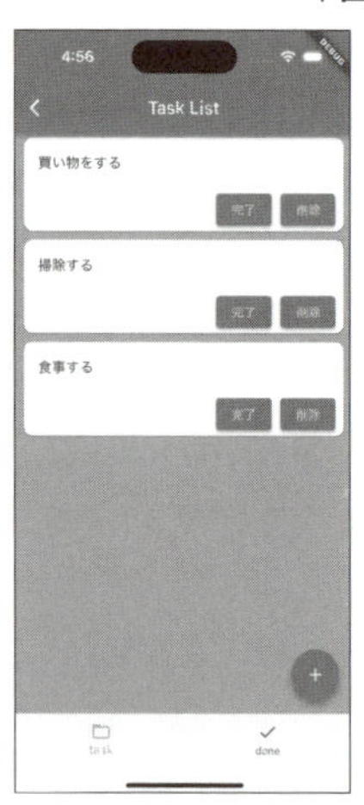

画面は全部で3画面あります。

- Task List画面

・Done List画面
・新規作成画面

アプリの画面遷移に関わる大まかな仕様を説明します。トップ画面はヘッダのタイトルだけを「Task List」にしています。カードを追加するテキストフィールドの部分は新規作成画面として分けます。画面下部にタブバーを設置してTask List画面とDone List画面を行き来できるようにしています。また、どちらの画面でもFABを設置してタスクの新規作成画面に遷移できる構成にしています。

Task List画面とDone List画面との違いはタスク（第5章でTodoと呼んでいたもの）を完了させたかどうかです。完了させたタスクはDone List画面に表示され、Task List画面には表示されないようにします。また、Done List画面に表示されるのは完了したタスクだけであるため、この画面には［完了］ボタンを表示しないようにします。

Flutterプロジェクトは、第5章、第6章で使った「text_input_todo_app」プロジェクトを引き続き流用して修正していきます。プロジェクトを開いたら、次項以降の説明に沿って実装していきます。

7.4.1 ルーティングのパスを設定する

最初に、画面遷移に必要な画面のルーティングのパスを管理する定数クラスを作成します（**リスト7.23**）。

▼リスト7.23 app_route.dart

```
01: class AppRoute {
02:   // Task List画面用のパス
03:   static const todoPage = '/task_page';
04:   // 新規作成画面用のパス
05:   static const createPage = '/create_page';
06: }
```

今回必要なパスは初期起動時に表示させるTask List画面のパスと新規作成画面のパスです。タブバーはBottomNavigationBarを利用して実装するため、Task List画面とDone List画面の行き来でパスは使いません。

7.4.2 Taskオブジェクトを作成する

次に、Task List画面とDone List画面を区別させるために、新しくTaskクラスを作成します（**リスト7.24**）。

▼リスト7.24 task.dart

```
01: class Task {
02:   // タスクのインデックス
03:   int index;
04:   // タスクの内容
05:   String title;
06:   // 完了したかどうかのフラグ
07:   bool done;
08: 
09:   Task({
10:     required this.index,
11:     required this.title,
```

```
12:     required this.done
13:   });
14: }
```

第6章まではタスクをクラスのインスタンスとして管理していませんでしたが、タスクが完了したか／完了していないかのフラグも増えるとなると、クラスにしたほうが拡張させやすいです。このTaskクラスではindexとtitleとdoneの変数を持たせています。indexはタスクをリスト表示させるときの順番を担保させる役割を担います。また、あとに実装する「タスクの完了」機能や「タスクの削除」機能では、このindexを指定して状態を変更できるようにします。titleはタスクの内容を管理する変数です。そして、doneは完了したかどうかを管理するフラグです。完了していないタスクはdoneの値をfalseに、完了したタスクはdoneをtrueにします。

7.4.3 タスクを記録するためのクラスを作成する

次は、タスクを記録するためのクラスを作成します（**リスト7.25**）。

▼リスト7.25 task_store.dart

```
01: import 'package:text_input_todo_app/task.dart';
02:
03: class TaskStore {
04:   static final TaskStore _cache = TaskStore._internal();
05:   TaskStore._internal();
06:
07:   factory TaskStore() {
08:     return _cache;
09:   }
10:
11:   // タスク一覧を格納する配列
12:   List<Task> taskList = [];
13:
14:   // タスクを追加する関数
15:   void submitTodo(String title) {
16:     if (title.isEmpty == false) {
17:       var task = Task(index: taskList.length, title: title, done: false);
18:       taskList.add(task);
19:     }
20:   }
21:
22:   // インデックスを指定してタスクを削除する関数
23:   void delete(int index) {
24:     taskList.removeWhere((element) => element.index == index);
25:   }
26:
27:   // インデックスを指定してタスクを完了する関数
28:   void complete(int index) {
29:     taskList.firstWhere((element) => element.index == index).done = true;
30:   }
31: }
```

本書ではファイルやデータベースは扱わないため、データを保存したり削除したりすることができません。

そこで、**リスト7.25**では「シングルトン」と呼ばれるデザインパターンを利用して便宜的にアプリの起動中にのみデータを保存したり、削除したりできるローカルのデータストア（データを保存する場所）を作成しています。「シングルトン」とは、あるクラスに対してそのアプリケーションで2つ以上のインスタンスが存在しない（1つのインスタンスしか作れない）ようにするためのテクニックです。今回のアプリではシングルトンのインスタンスにタスクのデータを保存します。ただし、そのアプリケーションを終了させるとデータは削除されます。

TaskStoreクラス（**リスト7.25**）のシングルトンに関するコードについて簡単に解説します。TaskStore._internalはクラス内部からのみアクセスできるコンストラクタです。ここでTaskStoreのインスタンスを生成しています。4行目の`static final TaskStore`……の行で、TaskStore._internalを呼び出してTaskStoreインスタンスを生成しています。7行目のfactory TaskStoreは、Factoryコンストラクタと呼ばれるもので、すでに作成されているインスタンスを返します。以上のしくみにより、TaskStoreインスタンスは1つしか作成されません。今回はタスク（Taskインスタンス）を保存する配列は1つだけあれば十分なので、このシングルトンを使います。

また、TaskStoreクラスには次の機能を実装しています。

①タスク一覧を格納する配列
②タスクを追加する関数
③インデックスを指定してタスクを削除する関数
④インデックスを指定してタスクを完了する関数

①に該当するのが12行目で宣言されているtaskListです。Task型の要素を格納する配列です。

②に該当するのがsubmitTodo関数です。**リスト7.25**の該当部分を以下に再掲します。

```
14:   // タスクを追加する関数
15:   void submitTodo(String title) {
16:     if (title.isEmpty == false) {
17:       var task = Task(index: taskList.length, title: title, done: false);
18:       taskList.add(task);
19:     }
20:   }
```

引数titleに値が入っていれば、その値などを基にTaskのインスタンスを生成して、taskListに追加しています。

③に該当するのがdelete関数です。**リスト7.25**の該当部分を以下に再掲します。

```
22:   // インデックスを指定してタスクを削除する関数
23:   void delete(int index) {
24:     taskList.removeWhere((element) => element.index == index);
25:   }
```

removeWhereメソッドは、配列の各要素に対して引数で指定した関数（今回の例では`(element) => element.index == index`）を適用し、その返り値が真になった要素を削除するメソッドです。elementにはtaskListの要素（つまりTaskのインスタンス）が順に格納されます。Taskのインスタンスなのでelementにはindexが存在しています。そのelementのindex（`element.index`）とdelete関数の引数のindexが等しいときにelementをtaskListから削除します。同じ処理をfor文で書いた場合のコードは次のようになります。

```
for(int i = 0; i < taskList.length; i++) {  // taskList の要素の数の分だけループさせる
  var element = taskList[i];  // taskList から要素を 1 つだけ element として取り出す
  if (element.index == index) {  // 取り出した要素の index と引数の index が一致しているかを確認
    taskList.remove(element);  // index と一致した要素を taskList の配列から除外する
  }
}
```

④に該当するのがcomplete関数です。**リスト7.25**の該当部分を以下に再掲します。

```
27:   // インデックスを指定してタスクを完了する関数
28:   void complete(int index) {
29:     taskList.firstWhere((element) => element.index == index).done = true;
30:   }
31: }
```

firstWhereメソッドは、配列の各要素に対して引数で指定した関数（今回の例では`(element) => element.index == index`）を適用し、その返り値が最初に真になった要素を取り出すメソッドです。elementにはtaskListの要素（つまりTaskのインスタンス）が順に格納されます。`element.index`とcomplete関数の引数のindexが等しいときにelementを取り出し、そのelementのdoneフラグをtrueにします。同じ処理をfor文で書いた場合のコードは次のようになります。

```
for(int i = 0; i < taskList.length; i++) {  // taskList の要素の数の分だけループさせる
  var element = taskList[i];  // taskList から要素を 1 つだけ element として取り出す
  if (element.index == index) {  // 取り出した要素の index と引数の index が一致しているかを確認
    element.done = true;  // index と一致した要素の done フラグを true に変更する
    break;  // ループを中断する
  }
}
```

これらのクラスの仕様を前提にして、次項からTask List画面、Done List画面、新規作成画面のクラスや、そのほかのクラスを見ていきます。

7.4.4 各画面のクラスを作成する

まず、Task List画面に表示させるカードのクラスを**リスト7.26**に示します。ファイル名はtodo_card.dartです。**リスト7.26**中のコメントで示したindexプロパティを削除している箇所以外は第6章のtodo_card.dart（**リスト6.42**）と同じ内容です。

▼**リスト7.26** todo_card.dart

```
01: import 'package:flutter/material.dart';
02:
03: class TodoCard extends StatelessWidget {
04:
05:   final String title;  // リスト 6.42 にあった index プロパティは削除
06:   final VoidCallback onPressedComplete;
07:   final VoidCallback onPressedDelete;
08:
```

```
09:   const TodoCard({
10:     super.key,
11:     required this.title,  // リスト6.42にあったindexプロパティは削除
12:     required this.onPressedComplete,
13:     required this.onPressedDelete
14:   });
15:
16:   @override
17:   Widget build(BuildContext context) {
18:     return Card(
19:         shape: RoundedRectangleBorder(
20:           borderRadius: BorderRadius.circular(10.0),
21:         ),
22:         margin: const EdgeInsets.symmetric(horizontal: 10.0, vertical: 5.0),
23:         child: Column(
24:           mainAxisSize: MainAxisSize.max,
25:           children: [
26:             ListTile(title: Text(title)),
27:             Row(
28:               mainAxisAlignment: MainAxisAlignment.end,
29:               children: [
30:                 ElevatedButton(
31:                     onPressed: onPressedComplete,
32:                     child: const Text('完了')),
33:                 const SizedBox(
34:                   width: 10.0,
35:                 ),
36:                 ElevatedButton(
37:                     onPressed: onPressedDelete,
38:                     child: const Text('削除')),
39:                 const SizedBox(
40:                   width: 10.0,
41:                 )
42:               ],
43:             )
44:           ],
45:         )
46:     );
47:   }
48: }
```

次は、Done List画面に表示させるカードのクラスを**リスト7.27**に示します。ファイル名をdone_card.dartとします。

▼リスト7.27 done_card.dart

```
01: import 'package:flutter/material.dart';
02:
03: class DoneCard extends StatelessWidget {
04:
05:   final String title;
06:   final VoidCallback onPressedDelete;
07:
08:   const DoneCard({
09:     super.key,
```

```
10:     required this.title,
11:     required this.onPressedDelete
12:   });
13:
14:   @override
15:   Widget build(BuildContext context) {
16:     return Card(
17:         shape: RoundedRectangleBorder(
18:           borderRadius: BorderRadius.circular(10.0),
19:         ),
20:         margin: const EdgeInsets.symmetric(horizontal: 10.0, vertical: 5.0),
21:         child: Column(
22:           mainAxisSize: MainAxisSize.max,
23:           children: [
24:             ListTile(title: Text(title)),
25:             Row(
26:               mainAxisAlignment: MainAxisAlignment.end,
27:               children: [
28:                 ElevatedButton(
29:                     onPressed: onPressedDelete,
30:                     child: const Text('削除')),
31:                 const SizedBox(
32:                   width: 10.0,
33:                 )
34:               ],
35:             )
36:           ],
37:         )
38:     );
39:   }
40: }
```

次は、新規作成画面を実装したクラスです。**リスト7.28**にコードを示します。ファイル名はcreate_page.dartとしています。

▼リスト7.28 create_page.dart

```
01: import 'package:flutter/material.dart';
02: import 'package:text_input_todo_app/app_route.dart';
03: import 'package:text_input_todo_app/task_store.dart';
04:
05: class CreatePage extends StatefulWidget {
06:   const CreatePage({super.key});
07:
08:   @override
09:   State<CreatePage> createState() => _CreatePageState();
10: }
11:
12: class _CreatePageState extends State<CreatePage> {
13:   final _controller = TextEditingController();
14:
15:   @override
16:   void initState() {
17:     super.initState();
18:   }
```

```
19:
20:   @override
21:   Widget build(BuildContext context) {
22:     return Scaffold(
23:       backgroundColor: const Color.fromRGBO(165, 190, 215, 1.0),
24:       appBar: AppBar(
25:         title: const Text('新規作成'),
26:       ),
27:       body: ListView.builder(
28:           itemCount: 1,
29:           itemBuilder: (BuildContext context, int index) {
30:             return Card(
31:               shape: RoundedRectangleBorder(
32:                 borderRadius: BorderRadius.circular(10.0),
33:               ),
34:               margin: const EdgeInsets.symmetric(horizontal: 10.0, vertical: 5.0),
35:               child: Column(
36:                 crossAxisAlignment: CrossAxisAlignment.start,
37:                 children: [
38:                   Padding(
39:                     padding: const EdgeInsets.symmetric(horizontal: 10.0),
40:                     child: TextField(
41:                       controller: _controller,
42:                       decoration: const InputDecoration(hintText: '入力してください'),
43:                       onChanged: (String value) {
44:                         print(value);
45:                       },
46:                       onSubmitted: _submitTodo,
47:                     ),
48:                   ),
49:                   Padding(
50:                     padding: const EdgeInsets.symmetric(horizontal: 10.0, vertical: 5.0),
51:                     child: ElevatedButton(
52:                         onPressed: () {
53:                           _submitTodo(_controller.text);
54:                         },
55:                         child: const Text('カードを追加する')),
56:                   )
57:                 ],
58:               ),
59:             );
60:           }),
61:     );
62:   }
63:
64:   @override
65:   void dispose() {
66:     super.dispose();
67:     _controller.dispose();
68:   }
69:
70:   void _submitTodo(String title) {
71:     setState(() {
72:       TaskStore().submitTodo(title);
73:       Navigator.popAndPushNamed(context, AppRoute.todoPage);
```

```
74:     });
75:   }
76: }
```

create_page.dartでは、画面に表示する要素に加えて［カードを追加する］ボタンを押したときに実行される_submitTodo関数を実装しています（70～75行目）。_submitTodo関数では、TaskStoreクラスのsubmitTodoメソッドを呼び出してTaskStoreにTaskを追加しています。

_submitTodo関数の中で呼び出しているpopAndPushNamedメソッドは画面遷移の関数になります。popAndPushNamedには、第1引数にcontextを、第2引数には遷移させたいパスを指定します。今回は、**リスト7.23**で宣言したAppRoute.todoPageを指定しています。

7.4.5　main.dartを作成する

最後に、main.dartのコードを**リスト7.29**に示します。

▼リスト7.29　main.dart

```
001: import 'package:flutter/material.dart';
002: import 'package:text_input_todo_app/create_page.dart';
003: import 'package:text_input_todo_app/todo_card.dart';
004: import 'package:text_input_todo_app/app_route.dart';
005: import 'package:text_input_todo_app/task_store.dart';
006: import 'package:text_input_todo_app/done_card.dart';
007:
008: void main() {
009:   runApp(const MainPage());
010: }
011:
012: class MainPage extends StatelessWidget {
013:   const MainPage({super.key});
014:
015:   @override
016:   Widget build(BuildContext context) {
017:     return MaterialApp(
018:       title: 'Task App',
019:       routes: {
020:         AppRoute.todoPage : (context) => const TaskPage(),
021:         AppRoute.createPage : (context) => const CreatePage(),
022:       },
023:       home: const TaskPage(),
024:     );
025:   }
026: }
027:
028: class TaskPage extends StatefulWidget {
029:   const TaskPage({super.key});
030:
031:   @override
032:   State<TaskPage> createState() => _TaskPageState();
033: }
034:
```

```
035: class _TaskPageState extends State<TaskPage> {
036:
037:   int _selectedIndex = 0;
038:
039:   List<bool> pageWidgets = [false, true];
040:
041:   @override
042:   Widget build(BuildContext context) {
043:     var isDone = pageWidgets[_selectedIndex];
044:     var todoList = TaskStore().taskList.where((task) => task.done == isDone).toList();
045:     return Scaffold(
046:       backgroundColor: const Color.fromRGBO(165, 190, 215, 1.0),
047:       appBar: AppBar(
048:         title: Text(isDone ? 'Done List' : 'Task List'),
049:       ),
050:       body: ListView.builder(
051:         itemCount: todoList.length,
052:         itemBuilder: (BuildContext context, int index) {
053:           var title = todoList[index].title;
054:           var id = todoList[index].index;
055:
056:           var todoCard = TodoCard(
057:               title: title,
058:               onPressedComplete: () => _complete(id),
059:               onPressedDelete: () => _delete(id)
060:           );
061:           var doneCard = DoneCard(
062:               title: title,
063:               onPressedDelete: () => _delete(id)
064:           );
065:           return isDone ? doneCard : todoCard;
066:         },
067:       ),
068:       floatingActionButton: FloatingActionButton(
069:         child: const Icon(Icons.add),
070:         onPressed: () {
071:           Navigator.of(context).pushNamed(AppRoute.createPage);
072:         },
073:       ),
074:       bottomNavigationBar: BottomNavigationBar(
075:         items: const [
076:           BottomNavigationBarItem(
077:             icon: Icon(Icons.folder_open),
078:             label: 'task',
079:           ),
080:           BottomNavigationBarItem(
081:             icon: Icon(Icons.done),
082:             label: 'done',
083:           ),
084:         ],
085:         currentIndex: _selectedIndex,
086:         selectedItemColor: Colors.orangeAccent,
087:         onTap: (int index) {
088:           setState(() {
089:             _selectedIndex = index;
```

```
090:           });
091:         },
092:       ),
093:     );
094:   }
095:
096:   void _delete(int index) {
097:     setState(() {
098:       TaskStore().delete(index);
099:     });
100:   }
101:
102:   void _complete(int index) {
103:     setState(() {
104:       TaskStore().complete(index);
105:     });
106:   }
107: }
```

MainPageクラスのMaterialAppのhomeプロパティには、このアプリのメインとなるクラスであるTaskPageを指定しています（23行目）。TaskPageクラスは、Task List画面とDone List画面を実装したクラスです。

もう少し詳細に見てみましょう。main.dartでは、次のことを行っています。

①MainPageクラスでは、MaterialAppウィジェットのroutesプロパティで、ルーティングのパスを登録する（19～22行目）。
②_TaskPageStateクラスでは、_selectedIndex変数の値によってTask List画面を表示するか、Done List画面を表示するかを切り替えている。TaskPageStateの冒頭（37行目）で_selectedIndexに0が代入されているため、アプリを起動した直後はTask List画面が表示される。
③_TaskPageStateのFloatingActionButtonをタップすることにより、新規作成画面に遷移する（70～72行目）。
④画面の最下部にはbottomNavigationBarを配置し、[task]と[done]のアイコンを表示させる。どちらかのアイコンをタップすることにより_selectedIndexの値が更新されて画面が遷移する（74～92行目）。
⑤画面に表示する要素に加えて、[削除]ボタンを押したときに実行される_delete関数（96～100行目）、[完了]ボタンを押したときに実行される_complete関数を実装している（102～106行目）。これらの関数はそれぞれTaskStoreクラスのdeleteメソッド、completeメソッドを呼び出している。

_TaskPageStateクラスのbuildメソッドの冒頭で、todoListの配列を宣言しています。以下に再掲します。

```
044:     var todoList = TaskStore().taskList.where((task) => task.done == isDone).toList();
```

この処理について解説します。上記コード中にあるwhereメソッドは配列で使えるメソッドで、引数にはコールバック関数を指定します。そのコールバック関数は、引数で配列の要素（ここでは、task）を受け取り、返り値でtrueかfalseのどちらかを返す必要があります。whereメソッドは、各要素に対してコールバック関数を実行してtrueとなった要素だけを抽出します。

whereメソッドで抽出されたデータはtoListメソッドで配列に変換されます。

つまり、この1行のコードはTaskStoreに格納されているTaskインスタンスのうち、doneフラグが変数isDoneと一致するTaskだけを集めた配列todoListを作ります。同じ処理をfor文で書いた場合のコードは次のようになります。

```
List<Task> taskList = TaskStore().taskList;
List<Task> todoList = [];
for(int i = 0; i < taskList.length; i++) {  // taskListの要素の数の分だけループさせる
  var task = taskList[i];  // taskListから要素を1つだけtaskとして取り出す
  if (task.done == isDone) {  // 取り出した要素のdoneとisDoneが一致しているかを確認
    todoList.add(task);  // 条件に合う要素をtodoListに追加する
  }
}
```

todoListをもとにしてカードを並べるので、結果的に_selectedIndexの変数が0のとき（isDoneがfalseのとき）はTask List画面が表示され、_selectedIndexの変数が1のとき（isDoneがtrueのとき）はDone List画面が表示されることになります。

7.4.6 アプリを動作させてみる

ここまでのコードを用意してアプリをビルドすると、初期起動時は**図7.9**のように表示されます。floatingActionButtonをタップすると、**図7.10**のように新規作成画面に遷移します。

▼**図7.9** 初期起動時の画面

▼**図7.10** 新規作成画面

新規作成画面で何かしらのテキストを入力して Enter キーを押すか、［カードを追加する］ボタンをタップすると、**図7.11**のようにTask List画面に戻り作成したタスクが表示されます。また、何度もタスクを作成してタスクカードを追加できます。

そして、タスクカード上の［完了］ボタンをタップすると、そのタスクがTask List画面から消えます。そこから下のタブバーの右側の［done］をタップすると、**図7.12**のようにDone List画面が表示されて、完了したタスクが表示されます。

▼**図7.11**　Taskが作成されて表示される

▼**図7.12**　完了したTaskがDone画面で表示される

また、今回は削除機能も実装していますので、カード上にある［削除］ボタンをタップすると、タスクが削除されカードが非表示になります。

以上で今回のTodoアプリは完成です。本章の内容で複数画面にまたがるアプリが開発できるようになります。第6章までは1つの画面でがんばってきましたが、複数の画面が使えるようになると開発できるアプリのバリエーションが増えます。また、より実践的なアプリも開発できるようになります。今回はTodoアプリでしたが、クイズアプリなども作れるようになります。この章で学習した知識を何度も復習して、ぜひ画面遷移のノウハウをマスターしてましょう。

第8章

各プラットフォームに対応させる

8.1 プラットフォーム対応とは

この章では、Flutterで作成したアプリをプラットフォーム（iOSやAndroid）別に見せ方を変える方法や、端末の画面サイズや画面の向きが変わっても適切に表示させる方法について紹介していきます。Flutterの大きな特徴はアプリのクロスプラットフォーム対応が可能なことでした。

Flutterのプロジェクトはアプリをクロスプラットフォームに対応させたり、画面のサイズや向きの違いに対応させたりする場合でも、1つのコードベース／プロジェクトベースで行えます。今までにいろいろな画面のアプリを作成してきましたが、そのすべてがrunApp関数を起点にしています。runAppの引数にはアプリの最も大元になるウィジェットを指定します。

リスト8.1では、main関数の中のrunApp関数で、MyAppのウィジェットを指定して実行しています。FlutterではMyAppを起点にしていろいろな処理が実行されます。MyAppウィジェットからいろいろなウィジェットが実行されて画面に描画されていきます。クロスプラットフォーム対応をする際も、プラットフォームごとにプロジェクトを分けたりする必要はなく、あくまでこのrunAppやMyApp以下で対応していくことになります。

▼**リスト8.1**　アプリの起点

```
void main() {
  runApp(const MyApp());
}
```

クロスプラットフォーム対応で注意する部分は大きく3つです。

- プラットフォームの違い
- 端末の画面サイズの違い
- 画面の向きの違い（端末回転）

「プラットフォームの違い」に対応するために必要なのは、AndroidとiOSそれぞれに対してUIのウィジェットを用意するだけです。

おそらく一番大変なことは、2つめの「端末の画面サイズの違い」に対応するために、ウィジェットのサイズを変更させることです。スマートフォンアプリ開発でウィジェットのサイズを検討するときは、常に端末の画面のサイズを意識しないといけないということです。これはスマートフォンだけに限らずタブレットについても同様です。

そして、3つめの「画面の向きの違い」は、Webアプリとスマートフォンアプリとで一番異なるところです。WebアプリやWebサイトの場合は、レスポンシブ対応といってブラウザの種類やサイズによってUIやコンポーネントの位置と構成をずらす対応までは一般的に行います。また、スマートフォンのブラウザでWebサイトが閲覧されることまで考慮してサイトのUIやコンポーネントを構成します。しかし、Webの場合は画面の向きについて考慮することはほとんどありません。PCの画面を回転させて使うことは少ないため、端末の回転を考慮する必要はとくにありません。一方、スマートフォンアプリの場合はスマートフォン、タブレットに限らずに端末を回転させることができます。そのため、端末回転したときのUIの挙動も考慮しなければなりません。

この章では先述の3点の課題に対応する方法を説明していきます。この章もとくに断りのないかぎり、

iPhone 15シミュレータを使って動作確認をしています。

8.2 サポートする端末の向きを指定する方法

先に挙げた3項目の順番と前後しますが、まずは「画面の向きの違い（端末回転）」に対応する方法の1つとして、アプリでサポートする端末の向きを指定する方法を紹介します。

8.2.1 端末の向きを表す用語

画面の向きを指定する方法を解説する前に、まず前提知識としてスマートフォンの端末の向きについて解説します。端末が回転できるということはアプリ開発の際には端末の向きを意識して区別する必要があります。

そのため、たとえばAppleが提供するiOSでは**表8.1**に示したような端末の向きに関する名称が決められています[注1]。

▼表8.1 端末の向きを表す定数（UIDeviceOrientation）

定数	内容
unknown	不明。
portrait	縦向きモード。デバイスは直立した状態で、ホームボタンが下部にある。
portraitUpsideDown	portraitモードの逆さまのとき。デバイスは直立した状態で、ホームボタンが上部にある。
landscapeLeft	デバイスは横向きモード。デバイスは直立した状態で、ホームボタンは右側にある。
landscapeRight	デバイスは横向きモード。デバイスは直立した状態で、ホームボタンは左側にある。
faceUp	デバイスは画面を上に向けて地面と平行に保持される。
faceDown	デバイスは画面を下に向けて地面と平行に保持される。

Androidでもportrait（縦向き）やlandscape（横向き）は定義されています。Androidでは、そのほかにもユーザーが持っている端末の向きや物理的なセンサーによる判定も可能です[注2]。

画面回転に関わる端末の向きの名称については、上で取り上げた内容を把握しておけば問題ありません。ここからは、それをふまえての話になります。

Flutterのデフォルトは、portraitUpsideDown（逆さま）以外の向きの回転を許可している設定になっています。**図8.1**のように端末を横に回転させると、レイアウトが横向きに変わります。

注1 https://developer.apple.com/documentation/uikit/uideviceorientation

注2 筆者の体感としてはAndroidのほうが柔軟性があります。iOSにはこのようなセンサーによる判定が使えなかったり、画面の向きが変わった瞬間に細かい処理を行ったりすることが難しくあまり柔軟性がありません。

▼図8.1　横向きの画面

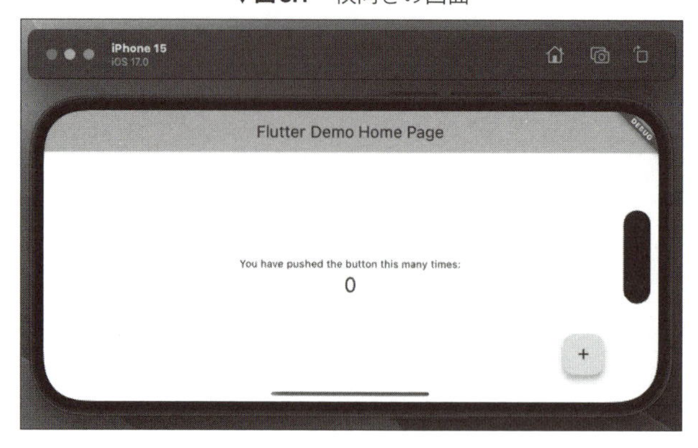

Androidエミュレータや iPhoneシミュレータで端末を回転させるには、ショートカットキーの command ＋ → や、command ＋ ← を押します。あるいは、Androidエミュレータの場合は、**図8.2**のようにエミュレータ右側のメニューバーの回転ボタンをタップします。

▼図8.2　エミュレータのメニューバー

Column　端末回転をテストするときの注意点

Androidでのアプリ開発において端末回転関連の機能をテストするとき、エミュレータや実機端末を回転させてもアプリの画面が回転しないことがあります。その場合は、使用しているエミュレータや実機端末の設定で「画面の自動回転」がオフになっている可能性が考えられます。

「画面の自動回転」の設定はAndroidの「設定アプリ」から切り替えられます。設定アプリで［ディスプレイ］（あるいは［画面設定］）をタップします（**図8.3左**）。ディスプレイの項目一覧の中に［画面の自動回転］があります（**図8.3中央**）。このボタンをタップするとオンに切り替わります。これで自動回転するようになります（**図8.3右**）。使用しているエミュレータや実機端末によっては、設定画面の順番や項目が多少違う場合があります。

▼**図8.3**　「画面の自動回転」の設定方法

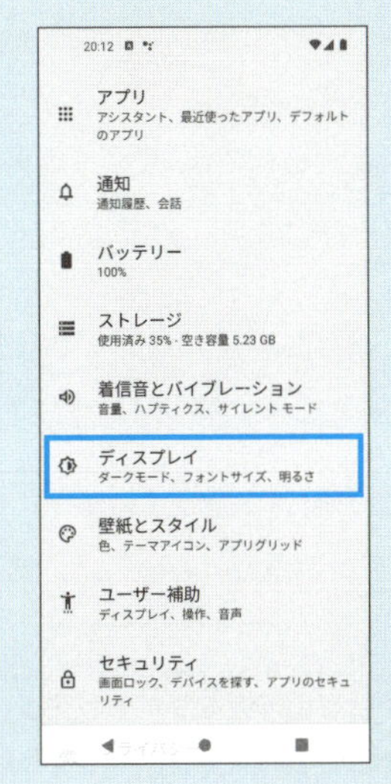

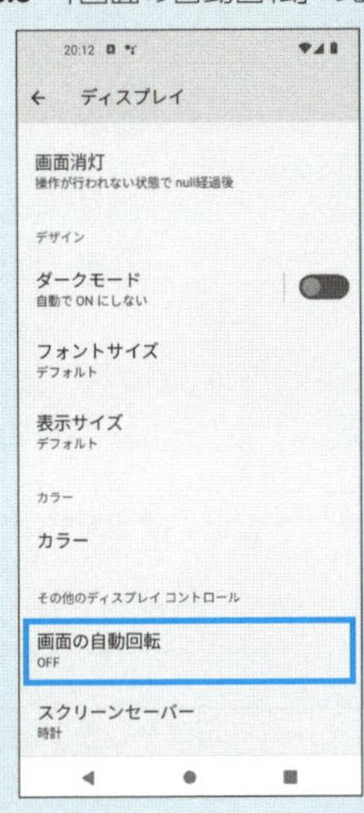

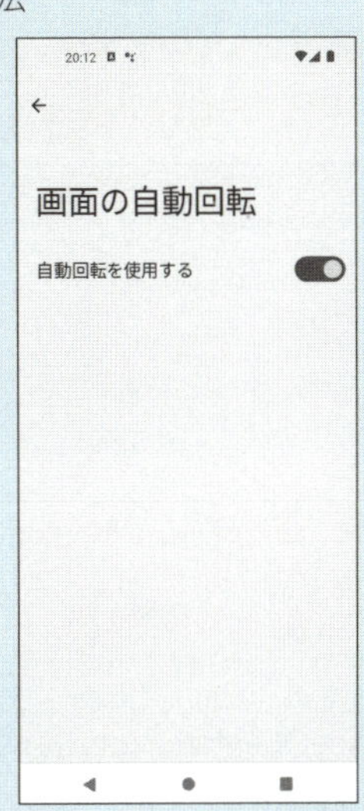

8.2.2 端末の向きを指定する

Flutterで端末の画面の向きを指定するときに利用するのがSystemChromeクラス[注3]です。

SystemChromeには、そのアプリでサポートする端末の向きを指定できるsetPreferredOrientationsというメソッドがあります。こちらをmain関数で呼びます。また、SystemChromeはFlutterパッケージのservices.dartで提供されているクラスであるため、services.dartをインポートする必要があります。実際に使ってみましょう。

新しいFlutterプロジェクト「orientation_app」を作成します。作成したorientation_appのmain.dartを**リスト8.2**のように修正します。

▼**リスト8.2**　サポートする端末の向きを指定する

```
01: import 'package:flutter/material.dart';
02: import 'package:flutter/services.dart';  // services.dartをインポートする
03: 
04: void main() {
05:   WidgetsFlutterBinding.ensureInitialized();
06:   SystemChrome.setPreferredOrientations(
07:       [// DeviceOrientationを配列で指定する]).then((_) {
08:     runApp(const MyApp());
09:   });
10: }
11: 
    (.. 略 ..)
```

注3　https://api.flutter.dev/flutter/services/SystemChrome-class.html

setPreferredOrientationsメソッド内に、DeviceOrientationで端末の向きを指定します。DeviceOrientationは列挙型（enum）として定義されています。Android Studioを使っている場合はウィジェットやクラスにカーソルを合わせて Command キーを押しながらクリックすると、その定義元にジャンプできる機能があります。setPreferredOrientationsの部分にカーソルを合わせた状態で、ジャンプ機能を使って定義元に移動すると**リスト8.3**のように記載されています。

▼リスト8.3　DeviceOrientationの定義（一部のコメントを省略）

```
/// Used by [SystemChrome.setPreferredOrientations].
enum DeviceOrientation {
  portraitUp,
  landscapeLeft,
  portraitDown,
  landscapeRight,
}
```

このことから、setPreferredOrientationsメソッドでは、**表8.2**のような値を配列で指定することになります。

▼表8.2　setPreferredOrientationsメソッドで指定できる値

値	内容
DeviceOrientation.portraitUp	ホームボタンが下部にあるときの向きをサポートする。
DeviceOrientation.landscapeLeft	ホームボタンが右部にあるときの向きをサポートする。
DeviceOrientation.portraitDown	ホームボタンが上部にあるときの向きをサポートする。
DeviceOrientation.landscapeRight	ホームボタンが左部にあるときの向きをサポートする。

たとえば、端末で横向きのみ、つまり「landscapeLeft」と「landscapeRight」の向きをサポートしたい場合は**リスト8.4**のように指定します。

▼リスト8.4　端末の向きが横向きだけをサポートする（main.dart）

```
04: void main() {
05:   WidgetsFlutterBinding.ensureInitialized();
06:   SystemChrome.setPreferredOrientations(
07:       [DeviceOrientation.landscapeLeft, DeviceOrientation.landscapeRight]).then((_) {
08:     runApp(const MyApp());
09:   });
10: }
11:
    (..略..)
```

これでアプリをビルドすると、端末の向きを縦にしても横にしても、アプリは常に横向きの状態で表示されます[注4]。

注4　動作確認する際、Flutter SDKのバージョンによってホットリロードが効かないことがあります。その際は、再度ビルドしなおすことをお勧めします。

8.3 端末のプラットフォームの違いに対応する方法

アプリをプラットフォーム（OS）の違いに対応させる方法を解説します。

8.3.1 端末のプラットフォーム情報を取得する

プラットフォーム別に対応するためには、端末のOSがAndroidかiOSのどちらなのかを判別しないといけません。FlutterではOSを判定するための実装はとても簡単です。dart:ioライブラリが提供するPlatformクラス[注5]を使うとOS情報を取得できます（**リスト8.5**）。

▼**リスト8.5** 端末のOS情報を取得する

```
// dart:ioをインポートする
import 'dart:io';

void main() {
  // 端末のOS名を取得する
  var os = Platform.operatingSystem;
  print(os);

  // iOSであればtrue、そうでなければfalseが返る
  var isIOS = Platform.isIOS;
  print(isIOS);

  // Androidであればtrue、そうでなければfalseが返る
  var isAndroid = Platform.isAndroid;
  print(isAndroid);
}
```

Platformクラスの静的プロパティを参照することで**表8.3**に示したOSを判別できます。

▼**表8.3** Platformクラスで判別できるOS

プロパティ	内容
Platform.isLinux	OSがLinuxのときにtrue。
Platform.isMacOS	OSがmacOSのときにtrue。
Platform.isWindows	OSがWindowsのときにtrue。
Platform.isAndroid	OSがAndroidのときにtrue。
Platform.isIOS	OSがiOSのときにtrue。
Platform.isFuchsia	OSがFuchsiaのときにtrue。

このように、OSの判別は簡単に行えます。これらの判別結果を利用してOS別に表示させるウィジェットを切り替えます。具体的には、Androidの場合はMaterial Designのウィジェットを使い、iOSの場合はCupertinoのウィジェットを使って、UIを構築するようにします。

注5 https://api.dart.dev/dart-io/Platform-class.html

8.3.2 AndroidかiOSかを判定してウィジェットを出し分ける

ここでは、どうやってOSごとにウィジェットの出し分けを実装するのか、その方法を解説します。前項で取り上げたPlatformクラスを使って実現します。

たとえば、Platform.isIOSを使ってiOSとAndroidとで別々のウィジェットが表示できるか確認してみます。orientation_appプロジェクトのmain.dartファイルに**リスト8.6**のようなコードを書きます。

▼リスト8.6　OSごとに異なる画面を表示する（main.dart）

```
01: import 'dart:io';
02: import 'package:flutter/material.dart';
03:
04: void main() {
05:   runApp(const MyApp());
06: }
07:
08: class MyApp extends StatelessWidget {
09:   const MyApp({super.key});
10:
11:   @override
12:   Widget build(BuildContext context) {
13:     return MaterialApp(
14:       title: 'Flutter Demo',
15:       theme: ThemeData(
16:         primarySwatch: Colors.blue,
17:       ),
18:       home: const SampleWidget(),
19:     );
20:   }
21: }
22:
23: class SampleWidget extends StatelessWidget {
24:   const SampleWidget({super.key});
25:
26:   @override
27:   Widget build(BuildContext context) {
28:     return Scaffold(
29:       appBar: AppBar(
30:         title: Platform.isIOS ? const Text('iOS App') : const Text('Android App'),
31:       ),
32:       body: Container(
33:         child: Platform.isIOS ? const RedWidget() : const GreenWidget(),
34:       ),
35:     );
36:   }
37: }
38:
39: class RedWidget extends StatelessWidget {
40:   const RedWidget({super.key});
41:
42:   @override
43:   Widget build(BuildContext context) {
44:     return Container(
```

```
45:       height: 200.0,
46:       width: 200.0,
47:       color: Colors.red,
48:     );
49:   }
50: }
51:
52: class GreenWidget extends StatelessWidget {
53:   const GreenWidget({super.key});
54:
55:   @override
56:   Widget build(BuildContext context) {
57:     return Center(
58:       child: Container(
59:         height: 200.0,
60:         width: 200.0,
61:         color: Colors.green,
62:       ),
63:     );
64:   }
65: }
```


これでソースコードをビルドすると、iOS端末では**図8.4左**のように表示され、Android端末では**図8.4右**のように表示されれば成功です。iOS端末では左上側に赤色のContainerが縦横200pxの正方形で表示されます。Android端末では、画面中央に緑色のContainerが同じく縦横200pxの正方形で表示されます。どちらも初回起動時であるにもかかわらず、OSの違いで画面の見え方が違うことがわかります。

▼図8.4　iPhone 15で実行した場合の画面（左）とPixel 5で実行した場合の画面（右）

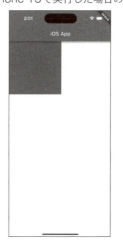

それでは**リスト8.6**のソースコードについて解説します。注目する箇所はSampleWidgetになります。**リスト8.7**に該当箇所を再掲します。

▼リスト8.7　Platformクラスを使ってOSごとに表示内容を変える（main.dart）

```
23: class SampleWidget extends StatelessWidget {
```

```
24:   const SampleWidget({super.key});
25:
26:   @override
27:   Widget build(BuildContext context) {
28:     return Scaffold(
29:       appBar: AppBar(
30:         title: Platform.isIOS ? const Text('iOS App') : const Text('Android App'),
31:       ),
32:       body: Container(
33:         child: Platform.isIOS ? const RedWidget() : const GreenWidget(),
34:       ),
35:     );
36:   }
37: }
```

今回はScaffoldのAppBarのtitleプロパティ（30行目）と、bodyプロパティのContainerウィジェットの部分（33行目）でPlatformクラスによる制御を行っています。

また、この部分では**三項演算子**と呼ばれる演算子を使っています。if文と同じように、条件により処理を分岐させることができます。コードの意味は**構文8.1**のとおりです。

▼構文8.1　三項演算子の使い方

```
条件式 ? trueの場合の処理 : falseの場合の処理
```

条件式の結果がtrueの場合には「trueの場合の処理」が実行され、falseの場合には「falseの場合の処理」が実行され、その実行結果が返り値となります。

先ほど「if文と同じように」と述べましたが、正確には少し異なります。Dartでは「if/else」および「switch」は式（エクスプレッション（expression））ではなく、文（ステートメント（statement））です。文（ステートメント）は値を返せません。そのため、**リスト8.7**のようにウィジェットのプロパティの箇所に直接if/elseの構文を書くことはできません。プロパティの箇所に条件分岐のコードを書きたいときは三項演算子を使います。画面の向き別に、あるいはプラットフォーム別に処理を書くときには、この三項演算子を多く使います。

8.4 端末の画面サイズの違いに対応する方法

端末の画面サイズの違いに対応するには、画面の横幅と高さを知る必要があります。ここでは、画面の横幅と高さを取得する方法について紹介します。

8.4.1 なぜ画面の横幅と高さが必要なのか？

昔のiPhoneは画面サイズが決まっていました。そのため、iPhoneのモバイルアプリ開発で複雑なUIを実装するにしても、画面サイズに対応するのはそこまで大変ではありませんでした。その意味では、iOSアプリよりもAndroidアプリのほうが複数の端末があるため、画面サイズの対応が難しい印象がありました。

今日のiPhoneは、当たり前のようにサイズの異なる端末が毎年登場します。今ではAndroidだけでなくiOSも当然のように端末サイズの違いを考慮してUIを設計しないといけません。

かつてのiOSアプリ開発においては、UIのコンポーネントサイズは端末が勝手に調整してくれるわけではありませんでした。開発者が端末画面の幅や高さを都度取得して、その数字から何パーセントかを掛けた値をUIの幅や高さとして設定していました。そのため、スマートフォンやタブレットの端末に応じてそれぞれに適したUIのサイズを計算する必要があり、その影響でアプリの実装難易度がとても高くなっていました。

それに対してFlutterでは、これまでサンプルアプリを開発してきてわかるように、UIのコンポーネントの幅や高さを指定する場面が少ないことが特徴的です。複雑そうなUIでもウィジェット間の間隔をmarginやpaddingを指定することで調整して配置するというアプローチを採っています。これにより、画面サイズが異なる端末でもある程度はデザインが崩れないレイアウトを成立させることに成功しています。

それでも、常にユーザーが画面を縦向きにしてアプリを使用してくれる保証はありません。縦向きでは成立していたレイアウトが、横向きにすることで崩れてしまうケースもあり得ます。

たとえば、スマートフォンだけでなくタブレットでも使えるようなアプリをリリースするとします。スマートフォンを基準にしてUIのコンポーネントを作成して、その後にとりあえずタブレットにも対応させて同じアプリを起動すると、ウィジェットが画面いっぱいに伸び切っていたり、リスト（ListView）の各アイテムの高さが小さ過ぎたりして、見ばえが悪くなるといったケースも出てきます。

そういった問題の解決方法としては、ウィジェットの間隔においても画面幅の何パーセントかを掛けた数値をmarginやpaddingに指定するという方法が使えます。そこで、端末画面の横幅と高さの取得が必要になります。

8.4.2 MediaQueryを使って画面サイズを取得する

前置きが長くなりましたが、画面サイズを取得したい場合に使えるものとしてMediaQueryクラス[注6]があります。MediaQueryはflutter/material.dartパッケージに標準で提供されているクラスであるため、特別なものをインポートしなくても利用できます。

使い方は**リスト8.8**のとおりです。

▼**リスト8.8** MediaQueryを使って画面サイズを取得する

```
// 画面の横幅を取得する
var width = MediaQuery.of(context).size.width;
// 画面の高さを取得する
var height = MediaQuery.of(context).size.height;
```

contextはStatelessWidgetやStatefulWidgetのbuild関数の引数に指定するBuildContextと同じものです。

それでは、このMediaQueryで本当に端末画面の幅と高さが正確に取得できるのか試しにサンプルアプリを使って確認していきましょう。orientation_appプロジェクトのmain.dartを**リスト8.9**のようなコードに書き換えます。

▼**リスト8.9** 画面の横幅ギリギリまでウィジェットを表示する（main.dart）

```
01: import 'package:flutter/material.dart';
02:
03: void main() {
04:   runApp(const MyApp());
05: }
06:
07: class MyApp extends StatelessWidget {
```

注6 https://api.flutter.dev/flutter/widgets/MediaQuery-class.html

```
08:   const MyApp({super.key});
09:
10:   @override
11:   Widget build(BuildContext context) {
12:     return MaterialApp(
13:       title: 'Flutter Demo',
14:       theme: ThemeData(
15:         primarySwatch: Colors.blue,
16:       ),
17:       home: const SampleWidget(),
18:     );
19:   }
20: }
21:
22: class SampleWidget extends StatelessWidget {
23:   const SampleWidget({super.key});
24:
25:   @override
26:   Widget build(BuildContext context) {
27:     return Scaffold(
28:       appBar: AppBar(
29:         title: const Text('Orientation App'),
30:       ),
31:       body: Container(
32:         margin: const EdgeInsets.all(10.0),
33:         width: MediaQuery.of(context).size.width,
34:         height: 200.0,
35:         color: Colors.red,
36:         child: const Text('MediaQueryのサンプル', style: TextStyle(fontSize: 40.0)),
37:       ),
38:     );
39:   }
40: }
```

これでソースコードをビルドすると、縦向き（Portraitモード）の状態では**図8.5左**のように表示され、横向き（Landscapeモード）に回転させると**図8.5右**のように表示されます。

▼**図8.5** MediaQueryの利用例 縦向きでの見え方（左）と横向きでの見え方（右）

ScaffoldやAppBarは見ばえのために表示させていますが、ここで注目してほしいのはContainerウィジェットです。赤い四角いContainerウィジェットと文字が表示されていれば成功です。赤い四角の上下左右にそれぞれ10pxの余白（margin）を設けています。これは実際にどこまでがウィジェットの領域であるかをわかりやすくするために指定しています。

ウィジェットの横幅は余白を除いて画面の横幅いっぱいまで広げています。高さは200pxで設定しています。これを回転させてPortraitやLandscapeにすると、高さは必ず200pxになっていて変更がありませんが、横幅は向きによっては伸びたり縮んだりします。画面回転後の横幅を取得できていることがわかります。

また、SampleWidget自体がStatelessWidgetであるということから、このContainerウィジェットの伸び縮みは、setStateメソッドによる動的な変更の云々に関係なく起きていることもわかると思います。

つまり、MediaQueryにより取得できる画面サイズは、State（状態）に関係ない相対的な値ということになります。そのため、MediaQueryは端末サイズの異なる複数端末対応に向いています。

リスト8.9のコードについて説明をします。今回のポイントは、SampleWidgetのScaffoldのbodyプロパティに指定しているContainer部分になります。以下に該当のコードを再掲します。

```
31:       body: Container(
32:         margin: const EdgeInsets.all(10.0),
33:         width: MediaQuery.of(context).size.width,
34:         height: 200.0,
35:         color: Colors.red,
36:         child: const Text('MediaQuery のサンプル ', style: TextStyle(fontSize: 40.0)),
37:       ),
```

widthプロパティで、MediaQueryクラスを用いています。ofメソッドの引数に指定しているcontextは、SampleWidgetのbuildメソッドの引数で渡されるBuildContext型のcontextを指定しています。BuildContextはStatelessWidgetにもStatefulWidgetにも存在するため、どちらでも利用できることがわかります。

試しに、heightにもMediaQueryを適用して画面ギリギリまでContainerウィジェットを伸ばしてみましょう。**リスト8.9**のコードを**リスト8.10**の青字箇所のように修正します。

▼リスト8.10 画面の縦・横ギリギリまでウィジェットを表示する（main.dart）

```
31:       body: Container(
32:         margin: const EdgeInsets.all(10.0),
33:         width: MediaQuery.of(context).size.width,
34:         height: MediaQuery.of(context).size.height,
35:         color: Colors.red,
36:         child: const Text('MediaQueryのサンプル', style: TextStyle(fontSize: 40.0)),
37:       ),
```

ソースコードをビルドすると、縦向き（Portraitモード）の状態では**図8.6左**のように表示され、横向き（Landscapeモード）に回転させると**図8.6右**のように表示されます。

▼図8.6 MediaQueryの利用例2 縦向きでの見え方（左）と横向きでの見え方（右）

今度は赤い四角が10pxの余白を空けて画面いっぱいまで伸び縮みします。Containerの高さも絶対値ではなく相対値になったことがわかります。

8.4.3 LayoutBuilderを使って相対的にウィジェットのサイズを調整する

LayoutBuilderウィジェット[注7]は親ウィジェットのサイズに応じて子ウィジェットを制御できるクラスです。

この説明だけでは「どんな機能なのか、どのような使い方をするのか」が理解しにくいと思いますので、コードを用いて説明していきます。LayoutBuilderを使う場合は**構文8.2**のように書きます。

▼構文8.2 LayoutBuilderウィジェットの使い方

```
LayoutBuilder(
  builder: (context, constraints) {
    return ウィジェット
  },
)
```

注7 https://api.flutter.dev/flutter/widgets/LayoutBuilder-class.html

builderプロパティに指定する関数（builder関数と呼びます）の引数のcontextは、buildメソッドの引数で渡されるBuildContext型のcontextを指定します。constraintsは初めて登場しました。constraintsは「制約」のことで親ウィジェットに関する制約が格納されています。

もっと具体的な例を使って解説していきます。main.dartを**リスト8.11**のようなコードに書き換えます。

▼リスト8.11 親ウィジェットのサイズに応じて表示する子ウィジェットを変える

```
01: import 'package:flutter/material.dart';
02:
03: void main() {
04:   runApp(const MyApp());
05: }
06:
07: class MyApp extends StatelessWidget {
08:   const MyApp({super.key});
09:
10:   @override
11:   Widget build(BuildContext context) {
12:     return MaterialApp(
13:       title: 'Flutter Demo',
14:       theme: ThemeData(
15:         primarySwatch: Colors.blue,
16:       ),
17:       home: const SampleWidget(),
18:     );
19:   }
20: }
21:
22: class SampleWidget extends StatelessWidget {
23:   const SampleWidget({super.key});
24:
25:   @override
26:   Widget build(BuildContext context) {
27:     return Scaffold(
28:       appBar: AppBar(
29:         title: const Text('Orientation App'),
30:       ),
31:       body: LayoutBuilder(
32:         builder: (context, constraints) {
33:           if (constraints.maxWidth > 600.0) {
34:             return const LandscapeWidget();
35:           } else {
36:             return const PortraitWidget();
37:           }
38:         },
39:       ),
40:     );
41:   }
42: }
43:
44: class LandscapeWidget extends StatelessWidget {
45:   const LandscapeWidget({super.key});
46:
47:   @override
```

```
48:   Widget build(BuildContext context) {
49:     return Container(
50:       height: 150.0,
51:       width: 150.0,
52:       color: Colors.red,
53:     );
54:   }
55: }
56:
57: class PortraitWidget extends StatelessWidget {
58:   const PortraitWidget({super.key});
59:
60:   @override
61:   Widget build(BuildContext context) {
62:     return Row(
63:       mainAxisAlignment: MainAxisAlignment.spaceEvenly,
64:       children: <Widget>[
65:         Container(
66:           height: 150.0,
67:           width: 150.0,
68:           color: Colors.red,
69:         ),
70:         Container(
71:           height: 150.0,
72:           width: 150.0,
73:           color: Colors.yellow,
74:         ),
75:       ],
76:     );
77:   }
78: }
```

これでソースコードをビルドすると、縦向き（Portraitモード）の状態では**図8.7左**のように表示され、横向き（Landscapeモード）に回転させると**図8.7右**のように表示されます。つまり、縦向きではPortraitWidgetがビルドされて2つのContainerウィジェットが表示されます。横向きにするとLandscapeWidgetが再ビルドされて1つのContainerウィジェットが表示されるというわけです。

▼図8.7 LayoutBuilderウィジェットの利用例 縦向きでの見え方（左）と横向きでの見え方（右）

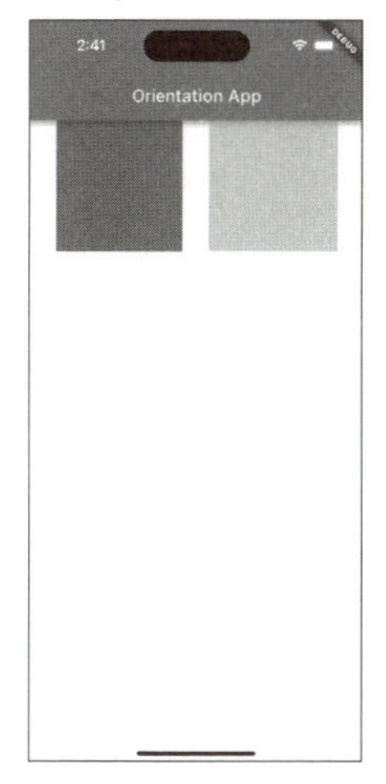

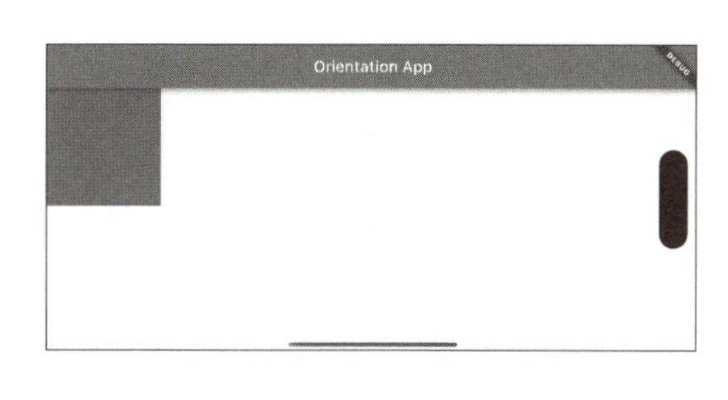

次にソースコードの内容を解説します。今回注目するのも、SampleWidgetのScaffoldのbodyプロパティです。ここでLayoutBuilderを指定しています。該当箇所を以下に再掲します。

```
31:       body: LayoutBuilder(
32:         builder: (context, constraints) {
33:           if (constraints.maxWidth > 600.0) {
34:             return const LandscapeWidget();
35:           } else {
36:             return const PortraitWidget();
37:           }
38:         },
39:       ),
```

builder関数の中には、constraints.maxWidthを使ったif文があります。constraints.maxWidthとは、親ウィジェット（この場合はScaffold）の最大幅を指しています。つまり、このif文は「これが載っている親ウィジェットの幅が600.0pxを超えていればLandscapeWidgetを表示し、超えていなければPortraitWidgetを表示する」ということを意味しています。

LayoutBuilderは、このように親ウィジェットを基準にして何かを制御したい場合に使うのが一般的です。「maxWidthの600.0px」という値はスマートフォンとタブレットの幅の境界線でよく用いられている基準値で、正確ではありませんがレスポンシブ対応を実装するときに1つの基準として活用されます。

8.5 Cupertinoウィジェット

ここからは、Androidアプリで表示するウィジェットとiOSアプリで表示するウィジェットの違いを紹介していきます。第4章などこれまでに紹介してきたウィジェットはAndroidのデザインガイドライン「マテリアルデザイン（Material Design）」に準拠したものでした。ただ、マテリアルデザインだけではiOS風のデザインをすべて実現させることはできません。

そこで、FlutterはiOS風のUIコンポーネントを表示させるための専用のウィジェットも用意してくれています。そのウィジェットは**Cupertino**（クパチーノ）ウィジェット[注8]と呼ばれています。

CupertinoウィジェットはAppleが提示しているデザインガイドライン「Human Interface Guidelines」[注9]に準拠したウィジェットです。

Flutterでのクロスプラットフォーム開発では、OSごとにウィジェットを切り替える必要があります。これまで使ってきたScaffoldのAppBarを使ってiOSのシミュレータでビルドして動作確認してもiOS風のヘッダにはなりませんでした。そのため、アプリ開発者がOSごとに表示させるウィジェットを切り替えるよう実装する必要があります。Androidではマテリアルデザインに準拠したウィジェットを表示させて、iOSではHuman Interface Guidelinesに準拠したCupertinoウィジェットを表示させるという対応をしていきます。

8.5.1 CupertinoPageScaffold、CupertinoNavigationBar

●CupertinoPageScaffoldウィジェット

はじめに紹介するウィジェットが**CupertinoPageScaffold**ウィジェット[注10]です。CupertinoPageScaffoldはマテリアルデザインでいうところのScaffoldと同じようなアプリの骨組みになるウィジェットです。iOS風のアプリレイアウトを実現できるウィジェットで、ナビゲーションバーを上にレイアウトし、ナビゲーションバーの下にコンテンツを配置します。

CupertinoPageScaffoldの基本的な使い方は**構文8.3**のとおりです。

▼**構文8.3** CupertinoPageScaffoldの使い方

```
CupertinoPageScaffold(
  navigationBar: CupertinoNavigationBar(),
  backgroundColor: 色,
  child: 何らかのウィジェット,
);
```

CupertinoPageScaffoldの各プロパティには**表8.4**のような内容を指定します。

▼**表8.4** CupertinoPageScaffoldのおもなプロパティ

プロパティ	内容
navigationBar	アプリのヘッダ（ナビゲーションバー）となるウィジェットを指定する（ScaffoldのappBarと同じような役割）。
backgroundColor	画面の背景色をColorクラスなどで指定する。
child	画面に配置するウィジェットを指定する（Scaffoldのbodyと同じような役割）。

注8 https://docs.flutter.dev/ui/widgets/cupertino
余談ですが、クパチーノはAppleの新本社ビルを中心とする施設「Apple Park」がある「市」のことです。カリフォルニア州クパチーノ市という街があり、おそらくそれがCupertinoウィジェットの名前の起源だと思われます。

注9 https://developer.apple.com/design/human-interface-guidelines/

注10 https://api.flutter.dev/flutter/cupertino/CupertinoPageScaffold-class.html

CupertinoNavigationBarウィジェット

構文8.3でCupertinoNavigationBarウィジェットが登場したので、こちらも解説します。CupertinoNavigationBarウィジェット[注11]はマテリアルデザインでいうところのAppBarと同じようなウィジェットです。iOS風の「Human Interface Guidelines」に準拠しているウィジェットで、アプリの画面のナビゲーションバーやヘッダに該当する部分になります。CupertinoPageScaffoldウィジェットのnavigationBarプロパティに指定するとiOS風のナビゲーションバーが表示されます。

基本的な使い方は**構文8.4**のとおりです。

▼**構文8.4** CupertinoNavigationBarの使い方

```
CupertinoNavigationBar(
  leading: 何らかのウィジェット,
  middle: 何らかのウィジェット,
  trailing: 何らかのウィジェット,
)
```

CupertinoNavigationBarの各プロパティには**表8.5**のような内容を指定します。

▼**表8.5** CupertinoNavigationBarのおもなプロパティ

プロパティ	内容
leading	ナビゲーションバーの左側に表示するウィジェットを指定する。
middle	ナビゲーションバーの真ん中に表示するウィジェットを指定する。
trailing	ナビゲーションバーの右側に表示するウィジェットを指定する。

CupertinoPageScaffoldとCupertinoNavigationBarのそれぞれの使い方とプロパティがわかったところで、サンプルアプリの作成を通して理解を深めていきます。先に一点だけ補足しておくと、Cupertinoウィジェットを使うためにはFlutter SDKが提供しているcupertino.dartをインポートする必要があります。

```
// Cupertinoウィジェットを使うために、cupertino.dartをインポートする
import 'package:flutter/cupertino.dart';
```

それでは、main.dartに**リスト8.12**のようなコードを記述します。

▼**リスト8.12** CupertinoPageScaffold、CupertinoNavigationBarを使ったサンプルアプリ（main.dart）

```
01: import 'package:flutter/cupertino.dart';
02: import 'package:flutter/material.dart';
03:
04: void main() {
05:   runApp(const MyApp());
06: }
07:
08: class MyApp extends StatelessWidget {
09:   const MyApp({super.key});
10:
11:   @override
12:   Widget build(BuildContext context) {
```

注11 https://api.flutter.dev/flutter/cupertino/CupertinoNavigationBar-class.html

```
13:     return MaterialApp(
14:       title: 'Flutter Demo',
15:       theme: ThemeData(
16:         primarySwatch: Colors.blue,
17:       ),
18:       home: const SampleWidget(),
19:     );
20:   }
21: }
22:
23: class SampleWidget extends StatelessWidget {
24:   const SampleWidget({super.key});
25:
26:   @override
27:   Widget build(BuildContext context) {
28:     return const CupertinoPageScaffold(
29:       navigationBar: CupertinoNavigationBar(
30:           middle: Text('iOS App')
31:       ),
32:       backgroundColor: Colors.green,
33:       child: RedWidget(),
34:     );
35:   }
36: }
37:
38: class RedWidget extends StatelessWidget {
39:   const RedWidget({super.key});
40:
41:   @override
42:   Widget build(BuildContext context) {
43:     return Container(
44:       height: 200.0,
45:       width: 200.0,
46:       color: Colors.red,
47:     );
48:   }
49: }
```

これでソースコードをiOS端末でビルドすると、**図8.8**のように表示されます。アプリの背景色が緑色で上のほうに白色のナビゲーションバーが表示されています[注12]。

注12 リスト8.12のコードでは、赤色のContainerウィジェットの縦と横の長さは同じ値を指定しているのに、図8.8では縦幅が短くなっていることが気になる方がいるかもしれません。これは、Containerウィジェットの上半分がナビゲーションバーの下（背面）に入ってしまっているためです。この現象については8.5.4項にて対処方法を説明する予定です。

▼図8.8 iOSアプリ風のナビゲーションバーが表示される

リスト8.12のソースコードの詳細を見ていきます。今回のメインとなるウィジェットはSampleWidgetです。そのbuildメソッドではCupertinoPageScaffoldウィジェットをreturnしています。該当箇所を以下に再掲します。

```
23: class SampleWidget extends StatelessWidget {
24:   const SampleWidget({super.key});
25: 
26:   @override
27:   Widget build(BuildContext context) {
28:     return const CupertinoPageScaffold(
29:       navigationBar: CupertinoNavigationBar(
30:           middle: Text('iOS App')
31:       ),
32:       backgroundColor: Colors.green,
33:       child: RedWidget(),
34:     );
35:   }
36: }
```

CupertinoPageScaffoldのbackgroundColorプロパティにColors.greenを指定しているため、背景色が緑色になっています。navigationBarプロパティにはCupertinoNavigationBarウィジェットを指定しています。CupertinoNavigationBarのmiddleプロパティにTextウィジェットを指定することで、ナビゲーションバーのタイトル文字を表示しています。

8.5.2 CupertinoIcons クラス

CupertinoIconsクラス[注13]は、マテリアルデザインの「Iconウィジェット」のCupertino版です。特定のCupertinoIconsのアイコンを表示させるためには、Iconウィジェットと一緒に使用します。

実際の使い方を見てみましょう。たとえば、iOSアプリではナビゲーションバーの左右にボタンを表示させることが多いですが、CupertinoIconsを使うとiOSアプリ風のアイコンボタンを設置させることが可能です。

リスト8.12のサンプルソースコードのSampleWidgetには、CupertinoNavigationBarウィジェットが使われていました。このCupertinoNavigationBarの両サイドにCupertinoIconsを表示させるためには、SampleWidgetを**リスト8.13**の青字箇所のように変更します。

▼**リスト8.13** CupertinoIconsを使ってiOSアプリ風のアイコンボタンを設置する（main.dart）

```
28:     return const CupertinoPageScaffold(
29:       navigationBar: CupertinoNavigationBar(
30:           leading: Icon(CupertinoIcons.home),
31:           middle: Text('iOS App'),
32:           trailing: Icon(CupertinoIcons.add)
33:       ),
34:       backgroundColor: Colors.green,
35:       child: RedWidget(),
36:     );
```

CupertinoNavigationBarのleadingプロパティとtrailingプロパティにIconウィジェットを指定し、それぞれIconウィジェットの引数にCupertinoIconsのアイコンを指定しました。これでソースコードをiOS端末でビルドすると、**図8.9**のように表示されます。ナビゲーションバーの両端にアイコンがあるのがわかります。

▼**図8.9** ナビゲーションバーの両端にアイコンが表示される

CupertinoIconsクラスにはさまざまな種類のアイコンがあるので、必要に応じて利用することをお勧めします。

8.5.3 CupertinoApp ウィジェット

CupertinoAppウィジェット[注14]はマテリアルデザインのMaterialAppウィジェットと同じ役割を持つウィジェッ

注13 https://api.flutter.dev/flutter/cupertino/CupertinoIcons-class.html
注14 https://api.flutter.dev/flutter/cupertino/CupertinoApp-class.html

トです。iOSアプリ風のデザインのアプリケーションに共通して必要とされる、多くのウィジェットをラップした便利なウィジェットです。CupertinoAppを使うことでフォントやスクロールなどiOS特有の表示や動作を再現できます。

CupertinoAppの使い方はMaterialAppと同じです。基本形は**構文8.5**のようになります。

▼**構文8.5** CupertinoAppの使い方

```
CupertinoApp(
  title: 文字列,
  home: 何らかのウィジェット,
);
```

themeやroutesや、そしてinitialRouteなどのプロパティが存在しているため、必要に応じて、MaterialAppクラスと同じように指定します。試しに**リスト8.13**のサンプルソースコードのMyAppウィジェットを**リスト8.14**の青字箇所のように変更してみます。

▼**リスト8.14** CupertinoAppを使ってiOSアプリ風のデザインにする（main.dart）

```
08: class MyApp extends StatelessWidget {
09:   const MyApp({super.key});
10: 
11:   @override
12:   Widget build(BuildContext context) {
13:     return const CupertinoApp(
14:       title: 'Flutter Demo',
15:       home: SampleWidget(),
16:     );
17:   }
18: }
```

今までMaterialAppと書かれていた箇所をCupertinoAppに書き換えました。themeプロパティはそのままの設定値では使えないため、いったん削除しました。これでソースコードをビルドすると、**図8.10**のように表示されます。

ナビゲーションバーの両サイドのアイコンの色が変わりました（白黒の画像ではわかりにくいですが、黒色から青色に変わっています）。ただし、ナビゲーションバーやアイコンのデザインやカラーは端末のiOSのバージョンによって若干異なるかもしれません。

▼**図8.10** ナビゲーションバーの両端のアイコンの色が変わる

8.5.4 SafeAreaウィジェット

図8.8〜図8.10（**リスト8.12〜リスト8.14**）のCupertinoウィジェットのサンプルアプリで気になる部分があったかと思います。サンプルコードをビルドすると、赤い正方形のContainerウィジェットがナビゲーションバーの下（背面）に入ってしまっていました。

これに関しては、今まであえて直さずにここまで解説してきました。今回紹介するSafeAreaウィジェットがこの現象を直す役割を担っています。

「**セーフエリア**（safe area）」注15とは、ナビゲーションバー、タブバー、ツールバーなどが表示されない領域のことです。アプリのボタンやテキストなどの要素をセーフエリア内にレイアウトすることで、ナビゲーションバーなどに被らないように表示させることができます。セーフエリアの概念はiPhone X系が登場したところから導入されました。

SafeAreaウィジェット注16は、アプリの各ウィジェットをセーフエリア内に描画するために、十分なpadding（内側の余白）を設けて子ウィジェットをインデントさせます。たとえば、iPhone Xのノッチ（Notch）注17部分などを避けるために必要な量だけ子ウィジェットをインデントさせることができます。

SafeAreaを利用すると、これまで赤い正方形のContainerがナビゲーションバーに被っていた現象を直すことができます。SafeAreaの使い方は**構文8.6**のようになります。

▼構文8.6 SafeAreaウィジェットの使い方

```
SafeArea(
    child: 何らかのウィジェット
)
```

SafeAreaにはchildプロパティがあるため、そこにセーフエリア内に収めたいウィジェットを指定します（該当のウィジェットをSafeAreaウィジェットで包み込むイメージです）。それでは、このSafeAreaを使って赤い正方形のContainerがナビゲーションバーに被っていた部分を直してみましょう。SampleWidgetのクラスを**リスト8.15**のように変更します。

▼リスト8.15 SafeAreaを使ってContainerがナビゲーションバーに被らないようにする（main.dart）

```
25:     return const CupertinoPageScaffold(
26:       navigationBar: CupertinoNavigationBar(
27:           leading: Icon(CupertinoIcons.home),
28:           middle: Text('iOS App'),
29:           trailing: Icon(CupertinoIcons.add)
30:       ),
31:       backgroundColor: Colors.green,
32:       child: SafeArea(
33:           child: RedWidget(),
34:       )
35:     );
```

CupertinoPageScaffoldのchildに指定していたRedWidgetをSafeAreaで包み込みました。これでソースコー

注15 https://developer.apple.com/design/human-interface-guidelines/ios/visual-design/adaptivity-and-layout/
注16 https://api.flutter.dev/flutter/widgets/SafeArea-class.html
注17 iPhone Xなどの画面上部にある凹み部分のこと。

ドをiOS端末でビルドすると、**図8.11**のように表示されます。今まで赤い正方形のContainerがナビゲーションバーに被っていましたが、今回はすべて表示されるようになっています。このように、iPhone X系のノッチなどの影響でデザインが崩れてしまう箇所も、SafeAreaで包み込むことでセーフエリアを考慮した配置に修正されます。

▼図8.11 SafeAreaでデザインの崩れが直る

3:07
DEBUG
iOS App

8.5.5 CupertinoTextField ウィジェット

CupertinoTextFieldウィジェット[注18]はiOSスタイルのテキストフィールドを実現するためのウィジェットです。ユーザーがハードウェアキーボードまたはソフトウェアキーボードでテキストを入力できるようにします[注19]。

CupertinoTextFieldは、ユーザーがフィールド内のテキストを変更するたびに、onChangedプロパティのコールバック関数を呼び出します。また、ユーザーがテキストフィールドへの入力を終了したことをソフトウェアキーボードのEnterボタンの押下などで示すと、onSubmittedプロパティのコールバック関数を呼び出します。これらの動作はFlutterのマテリアルデザインのTextFieldと同じです。

CupertinoTextFieldに表示されるテキストを制御する場合は、5.3.2項で紹介したTextEditingControllerクラスを使用します。たとえば、テキストフィールドの初期値を設定するには、StateクラスのinitStateメソッドで、TextEditingControllerのtextプロパティに初期値となるテキストを設定する処理を追加しておきます。つまり、基本的な使い方は5.3.2項で紹介したTextFieldの場合と同じと考えていただいて問題ありません。

それでは、CupertinoTextFieldを使ってみましょう。main.dart全体を**リスト8.16**のように書き換えましょう。setStateメソッドで入力状態を変更したいため、StatefulWidgetを継承したクラスを作成します。

▼リスト8.16 CupertinoTextFieldを使ってiOSアプリ風のテキストフィールドを作る（main.dart）

```
01: import 'package:flutter/cupertino.dart';
02: import 'package:flutter/material.dart';
03:
04: void main() {
05:   runApp(const MyApp());
```

注18 https://api.flutter.dev/flutter/cupertino/CupertinoTextField-class.html
注19 このウィジェットは、iOSのネイティブアプリ開発でいうところのUITextFieldと編集可能なUITextViewの両方に対応します。

```
06: }
07:
08: class MyApp extends StatelessWidget {
09:   const MyApp({super.key});
10:
11:   @override
12:   Widget build(BuildContext context) {
13:     return const CupertinoApp(
14:       title: 'Flutter Demo',
15:       home: PracticeWidget(),
16:     );
17:   }
18: }
19:
20: class PracticeWidget extends StatefulWidget {
21:   const PracticeWidget({super.key});
22:
23:   @override
24:   State<PracticeWidget> createState() => _PracticeWidgetState();
25: }
26:
27: class _PracticeWidgetState extends State<PracticeWidget> {
28:
29:   late TextEditingController _textController;
30:
31:   @override
32:   void initState() {
33:     super.initState();
34:     _textController = TextEditingController(text: '何か入力してください');
35:   }
36:
37:   @override
38:   Widget build(BuildContext context) {
39:     return CupertinoPageScaffold(
40:       navigationBar: const CupertinoNavigationBar(
41:           leading: Icon(CupertinoIcons.home),
42:           middle: Text('iOS App'),
43:           trailing: Icon(CupertinoIcons.add)
44:       ),
45:       backgroundColor: Colors.green,
46:       child: SafeArea(
47:         child: Column(
48:           crossAxisAlignment: CrossAxisAlignment.start,
49:           children: [
50:             Text(_textController.text),
51:             CupertinoTextField(
52:               onChanged: (value) {
53:                 _textController.text = value;
54:               },
55:               onSubmitted: (value) {
56:                 setState(() {
57:                   _textController.text = value;
58:                 });
59:               },
60:             )
```

```
61:          ],
62:        ),
63:      ),
64:    );
65:  }
66: }
```

これでソースコードをiOS端末でビルドすると、**図8.12左**のように表示されます。今回はColumnを使ってTextウィジェットとCupertinoTextFieldウィジェットを縦に並べてみました。白い部分がCupertinoTextFieldです。CupertinoTextFieldをタップすると入力カーソルが現れて、シミュレータ上だと手元のPCのキーボードから文字が入力できます。文字を入力して Enter キーを押すと、テキストフィールドの上の文字が入力した文字に変更されます(**図8.12右**)。

▼図8.12 iOSアプリ風のテキストフィールドが表示される

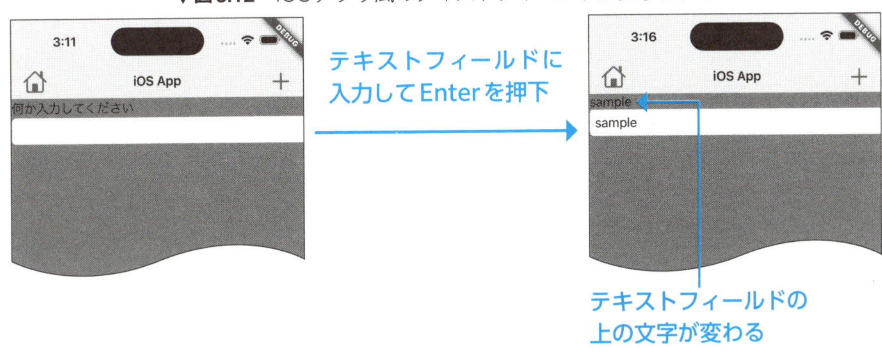

また、iOS風のソフトウェアキーボードを表示させたい場合は**図8.13**のように、入力カーソルを表示させた状態で[I/O]→[Keyboard]→[Toggle Keyboard Software]を選択すると**図8.14**のように画面上にキーボードが表示されるようになります。このソフトウェアキーボードから入力することもできます。

▼図8.13 「Toggle Keyboard Software」を選択する

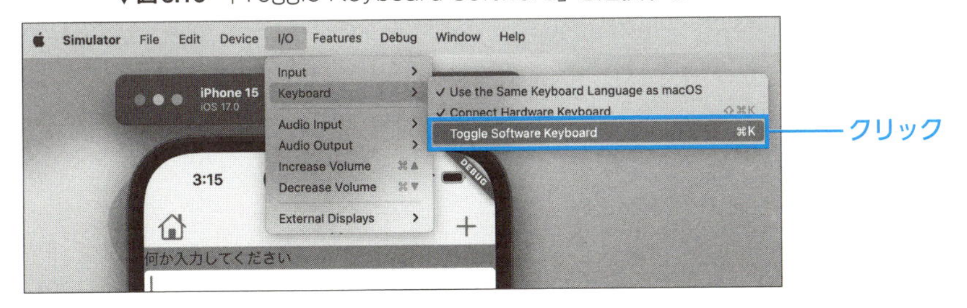

▼図8.14 iOS風キーボードが表示された状態

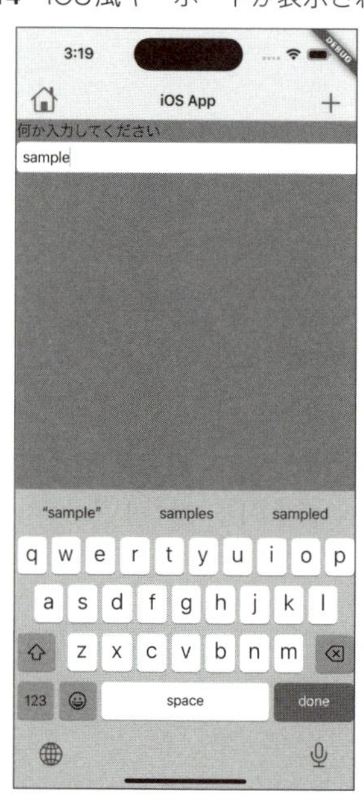

それでは、ソースコードの解説をします。着目すべきポイントはStatefulWidgetを継承したPracticeWidgetクラスです。CupertinoPageScaffoldのchildプロパティの中、51行目でCupertinoTextFieldウィジェットを使っています。

```
50:             Text(_textController.text),
51:             CupertinoTextField(
52:               onChanged: (value) {
53:                 _textController.text = value;
54:               },
55:               onSubmitted: (value) {
56:                 setState(() {
57:                   _textController.text = value;
58:                 });
59:               },
60:             )
```

実際に使っている箇所のみに着目すると、マテリアルデザインのTextFieldと同じです。

onSubmittedプロパティに指定したコールバック関数にて、setStateメソッドを呼び出しているため、テキストフィールドに値を入力して Enter キーを押すと、入力した内容が上のTextウィジェットに表示されます。

8.5.6 CupertinoButtonウィジェット

CupertinoButtonウィジェット[注20]は第4章で紹介したTextButtonといったボタンのiOSスタイルのウィジェッ

注20 https://api.flutter.dev/flutter/cupertino/CupertinoButton-class.html

トです。一般的にAndroidアプリでは、第4章で紹介したマテリアルデザインのボタンを表示させ、iOSアプリではこのCupertinoButtonを表示させます。使い方もほかのButton系ウィジェットと同じです（**構文8.7**）。

▼**構文8.7** CupertinoButtonウィジェットの使い方

```
CupertinoButton(
    onPressed: (){
      ボタンがタップされたときの処理
    },
    child: Text( ボタンに表示する文字列 )
)
```

それでは、CupertinoButtonを使ったサンプルコードを書いていきましょう。main.dartを**リスト8.17**のように書き換えます。

▼**リスト8.17** CupertinoButtonを使ってiOSアプリ風のボタンを実装する

```
01: import 'package:flutter/cupertino.dart';
02:
03: void main() {
04:   runApp(const MyApp());
05: }
06:
07: class MyApp extends StatelessWidget {
08:   const MyApp({super.key});
09:
10:   @override
11:   Widget build(BuildContext context) {
12:     return const CupertinoApp(
13:       title: 'Flutter Demo',
14:       home: PracticeWidget(),
15:     );
16:   }
17: }
18:
19: class PracticeWidget extends StatefulWidget {
20:   const PracticeWidget({super.key});
21:
22:   @override
23:   State<PracticeWidget> createState() => _PracticeWidgetState();
24: }
25:
26: class _PracticeWidgetState extends State<PracticeWidget> {
27:
28:   int _count = 0;
29:
30:   void _increment() {
31:     setState(() {
32:       _count ++;
33:     });
34:   }
35:
36:   @override
37:   Widget build(BuildContext context) {
38:     return CupertinoPageScaffold(
```

```
39:       navigationBar: const CupertinoNavigationBar(
40:           leading: Icon(CupertinoIcons.home),
41:           middle: Text('iOS App'),
42:           trailing: Icon(CupertinoIcons.add)
43:       ),
44:       child: SafeArea(
45:         child: Center(
46:           child: Column(
47:             mainAxisAlignment: MainAxisAlignment.center,
48:             children: [
49:               Text('$_count',
50:                   style: const TextStyle(
51:                       fontSize: 20.0
52:                   )
53:               ),
54:               CupertinoButton(
55:                   onPressed: _increment,
56:                   child: const Text('プラス')
57:               )
58:             ],
59:           ),
60:         ),
61:       ),
62:     );
63:   }
64: }
```

Column内のCupertinoTextFieldをCupertinoButtonに変更しました。また、ボタンは画面中央に配置することにしました。

これでソースコードをiOS端末でビルドすると、**図8.15**のように［プラス］というボタンが表示されます。デフォルトだと何も装飾されていないため、テキストのみが表示されます。ボタンをタップすると、ボタン上のカウントが1足されて表示されます。

▼図8.15 iOSアプリ風のボタンが表示される

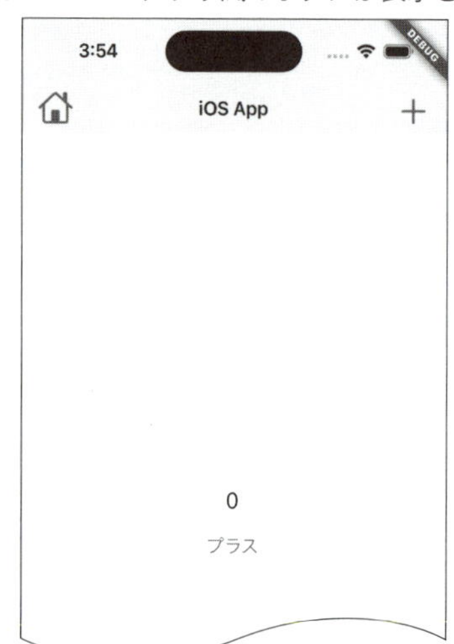

8.5.7 Switchウィジェット、CupertinoSwitchウィジェット

ここではこれまで登場しなかったSwitchウィジェットとCupertinoSwitchウィジェットを紹介します。Switch[注21]はマテリアルデザインのスイッチを作成するためのウィジェットです。CupertinoSwitch[注22]はiOSスタイルのスイッチを作成するためのウィジェットです。

SwitchのUIは1つの設定をONやOFFに切り替える場合に適しています。Switch自体は状態を保持しません。その代わり、SwitchのON/OFFが変化するとウィジェットはonChangedプロパティのコールバック関数を呼び出します。Switchを使用する場合はたいていこのonChangedコールバックを利用して、スイッチのON/OFFの外観を更新します。

Switchの使い方は**構文8.8**のとおりです。プロパティの意味は**表8.6**のとおりです。

▼**構文8.8** Switchウィジェットの使い方

```
Switch(
    value: trueまたはfalse,
    onChanged: スイッチを切り替えたときの処理
)
```

▼**表8.6** Switchのおもなプロパティ

プロパティ	内容
value	Switchの初期値をbool型（true/false）で指定する。
onChanged	SwitchのON/OFFが切り替わったときに呼ばれるコールバック関数を指定する。また、関数の引数には切り替わったあとの状態（ONならtrue、OFFならfalse）が渡される。

ここで注意点があります。これまでのマテリアルデザインのウィジェットはCupertinoAppウィジェット内でも使用できました。ですが、今回のSwitchウィジェットはCupertinoApp内で使用してビルドすると**図8.16、図8.17**のようにエラーが発生します。

▼**図8.16** CupertinoAppでSwitchを使ったときのエラー（ターミナル）

```
$No Material widget found.

_MaterialSwitch widgets require a Material widget ancestor within the closest LookupBoundary.
In Material Design, most widgets are conceptually "printed" on a sheet of material. (..略..)
```

注21 https://api.flutter.dev/flutter/material/Switch-class.html
注22 https://api.flutter.dev/flutter/cupertino/CupertinoSwitch-class.html

▼図8.17 CupertinoAppでSwitchを使ったときのエラー(アプリ画面)

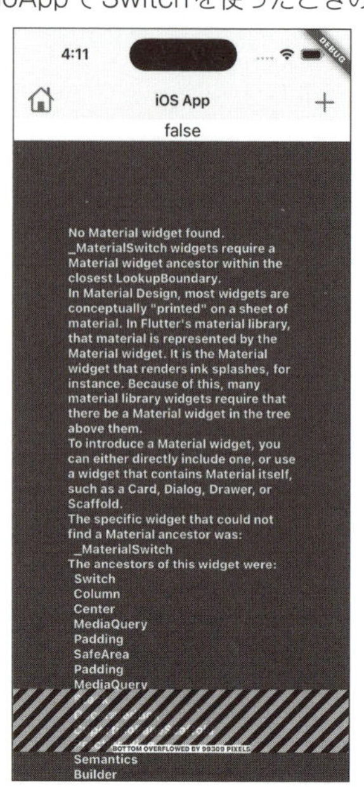

これは、Switchはマテリアルデザイン用にFlutter SDKが提供しているウィジェットであり、マテリアルデザインのウィジェット内でしか使えないことを示唆するエラーです。CupertinoAppでスイッチを実装したい場合はCupertinoSwitchを使う必要があります。

そのため、今回のサンプルコードはCupertinoSwitchを使って紹介します。CupertinoSwitchの使い方も**構文8.8**や**表8.6**と同じです。**リスト8.17**のPracticeWidgetクラスを**リスト8.18**の青字箇所のように書き換えます。

▼**リスト8.18** CupertinoSwitchを使ってiOSアプリ風のスイッチを実装する

```
19: class PracticeWidget extends StatefulWidget {
20:   const PracticeWidget({super.key});
21:
22:   @override
23:   State<PracticeWidget> createState() => _PracticeWidgetState();
24: }
25:
26: class _PracticeWidgetState extends State<PracticeWidget> {
27:
28:   bool _switchValue = false;
29:
30:   void _switchOnChanged(bool changed) {
31:     setState(() {
32:       _switchValue = changed;
33:     });
34:   }
35:
36:   @override
37:   Widget build(BuildContext context) {
38:     return CupertinoPageScaffold(
```

```
39:        navigationBar: const CupertinoNavigationBar(
40:            leading: Icon(CupertinoIcons.home),
41:            middle: Text('iOS App'),
42:            trailing: Icon(CupertinoIcons.add)
43:        ),
44:        child: SafeArea(
45:          child: Center(
46:            child: Column(
47:              mainAxisAlignment: MainAxisAlignment.center,
48:              children: [
49:                Text(_switchValue ? 'true' : 'false',
50:                    style: const TextStyle(
51:                        fontSize: 20.0
52:                    )
53:                ),
54:                CupertinoSwitch(
55:                    value: _switchValue,
56:                    onChanged: _switchOnChanged
57:                ),
58:              ],
59:            ),
60:          ),
61:        ),
62:      );
63:    }
64: }
```


このソースコードをビルドすると、**図8.18**のように表示されます。iOS端末の「設定アプリ」でよく見るようなスイッチのUIが表示されています。スイッチをタップするとON/OFFが切り替わり、同時にスイッチの上の文字が「false」や「true」に切り替わります。

▼図8.18 iOSアプリ風のスイッチが表示される

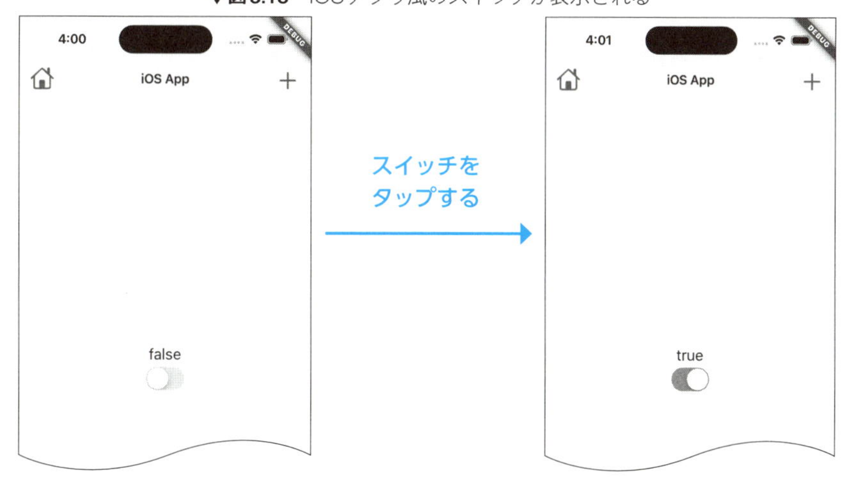

今回の変更点を解説していきます。まずメインのCupertinoPageScaffoldのColumnの中で、ウィジェットを次のように並べています。

```
46:         child: Column(
47:           mainAxisAlignment: MainAxisAlignment.center,
48:           children: [
49:             Text(_switchValue ? 'true' : 'false',
50:                 style: const TextStyle(
51:                     fontSize: 20.0
52:                 )
53:             ),
54:             CupertinoSwitch(
55:                 value: _switchValue,
56:                 onChanged: _switchOnChanged
57:             ),
58:           ],
59:         ),
```

CupertinoSwitchウィジェットのvalueプロパティには_switchValue変数を、onChangedプロパティには_switchOnChanged関数を指定しています。この_switchValue変数はクラス内で、bool型で宣言して初期値にfalseを代入しています。

```
28:   bool _switchValue = false;
```

次に_switchOnChanged関数を定義している箇所を見てみます。

```
30:   void _switchOnChanged(bool changed) {
31:     setState(() {
32:       _switchValue = changed;
33:     });
34:   }
```

関数内ではsetStateメソッドを呼び出して_switchValue変数の値を引数changedの値で更新しています。_switchOnChanged関数の引数changedはbool型を指定しています。CupertinoSwitchのonChangedプロパティのコールバック関数の引数には、bool型の値が入ってくるからです（**表8.6**で説明したとおり、コールバック関数の引数には、スイッチの切り替わったあとの状態（true/false）が渡されます）。

ちなみに、**リスト8.18**の54行〜57行のコードは次のコードと同義です。

```
CupertinoSwitch(
    value: _switchValue,
    onChanged: (value) {
      _switchOnChanged(value);
    }
)
```

このように書くと、onChangedのコールバック関数には引数としてvalueが渡されてくることが明示されていてわかりやすいです。

このような処理により、CupertinoSwitchをタップしたときに、onChangedプロパティの_switchOnChanged関数が呼ばれ、そのタイミングで_switchValueのtrue/falseが切り替わるのです。

8.6 OS別にUIを切り替えるテクニック

さて、これまでいろいろなiOS風なUIを実現させるためのウィジェットを紹介してきました。実際のアプリ開発において、iOSアプリとAndroidアプリで使い分ける必要がありそうなウィジェットは**表8.7**の5つです。

▼**表8.7** iOSアプリとAndroidアプリで使い分ける必要があるウィジェット

iOSアプリで使うウィジェット	Androidアプリで使うウィジェット
CupertinoApp	MaterialApp
CupertinoPageScaffold	Scaffold
CupertinoNavigationBar	AppBar
SafeArea	該当なし
CupertinoSwitch	Switch

Flutterでのクロスプラットフォーム対応を前提にしたアプリ開発では、基本的にはマテリアルデザインに準拠したウィジェットを使って開発して、iOSアプリのリリース前に必要に応じてCupertinoデザインのコードに書き換えます。その際には、先に紹介したCupertinoButtonやCupertinoTextFieldは、そのままのデザインでは実務で使えないかもしれません。必要に応じてレイアウトを装飾するなどして使用することをお勧めします。

8.6.1 ウィジェットを変数に代入する

クロスプラットフォーム対応の方法を説明する前に、ウィジェットを変数に代入する方法について解説します。じつはウィジェットは変数に代入することができます（**リスト8.19**）。

▼**リスト8.19** Containerウィジェットを変数に代入する

```
var container = Container(
  width: 100.0,
  height: 100.0,
  child: const Text('Hello World'),
);
```

リスト8.19はContainerウィジェットをcontainer変数に代入した例です（正確に述べると、Containerコンストラクタで生成したインスタンスを変数に代入しています）。このcontainer変数は使い回せます。たとえば、**リスト8.20**のようなコードも成り立ちます。

▼**リスト8.20** Containerウィジェットが入った変数を利用する

```
class SampleWidget extends StatelessWidget {
  const SampleWidget({super.key});

  @override
  Widget build(BuildContext context) {
    var container = Container(
      width: 100.0,
      height: 100.0,
```

```
      color: Colors.red,
      child: const Text('Hello World'),
    );
    return container;
  }
}
```

リスト8.20のbuildメソッドでは、Containerウィジェットを代入した変数containerをreturnしています。このように変数は数値や文字列や関数だけでなく、ウィジェット（のインスタンス）を格納することもできます。

8.6.2 OS別にUIを切り替える

前項の手法をプラットフォーム（OS）別対応に応用することで保守／運用しやすいコードになります。たとえば、ウィジェットを変数に代入すると、**リスト8.21**のように、OS別にウィジェットの表示を切り替えるロジックを、三項演算子を利用して簡潔に記述することができます。

▼**リスト8.21**　ウィジェットの表示を切り替えるロジックを、三項演算子を使って書く

```
import 'package:flutter/material.dart';
import 'package:flutter/cupertino.dart';
import 'dart:io';  // Platformクラスを使うため、dart:ioをインポート

void main() {
  runApp(const MyApp());
}

class MyApp extends StatelessWidget {
  const MyApp({super.key});

  @override
  Widget build(BuildContext context) {
    var isIOS = Platform.isIOS;
    var iosApp = const CupertinoApp(
      title: 'Flutter Demo',
      home: PracticeWidget(),
    );
    var androidApp = const MaterialApp(
      title: 'Flutter Demo',
      home: PracticeWidget(),
    );
    return isIOS ? iosApp : androidApp;  // 三項演算子を使ってウィジェットを切り替える
  }
}

(..略..)
```

このように、OS別にウィジェットの切り替えが必要なレイアウトは、ウィジェットを一度変数に代入したうえで、条件分岐させます。

同じように、前節までに実装してきたPracticeWidgetクラス（**リスト8.18**）も、クロスプラットフォーム対応させると、**リスト8.22**のように書き換えられます。

▼リスト8.22 PracticeWidgetクラスをクロスプラットフォームに対応させる（main.dart）

```
(..略..)

21: class PracticeWidget extends StatefulWidget {
22:   const PracticeWidget({super.key});
23:
24:   @override
25:   State<PracticeWidget> createState() => _PracticeWidgetState();
26: }
27:
28: class _PracticeWidgetState extends State<PracticeWidget> {
29:
30:   bool _switchValue = false;
31:
32:   void _switchOnChanged(bool changed) {
33:     setState(() {
34:       _switchValue = changed;
35:     });
36:   }
37:
38:   @override
39:   Widget build(BuildContext context) {
40:
41:     var isIOS = Platform.isIOS;
42:
43:     var iOSBody = CupertinoPageScaffold(
44:       navigationBar: const CupertinoNavigationBar(
45:           leading: Icon(CupertinoIcons.home),
46:           middle: Text('iOS App'),
47:           trailing: Icon(CupertinoIcons.add)
48:       ),
49:       child: SafeArea(
50:         child: Center(
51:           child: Column(
52:             mainAxisAlignment: MainAxisAlignment.center,
53:             children: [
54:               Text(_switchValue ? 'true' : 'false',
55:                   style: const TextStyle(
56:                       fontSize: 20.0
57:                   )
58:               ),
59:               CupertinoSwitch(
60:                   value: _switchValue,
61:                   onChanged: (value) {
62:                     _switchOnChanged(value);
63:                   }
64:               ),
65:             ],
66:           ),
67:         ),
68:       ),
69:     );
70:
71:     var androidBody = Scaffold(
72:       appBar: AppBar(
```

```
73:          title: const Text('Android App'),
74:        ),
75:        body: Center(
76:          child: Column(
77:            mainAxisAlignment: MainAxisAlignment.center,
78:            children: [
79:              Text(_switchValue ? 'true' : 'false',
80:                  style: const TextStyle(
81:                      fontSize: 20.0
82:                  )
83:              ),
84:              Switch(
85:                  value: _switchValue,
86:                  onChanged: (value) {
87:                    _switchOnChanged(value);
88:                  }
89:              ),
90:            ],
91:          ),
92:        ),
93:      );
94:      return isIOS ? iOSBody : androidBody;
95:    }
96: }
```

このように1つのコードでクロスプラットフォーム対応させることができます。

ただ、第4章や第5章で見られたように、Flutterでのアプリ開発は1つのウィジェットが膨大になりネストが深くなりがちです。そのため、第6章で学習したファイル単位やクラス単位でコンポーネントを細かく分割したほうが後々のアプリのメンテナンスで苦労しないかと思われます。

個人や開発するアプリにより差はありますが、コンポーネント単位で区切って開発することが一般的です。

8.7 Android/iOSに対応したアプリの作成

この章で取り上げた内容をもとにして第7章で開発したサンプルアプリ（Todoアプリ）をクロスプラットフォーム対応させる方法について解説します。第7章時点のアプリでも画面のUIはだいたいできていました。Androidアプリとしてもi OSアプリとしても十分に使えるレベルです。

今回、クロスプラットフォーム対応で取り入れる機能として、次の4つのポイントを紹介していきます。

- iPhone X系の端末でカードがノッチ部分に被らないようにセーフエリアに対応する。
- iOSアプリらしく新規作成ボタンをナビゲーションバー（ヘッダ）に設置する。
- 画面遷移のアニメーションをプッシュ遷移からモーダル遷移に変更する。
- カードを画面幅に応じたサイズで表示させる。

Flutterプロジェクトは、第5〜7章で使った「text_input_todo_app」プロジェクトを引き続き流用して修正していきます。「text_input_todo_app」プロジェクトを開いてください。

それでは、上の4つの項目についてそれぞれ解説していきます。

8.7.1 セーフエリアに対応する

最初に行う対応はiPhone X以上に存在しているノッチ部分の対応です。現状でも普通に使う分にはとくに問題ありませんが、セーフエリアを考慮していないため、端末の向きをLandscape（横向き）モードにするとカードがノッチ部分に被ってしまいます（**図8.19**）。

▼図8.19 カードがノッチ部分に被る（iPhone 15の場合）

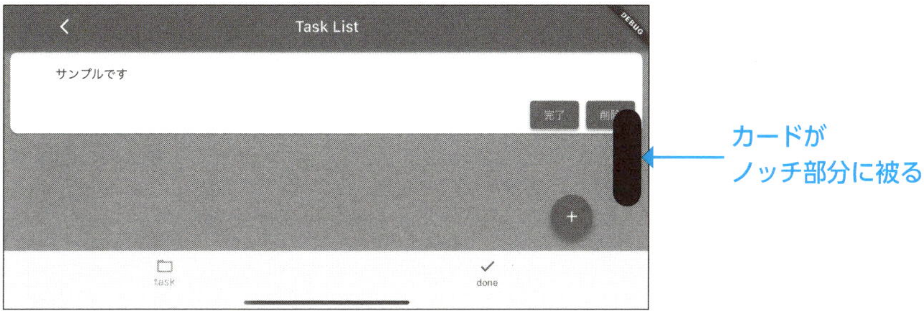

この場合の対応方法としては、アプリをPortrait（縦向き）に固定する仕様にすることも1つの手段ですが、今回はアプリ側でセーフエリアを考慮する対応にします。

そのため、ウィジェット全体に対してセーフエリアを考慮する対応をしていきます。修正する箇所は次の2ヵ所になります。

- TaskPageウィジェット
- CreatePageウィジェット

●TaskPageウィジェットを修正する

TaskPageウィジェットから見ていきます。main.dartを**リスト8.23**の青字箇所のように修正します。

▼リスト8.23 TaskPageウィジェットをセーフエリアに対応させる（main.dart）

```
45:     return Scaffold(
46:       backgroundColor: const Color.fromRGBO(165, 190, 215, 1.0),
47:       appBar: AppBar(
48:         title: Text(isDone ? 'Done List' : 'Task List'),
49:       ),
50:       body: SafeArea(
51:         child: ListView.builder(
52:           itemCount: todoList.length,
53:           itemBuilder: (BuildContext context, int index) {
54:             var title = todoList[index].title;
55:             var id = todoList[index].index;
56: 
57:             var todoCard = TodoCard(
58:                 title: title,
59:                 onPressedComplete: () => _complete(id),
```

```
60:              onPressedDelete: () => _delete(id)
61:            );
62:            var doneCard = DoneCard(
63:              title: title,
64:              onPressedDelete: () => _delete(id)
65:            );
66:            return isDone ? doneCard : todoCard;
67:          },
68:        ),
69:      ),
```

着目すべきポイントはScaffoldの中のListView.builderをSafeAreaで包んでいるところです。

この対応で「Task List画面」と「Done List画面」ともにiOSで横向きにしてもノッチと被ることがなくなります。

●CreatePageウィジェットを修正する

次に「新規作成画面」の対応です。create_page.dartを**リスト8.24**の青字箇所のように修正します。

▼リスト8.24　CreatePageウィジェットをセーフエリアに対応させる（create_page.dart）

```
22:    return Scaffold(
23:      backgroundColor: const Color.fromRGBO(165, 190, 215, 1.0),
24:      appBar: AppBar(
25:        title: const Text('新規作成'),
26:      ),
27:      body: SafeArea(
28:        child: ListView.builder(
29:            itemCount: 1,
30:            itemBuilder: (BuildContext context, int index) {
31:              return Card(
32:                shape: RoundedRectangleBorder(
33:                  borderRadius: BorderRadius.circular(10.0),
34:                ),
35:                margin: const EdgeInsets.symmetric(horizontal: 10.0, vertical: 5.0),
36:                child: Column(
37:                  crossAxisAlignment: CrossAxisAlignment.start,
38:                  children: [
39:                    Padding(
40:                      padding: const EdgeInsets.symmetric(horizontal: 10.0),
41:                      child: TextField(
42:                        controller: _controller,
43:                        decoration: const InputDecoration(hintText: '入力してください'),
44:                        onChanged: (String value) {
45:                          print(value);
46:                        },
47:                        onSubmitted: _submitTodo,
48:                      ),
49:                    ),
50:                    Padding(
51:                      padding: const EdgeInsets.symmetric(horizontal: 10.0, vertical: 5.0),
52:                      child: ElevatedButton(
53:                          onPressed: () {
54:                            _submitTodo(_controller.text);
```

```
55:                         },
56:                         child: const Text('カードを追加する')),
57:                    )
58:                  ],
59:                ),
60:              );
61:            }),
62:      ),
63:    );
64:  }
```

CreatePageウィジェットもTaskPageウィジェットと同じように、Scaffoldの中のListView.builderをSafeAreaで包みました。この変更でアプリをビルドしてカードを追加すると、**図8.20**のように表示されます。カード部分がノッチに被っていないことがわかります。

▼図8.20 カードがノッチ部分に被らなくなった（iPhone 15の場合）

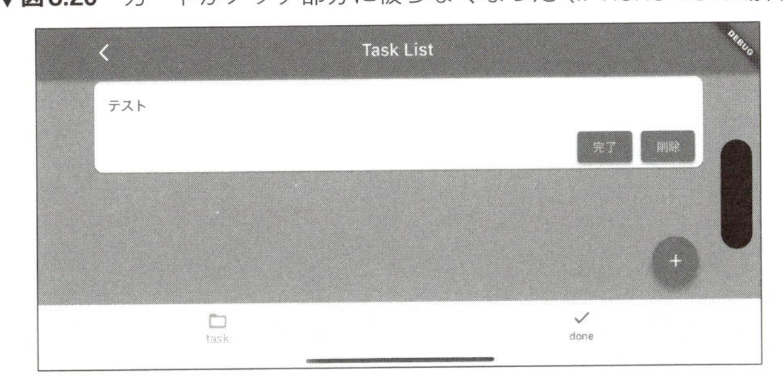

8.7.2 新規作成ボタンをナビゲーションバーに設置する

次にiOSアプリにおけるFAB（Floating Action Button）の取り扱いです。最近はiOSアプリでもFABがあるUIになってきていますが、もともとFABはAndroid特有のUIでした。そこで今回は、新規作成画面への遷移で使っているFABをAndroid端末にのみ表示させるように実装していきます。

OSごとに表示内容を切り替えるには、dart:ioに含まれていたPlatformクラスが使えます。そのため、**リスト8.25**のように、main.dartファイルの一番上でdart:ioをインポートしておきます。また、のちほどCupertino Iconsを使用するため、cupertino.dartもインポートしておきます。

▼リスト8.25 dart:ioとcupertino.dartをインポートする（main.dart）

```
01: import 'dart:io';
02: import 'package:flutter/cupertino.dart';
03: import 'package:flutter/material.dart';
    (..略..)
```

まずはPlatformクラスを使ってAndroidにのみFABを表示させます。ここで問題が発生します。floatingActionButtonはScaffoldのプロパティですが、iOSの場合には何を指定すればいいのかという問題です。指定しないというやり方はできません。つまり、**リスト8.26**のようなかたちにしたいのですが、これはできません。

▼リスト8.26　floatingActionButtonプロパティにnullを指定することはできない

```
return Scaffold(
  floatingActionButton: Platform.isAndroid ? FloatingActionButton(
    child: const Icon(Icons.add),
    onPressed: () {
      Navigator.of(context).pushNamed(AppRoute.createPage);
    },
  ) : null,  // iOSではセットしないのでnullにしたい（でも、できない）
);
```

●Visibilityウィジェット

今回実現したいのは、あるウィジェットに対してAndroid端末では表示させ、iOS端末では表示させないという対応です。

このようなウィジェットの表示／非表示を実現するのが**Visibility**ウィジェット注23です。

基本的な使い方は**構文8.9**のとおりです。

▼構文8.9　Visibilityウィジェットの使い方

```
bool _visible = tureまたはfalse;

Visibility(
  visible: _visible,
  child: 何らかのウィジェット,
)
```

各プロパティの設定内容は**表8.8**のとおりです。。

▼表8.8　Visibilityウィジェットのおもなプロパティ

プロパティ	内容
visible	表示／非表示をboolean型で指定する。
child	表示／非表示対象のウィジェットを指定する。

アプリ開発において、あるUIの表示／非表示の切り替えは頻繁に使うため、Visibilityは非常に便利です。これを使ってAndroid端末にのみFABを表示させるように修正します。

TaskPageウィジェットのScaffoldのfloatingActionButtonプロパティを、**リスト8.27**の青字箇所のように変更しましょう。

▼リスト8.27　Android端末の場合にだけFABを表示する（main.dart）

```
72:       floatingActionButton: Visibility(
73:         visible: Platform.isAndroid,
74:         child: FloatingActionButton(
75:           child: const Icon(Icons.add),
76:           onPressed: () {
77:             Navigator.of(context).pushNamed(AppRoute.createPage);
78:           },
79:         ),
80:       ),
```

注23　https://api.flutter.dev/flutter/widgets/Visibility-class.html

これでAndroid端末にのみFABが表示されるようになります。

●iOSアプリではナビゲーションバーに新規作成ボタンを設置する

次に、iOSアプリではナビゲーションバー(ヘッダ)に新規作成ボタンを設置します。ナビゲーションバーにあたるのはAppBarウィジェットです。ここにアイコンやボタンを表示させたい場合は、actionsプロパティに表示させたいウィジェットを配列で指定します。TaskPageウィジェットのScaffoldのappBarプロパティを**リスト8.28**の青字箇所のように変更しましょう。

▼**リスト8.28**　ナビゲーションバー(ヘッダ)に新規作成ボタンを設置する(main.dart)

```
49:       appBar: AppBar(
50:         title: Text(isDone ? 'Done List' : 'Task List'),
51:         actions: <Widget>[
52:           IconButton(
53:               icon: const Icon(CupertinoIcons.add),
54:               onPressed: (){
55:                 Navigator.of(context).pushNamed(AppRoute.createPage);
56:               },
57:           )
58:         ],
59:       ),
```

これでナビゲーションバーの右側に[+]のアイコンのボタンが表示されるようになります。また、このアイコンボタンはiOS端末にのみ表示させたいので、FABのようにVisibilityで包みます(**リスト8.29**)。

▼**リスト8.29**　iOS端末の場合にだけナビゲーションバーに新規作成ボタンを表示する(main.dart)

```
49:       appBar: AppBar(
50:         title: Text(isDone ? 'Done List' : 'Task List'),
51:         actions: <Widget>[
52:           Visibility(
53:               visible: Platform.isIOS,
54:               child: IconButton(
55:                 icon: const Icon(CupertinoIcons.add),
56:                 onPressed: (){
57:                   Navigator.of(context).pushNamed(AppRoute.createPage);
58:                 },
59:               ),
60:           ),
61:         ],
62:       ),
```

これでiOS端末の場合にのみナビゲーションバーの右側に[+]のアイコンのボタンが表示されるようになります。

ビルドしてみると、iOS端末では新規作成ボタンはナビゲーションバーに表示されてFABが非表示になり(**図8.21左**)、Android端末ではFABのみが表示されるようになります(**図8.21右**)。

▼図8.21　OSごとに新規作成ボタンの表示が切り替わる

iOSの場合
（iPhone15で実行）

Androidの場合
（Pixel 5で実行）

8.7.3 プッシュ遷移からモーダル遷移に変更する

Androidアプリでは、画面遷移のアニメーションのない紙芝居風の画面の切り替えが一般的です。それに対して、iOSアプリでは画面が遷移するときはアニメーションして切り替わります。一般的なiOSアプリの画面遷移は大きく2種類に分かれます。

・モーダル遷移
・プッシュ遷移

モーダル遷移は新しい画面が下からシュッと出てくるイメージのアニメーション遷移です。たとえば、とあるアプリにX（旧Twitter）やFacebookといったSNSシェア投稿機能がある場合、SNS投稿をしようとすると出てくるウィジェットがあります。それらのウィジェットはたいてい下から出てきます。イメージ的にはあのアニメーションがフルスクリーンになったものがモーダル遷移です。画面の動きが上下のイメージです。

それに対してiOSのプッシュ遷移は左右の動きです。プッシュ遷移は古い画面が左に移動して、新しい画面が右から出てきます。画面の移動方向は左から右へ、といった感じです。

●iOSではモーダル遷移で画面遷移させる

iOSアプリに限ってですが、モーダル遷移とプッシュ遷移の使い分けはアプリのUXを向上させるうえで非常に重要です。今まではFlutterでの画面遷移はプッシュ遷移に近い切り替えでしたが、ここではモーダル遷移風の画面遷移を実装します。

Flutterでモーダル遷移を実現するのは非常にシンプルです。MaterialPageRouteクラス[注24]が持つfullscreenDialogプロパティがその役割を担っており、fullscreenDialogにtrueを指定することでモーダル遷移を実現できます。

第7章の画面遷移のときに紹介したNavigatorと組み合わせて実装するときには、たとえば**リスト8.30**のようになります。

▼リスト8.30 モーダル遷移で画面を遷移させる

```
Navigator.of(context).push(
    MaterialPageRoute(
        builder: (BuildContext context) {
          return CreatePage();  // 画面遷移して CreatePage ウィジェットが現れる
          },
        fullscreenDialog: true  // モーダル遷移にする場合は true を指定する
    )
);
```

これで新規作成画面（CreatePage）に画面遷移するときにモーダル遷移のアニメーションが発動します。

リスト8.30の書き方が一般的ですが、今回はMaterialPageRouteの部分を変数に代入して、コードのネストが深くならないようにします（**リスト8.31**）。こちらのほうが、何をしているのかがわかりやすいのではないかと思います。

▼リスト8.31 モーダル遷移で画面を遷移させる（main.dart）

```
49:       appBar: AppBar(
50:         title: Text(isDone ? 'Done List' : 'Task List'),
51:         actions: <Widget>[
52:           Visibility(
53:               visible: Platform.isIOS,
54:               child: IconButton(
55:                 icon: const Icon(CupertinoIcons.add),
56:                 onPressed: (){
57:                   var createPageRoute = MaterialPageRoute(
58:                       builder: (BuildContext context) {
59:                         return const CreatePage();
60:                       },
61:                       fullscreenDialog: true
62:                   );
63:                   Navigator.of(context).push(createPageRoute);
64:                 },
65:               ),
66:           ),
67:         ],
68:       ),
```

VisibilityクラスのvisibleプロパティでPlatform.isIOS指定されていることによって、いい感じにiOSアプリにだけモーダル遷移が実現できている状態になりました。

注24 MaterialPageRouteクラスとは、7.1.2項で少し触れましたが、マテリアルデザインに従ったアニメーションを行うためのクラスです。

8.7.4　カードを画面幅に応じたサイズで表示させる

8.4節で画面サイズの取得のしかたを学習したため、ここでも実際に使ってみましょう。画面サイズはMediaQueryクラスを使えば取得できました。8.4.2項のおさらいになりますが、**リスト8.32**のようなコードで画面サイズを取得できます。

▼リスト8.32　端末の画面サイズを取得する

```
// 画面サイズの取得
var size = MediaQuery.of(context).size;
// 横幅の取得
var width = size.width;
// 高さの取得
var height = size.height;
```

MediaQuery.ofメソッドの引数に指定しているcontextは、StatelessWidgetなどのbuildメソッドの引数にあるため、それを渡します。このコードを応用して、カードの横幅を画面サイズの90%に指定します（この値は筆者の好みで決めただけの数値です）。適用するのは次の2ヵ所です。

- 新規作成画面のテキスト入力カード
- Task ListとDone List画面のカード

●新規作成画面のテキスト入力カードのサイズを調整する

craete_page.dartを修正していきます。Cardウィジェットのmarginプロパティに、画面の横幅から計算した値を指定します（**リスト8.33**）。

▼リスト8.33　テキスト入力カードを画面幅に応じたサイズで表示させる（craete_page.dart）

```
31:                return Card(
32:                  shape: RoundedRectangleBorder(
33:                    borderRadius: BorderRadius.circular(10.0),
34:                  ),
35:                  margin: EdgeInsets.symmetric(horizontal: MediaQuery.of(context).size.width * ↵
0.1, vertical: 5.0),
36:                  child: Column(
37:                    crossAxisAlignment: CrossAxisAlignment.start,
38:                    children: [
                         (..略..)
58:                    ],
59:                  ),
60:                );
```

今回はCardウィジェットにはmargin（外側の余白）を指定しています。この左右の余白として画面サイズの10%を指定することで、Cardを擬似的に画面サイズの90%にしています。

Flutterでのアプリ開発ではUIのコンポーネントに「サイズ指定」をする機会があまりありません。iOSのネイティブアプリ開発の場合はAutoLayoutという機能を使ってウィジェット間の間隔調整をしていましたが、Flutterでのアプリ開発の場合はUIコンポーネントに直接サイズ指定はせずに、paddingやmarginなどのプロパティやColumnやRowといったクラスを利用してレイアウトを作成していきます。そのため、Flutterでのアプリ開発ではウィジェットのサイズをコードに直接ベタ書きするようなことはありません。

●Task ListとDone List画面のカードのサイズを調整する

Task List画面で見せるTodoカードはTodoCardクラス、Done List画面で見せるTodoカードはDoneCardクラスから生成しています。そのため、todo_card.dartとdone_card.dartを修正すれば、両画面に反映させることができます。どちらのクラスもCardのmarginの部分を変更するだけです。**リスト8.34、リスト8.35**に該当部分を掲載します。

▼**リスト8.34** Todoカードを画面幅に応じたサイズで表示させる（todo_card.dart）

```
18:     return Card(
19:         shape: RoundedRectangleBorder(
20:           borderRadius: BorderRadius.circular(10.0),
21:         ),
22:         margin: EdgeInsets.symmetric(horizontal: MediaQuery.of(context).size.width * 0.1, ➡
vertical: 5.0),
23:         child: Column(
24:           mainAxisSize: MainAxisSize.max,
25:           children: [
26:             ListTile(title: Text(title)),
27:             Row(
28:               mainAxisAlignment: MainAxisAlignment.end,
29:               children: [
                    (..略..)
42:               ],
43:             )
44:           ],
45:         )
46:     );
```

▼**リスト8.35** Todoカードを画面幅に応じたサイズで表示させる（done_card.dart）

```
16:     return Card(
17:         shape: RoundedRectangleBorder(
18:           borderRadius: BorderRadius.circular(10.0),
19:         ),
20:            margin: EdgeInsets.symmetric(horizontal: MediaQuery.of(context).size.width * 0.1, ➡
vertical: 5.0),
21:         child: Column(
22:           mainAxisSize: MainAxisSize.max,
23:           children: [
24:             ListTile(title: Text(title)),
25:             Row(
26:               mainAxisAlignment: MainAxisAlignment.end,
27:               children: [
                    (..略..)
34:               ],
35:             )
36:           ],
37:         )
38:     );
```

リスト8.34、**リスト8.35**の青字箇所に着目すると新規作成画面のときと同じ処理を行っていることがわかります。

これですべてのカードの横幅を画面サイズの90%に変更することができました。アプリをビルドしてカードを追加すると、**図8.22**のように表示されます。カードの横幅が少し狭くなっていることがわかります。

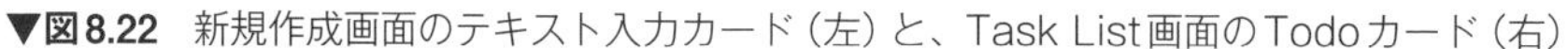

▼**図8.22**　新規作成画面のテキスト入力カード（左）と、Task List画面のTodoカード（右）

以上で4点の機能の実装が完了しました。この章で学んだ知識を使って実装したことで、実際のクロスプラットフォーム対応で何を行うかがわかってきたかと思います。この章までの内容をマスターできていたら、FlutterでのUIレイアウトの作成で困ることは少なくなるはずです。

最後に、もっと復習したい人のために、練習問題を挙げておきます。8.7節で修正したTodoアプリを、さらに次のように修正してみてください。

①アプリの画面回転をPortrait（縦向き）に固定してください。
②新規作成画面で使っているTextFieldをCupertinoTextFieldに変更して、よりiOSアプリらしいUIを実装してください。
③アプリのテキストフィールドを、AndroidではTextFieldとして表示させ、iOSではCupertinoTextFieldとして表示させるようにOS別の対応をしてください。

第9章

アプリのリリース

9.1 アプリをリリースするために

この章では、アプリのリリースに向けて行う作業について解説します。リリース作業が完了すると、今まで開発してきたモバイルアプリを世に出せるようになります。

リリースする先はプラットフォームごとに異なっており、iOSアプリの場合はAppStoreに、Androidアプリの場合はGoogle Playにリリースします。実際のリリース作業についてはFlutter公式の次のページで手順が解説されています。

・iOS： https://docs.flutter.dev/deployment/ios
・Android： https://docs.flutter.dev/deployment/android

本書では、iOSアプリの手順のみを説明していきます。

9.1.1 iOSアプリを審査に出すための条件

iOSアプリを審査に出すためには、次の条件を満たす必要があります。

①Apple Developer Programに登録しているアカウントがあること。
②アプリそのものについて説明するWebページと、アプリのプライバシーポリシーについて説明するWebページがあること。
③開発環境がMacであること。

まずは、これらの条件を満たすための準備について説明します。

●①Apple Developer Programの登録

AppleのApp Storeにリリースするためには、「Apple Developer Program」に登録している必要があります。登録は次の公式サイトから行います。

- **Apple Developer Program公式サイト**
  https://developer.apple.com/jp/programs/

登録にかかる年間メンバーシップの料金は、公式サイトには99米ドル（税別）と記載されています[注1]。実際の決済は円建てになります。99米ドルは固定ですが、為替レートに応じて円建てでの価格は変動します。決済にはクレジットカードが必要です。

本書では、このApple Developer Programに登録されたアカウントのことを、便宜上「アクティベート（有効化）されたアカウント」と表現します。

Apple Developer Programへの登録は、Appleのサービスにサインインするときに使うメールアドレス（Apple

注1 https://developer.apple.com/jp/programs/whats-included/

Accountとして登録しているメールアドレス）を使用することが望ましいです。iPhoneを使用していて、iPhoneの設定アプリで登録しているアカウントがある場合は、そのアカウントをApple Developer Programに登録するとよいでしょう。

Apple Accountがなければ、最初にApple Accountを作成します。そのApple Accountを使ってApple Developer Programに登録することが一番簡単かと思います。

注意事項として、Apple Developer Programへの登録や、後述するApp Storeへの申請作業はGoogle ChromeではなくSafariで行うことを推奨します。Google Chromeで行うと不具合が出て途中で止まるような現象が時々あります。また、登録情報は日本語よりも英語のほうが望ましいです（エラーが発生する場合は日本語で登録してみてください）。

Apple Developer Programに登録したら、登録したメールアドレスに決済の情報に関するメールが届きます。決済が完了してからアカウントがアクティベート（有効化）されるまでに、だいたい1日かかります。米国のカレンダーで休日が続いている場合はそれ以上かかるかもしれません。

また、アクティベートされる前に再度Apple Developer Programに登録を申請すると、また決済が行われることがあります。決済自体はAppleのシステムによって二重払いになることはありませんが、何度も申請しないように注意が必要です。我慢強く1日以上待つと、Appleからアクティベートされたというメールが届きます。これにてアクティベートは完了です。

アクティベートされたアカウントで、次の「Apple Developer」のサイトにログインすると、左側のメニューから［Certificates, Identifiers & Profiles］というCertificatesの設定ページに進めます。

- **Apple Developer**
  https://developer.apple.com

この［Certificates, Identifiers & Profiles］ページが表示できるようになれば、iOSアプリを審査するための条件の1つめは完了です。

●②アプリの説明用のアプリのWebサイトとプライバシーポリシー

無事にApple AccountでApple Developer Programがアクティベートされると、「App Store Connect」にログインできるようになります。

- **App Store Connect**
  https://appstoreconnect.apple.com

アプリをリリースする際は、ここでアプリを登録することになります（具体的な方法は9.2.4項で説明します）。アプリの登録後に表示されるアプリ情報の入力ページには、「Webサイト」と「プライバシーポリシー」のURLを入力する欄があります。そこにアプリのWebサイトとプライバシーポリシーのページのURLを入力しないと、アプリの審査が完了しません。

そのため、ペラページ（1ページだけのWebサイト）でもいいので用意しておく必要があります。CMS（Contents Management System）の「WordPress」でページを作る、何かしらのサービスでHTMLファイルをデプロイするなどを行う必要があります。今では「Notion」というサービスで簡易的なWebページを作成することもできます。

独自ドメインにしたい場合は「Notion」で作成したページをWebサイトにできる「Wraptas」を使って作成できます[注2]。

●③開発環境がMacであること

iOSアプリをApp Storeにリリースする場合、開発したアプリのバイナリデータを前述したApp Store Connectにアップロードする必要があります。バイナリデータをアップロードするためにはXcodeが必要になります。XcodeはMacでしか使用できませんので、必然的に開発環境はMacである必要があります。

アプリを審査に出すうえでの注意事項は以上です。

9.2 リリース前に実施すべきこと

アプリをリリースするには、あらかじめ次の作業を実施しておく必要があります。

- スプラッシュ画面（起動時画面）の作成
- アプリ名、アプリアイコン画像の設定
- App Idの登録
- アプリのメタデータの登録

これらの作業について確認していきましょう。

9.2.1 スプラッシュ画面（起動時画面）の作成

スプラッシュ画面とは、アプリの起動後、初期画面が表示されるまでに拡大アニメーションで表示される画面のことです。英語では「Launch Screen」と呼ばれます。スプラッシュ画面がなくてもアプリをリリースできますが、初期画面が表示されるまで画面が真っ白あるいは真っ黒で表示されて見栄えとしてはあまりよろしくありません。このスプラッシュ画面の実装方法を見ていきます。

Flutterでのアプリ開発では、このスプラッシュ画面を実装するのに便利なライブラリが提供されています。

- **flutter_native_splash**
  https://pub.dev/packages/flutter_native_splash

今回はこのライブラリを使ってスプラッシュ画面を実装する方法を紹介します。ここでは、第6～8章で扱ったtext_input_todo_appプロジェクトを使って解説を進めていきます。

はじめにスプラッシュ画面に使用する画像を、text_input_todo_appプロジェクトにインポートします。今回はプロジェクトのルートにassetsディレクトリを作成して、そのディレクトリに画像ファイルをコピーします。画像サイズが幅200px、高さ200pxの**図9.1**のような画像を使います。画像のファイル名はicon_logo.pngとし

注2　Notion：　https://www.notion.so
Wraptas：　https://wraptas.com/

ます注3。

▼図9.1　スプラッシュ画像（icon_logo.png）

iOSアプリの場合、画像が崩れる可能性もありますので、png形式の画像ファイルを利用することを推奨します。プロジェクトの直下にあるpubspec.yamlを開き、**リスト9.1**の青字箇所のように「dev_dependencies:」部分にライブラリ名とバージョンを追記します。

▼**リスト9.1**　pubspec.yamlにライブラリ名とバージョンを記述

```
(..略..)

dev_dependencies:
  flutter_test:
    sdk: flutter
  flutter_native_splash: 2.3.5

(..略..)
```

これでAndroid Studioの［Pub get］ボタンをクリックするとライブラリのインストールが完了します。

次に、先ほど用意したicon_logo.pngをスプラッシュ画像として使う場合、同じくpubspec.yamlの「dev_dependencies:」の部分を**リスト9.2**の青字箇所のように追記します。

▼**リスト9.2**　pubspec.yamlにスプラッシュ画像の設定を記述

```
(..略..)

dev_dependencies:
  flutter_test:
    sdk: flutter
  flutter_native_splash: 2.3.5

flutter_native_splash:
  color: "#ffffff"
  image: "assets/icon_logo.png"

(..略..)
```

colorには16進数のカラーコードを指定し、imageにはスプラッシュ画面で使用する画像ファイルのパスを指

注3　こちらのアイコン画像は次のリンクからダウンロードして利用できます。
https://publicdomainq.net/movie-icon-0051350/

定します。この変更が完了したら、Android Studioのターミナルで次のコマンドを実行します。

```
$ flutter pub run flutter_native_splash:create
```

無事にコマンドの実行が成功したら、次のようなメッセージが表示されてスプラッシュ用の画像が作成されます。

```
Native splash complete.
Now go finish building something awesome! You rock!
```

これでiOSシミュレータを立ち上げて、ビルドしてみましょう。iOSアプリが起動し、初期画面が表示される前に、フワッとしたアニメーションで画面中央にスプラッシュ画像が表示されたら成功です。これでスプラッシュ画面の実装が完了です。

●エラーが出た場合

もしflutter pub run flutter_native_splash:create実行時に、「zsh: command not found: flutter」などのメッセージが表示されて何も起きなければ、次のコマンドのように.zprofileファイルを読み直したうえで再実行します。

```
$ source ~/.zprofile  ←.zprofileファイルの読み直し
$ flutter pub run flutter_native_splash:create  ←再実行
```

あるいは、flutter pub run flutter_native_splash:createを実行した際に、次のようなエラーが表示されるかもしれません。

```
Cannot not find minSdk from android/app/build.gradle or android/local.propertiesSpecify minSdk in ⏎
either android/app/build.gradle or android/local.properties
```

この場合は、「minSdk」の設定が足りていないというエラー内容のため、プロジェクトのandroidディレクトリ内にあるlocal.propertiesファイルに、**リスト9.3**の青字箇所のような設定を記述します。

▼リスト9.3　android/local.propertiesにminSdkの設定を追記する

```
sdk.dir=/Users/ユーザー名/Library/Android/sdk
flutter.sdk=/Users/ユーザー名/development/flutter
flutter.buildMode=debug
flutter.versionName=1.0.0
flutter.versionCode=1

flutter.minSdkVersion=21  # 一番下に追記
```

修正後に、ターミナルに移動して、先ほどのコマンドを再実行します。

```
$ flutter pub run flutter_native_splash:create
```

これでエラーメッセージが表示されなくなったら、無事にスプラッシュ画像の実装は完了です。

9.2.2 アプリ名、アプリアイコン画像の設定

次にアプリ名とアプリアイコン画像の設定を解説します。

●アプリアイコン画像の設定

先にアプリアイコン画像の設定から進めます。アプリアイコンで使用する画像は正方形のサイズになります。こちらはアプリアイコンの実装用のライブラリ「flutter_launcher_icons」を使って実現できます。

- **flutter_launcher_icons**
  https://pub.dev/packages/flutter_launcher_icons

flutter_launcher_iconsを使用するために、あらかじめpubspec.yamlの「dependencies:」に**リスト9.4**の青字箇所のように追記しておきます。

▼リスト9.4 pubspec.yamlにライブラリ名とバージョンを記述

```
(..略..)

dependencies:
  flutter:
    sdk: flutter

  (..略..)

  flutter_launcher_icons: 0.13.1

dev_dependencies:
  (..略..)
```

今回は先ほどインポートしたicon_logo.pngをそのままアプリアイコンとして使用します。同じくpubspec.yamlの「dev_dependencies:」に**リスト9.5**の青字箇所のように追記します。

▼リスト9.5 pubspec.yamlにアイコン画像の設定を記述

```
(..略..)

dev_dependencies:
  flutter_test:
    sdk: flutter
  flutter_native_splash: 2.2.14

flutter_native_splash:
  color: "#ffffff"
  image: "assets/icon_logo.png"

flutter_launcher_icons:
  android: true
  ios: true
  image_path: "assets/icon_logo.png"
  min_sdk_android: 21
```

```
(.. 略 ..)
```

この変更を行ったあとに、ターミナルから次のコマンドを実行します。

```
$ flutter pub get
$ flutter pub run flutter_launcher_icons:main
```

コマンドが成功して、エラーメッセージが表示されていなければ成功です。そのままiOSのシミュレータでビルドを実行します。ビルドが成功してアプリが起動してからホーム画面に戻ると、**図9.2**のようにアプリのアイコンが、Flutterのデフォルトアイコンからicon_logo.pngのアイコン画像になっていることが確認できます。

▼**図9.2**　アプリアイコンが変更された

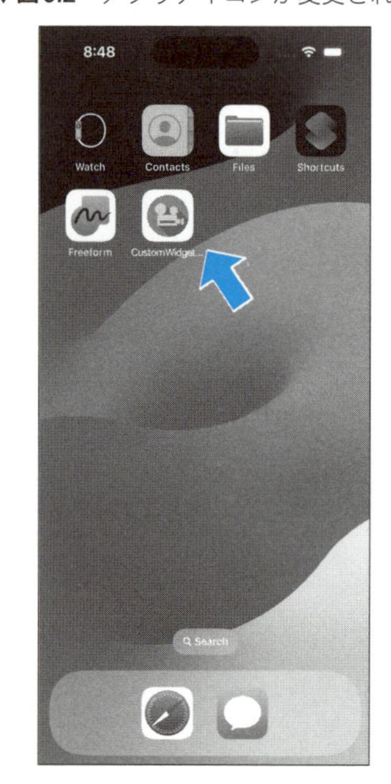

●アプリ名の設定

次に、アプリアイコンの下に表示されるアプリ名を変更する方法について解説していきます。

iOSアプリでアプリ名を変更する場合は、プロジェクトのルートのディレクトリ/ios/Runner/のInfo.plistを編集します。

編集する方法はAndroid Studioから直接変更する方法と、Xcodeから変更する方法の2つの方法があります。今回は後者のXcodeから変更する方法を紹介します。なお、どちらにおいても「Bundle name」と「Bundle display name」の項目を変更することで反映されます。

まずは、info.plistをXcodeで開くためにFinderから「ルートのディレクトリ/ios/」（本書のとおり環境構築していれば、~/StudioProjects/text_input_todo_app/ios/）にあるRunner.xcworkspaceをダブルクリックしてXcodeを起動します。

次に、Xcodeの左側のメニューから「Runner/Runner/Info」を開きます。Infoに**図9.3**のように［Bundle name］と［Bundle display name］の項目があるので、そのValueを好きな文字列に変更します。今回は「タスク管理」と変更します。

▼**図9.3** Xcodeでアプリ名を変更

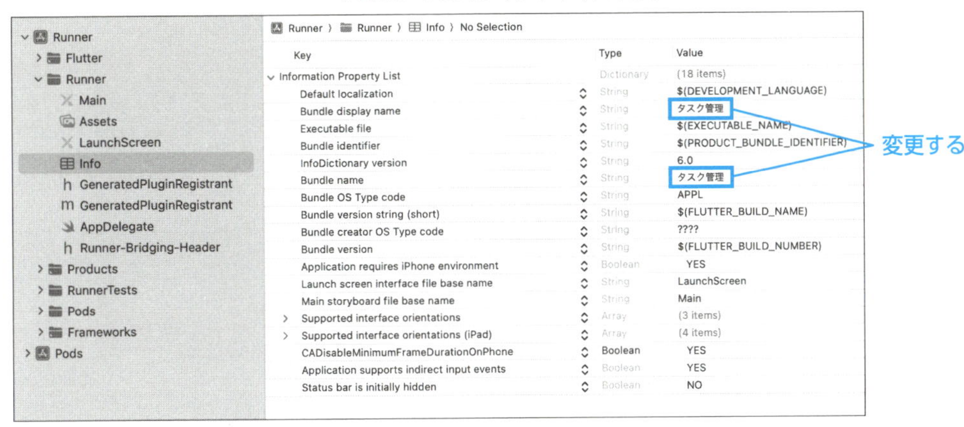

これでアプリ名の変更が完了します。再度iOSシミュレータを立ち上げてアプリをビルドしてからホーム画面に戻ると、**図9.4**のようにアプリ名が変更されていることを確認できます。また、iOSアプリのビルドはXcodeからも行えます。

▼**図9.4** アプリ名が変更された

9.2.3 App IDの登録

開発したアプリをリリースするには、事前にApp Store Connectにリリースするアプリの情報を登録します。その際に、アプリのApp ID（バンドルID）が必要になります。そのため、まずApp IDを登録する手順を説明します。

App IDを登録するためには、アクティベートされたアカウントで「Apple Developer」サイトにログインする必要があります。

- **Apple Developer**
  https://developer.apple.com

▼**図9.5**　Apple Developerサイト

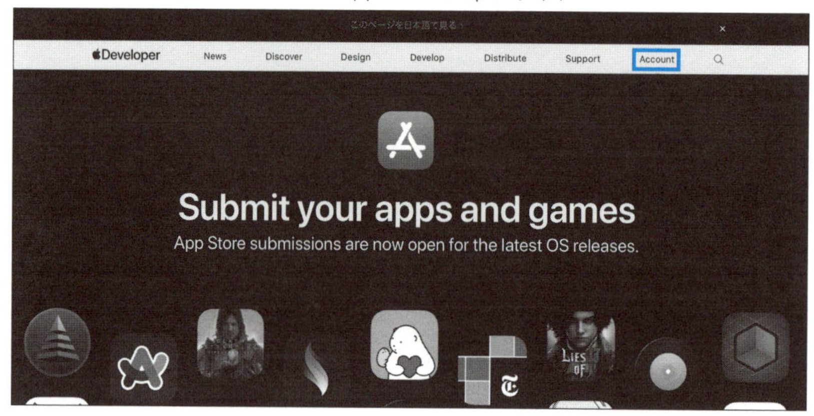

図9.5の［Account］をクリックすると、**図9.6**のようなログインページが表示されます。

▼**図9.6**　Apple Developerのログイン画面

Apple Developerにサインイン

メールまたは電話番号
sample@gmail.com

パスワード
•••••••••••

Apple Accountをブラウザに保存

パスワードをお忘れですか？

Apple Accountをお持ちでないですか？ 作成はこちら >

図9.6の［メールまたは電話番号］には、Apple Developer Programに登録してアクティベートしたメールアドレスを入力します。ここでは、一例として「sample@gmail.com」と入力しています。

［パスワード］には、アクティベートしたApple Developer Programのメールアドレスに対応するパスワードを入力します。

入力が完了したら、Enterキーを押すか［パスワード］入力欄の右側にある矢印のボタンをクリックします。すると、ログインできます。

図9.7がログイン後の画面です。

▼図9.7 Apple Developerサイトのログイン後の画面

App IDを登録するには、[証明書、ID、プロファイル] の項目にある [ID] の部分をクリックします。

すると、**図9.8**のような「Certificates, Identifiers & Profiles」のページが表示されます。ここには、すでに登録されているApp IDなどが一覧で表示されます。

▼図9.8 Certificates, Identifiers & Profilesのページ

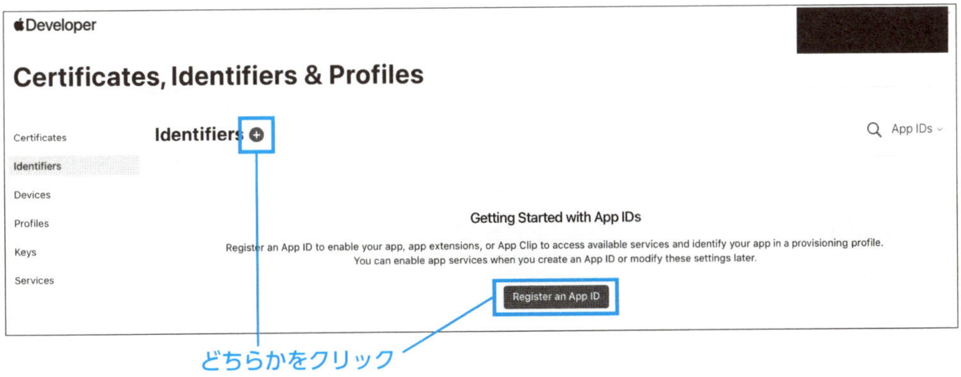

リリースするアプリを登録するためには、[Register an App ID] か [Identifiers] の右側にある [+] ボタンをクリックします。

すると、**図9.9**のように「Register a new identifier」のページが表示されます。

▼図9.9 Register a new identifierのページ

Certificates, Identifiers & Profiles

‹ All Identifiers

Register a new identifier

Continue

②クリック

①選択

App IDs
Register an App ID to enable your app, app extensions, or App Clip to access available services and identify your app in a provisioning profile. You can enable app services when you create an App ID or modify these settings later.

Services IDs
For each website that uses Sign in with Apple, register a services identifier (Services ID), configure your domain and return URL, and create an associated private key.

Pass Type IDs
Register a pass type identifier (Pass Type ID) for each kind of pass you create (i.e. gift cards). Registering your Pass Type IDs lets you generate Apple-issued certificates which are used to digitally sign and send updates to your passes, and allow your passes to be recognized by Wallet.

Order Type IDs
Register an order type identifier (Order Type ID) to support signing and distributing order bundles with Wallet and Apple Pay. Registering your order type ID lets you generate certificates to digitally sign and send updates to your orders in Wallet.

Website Push IDs
Register a Website Push Identifier (Website Push ID). Registering your Website Push IDs lets you generate Apple-issued certificates which are used to digitally sign and send push notifications from your website to macOS.

このページでは、iOSアプリのどの種類のIDを登録するのかを選択できます。いろいろな種類のIDを登録できますが、App Storeにリリースする場合は［App IDs］を選択するのが一般的です。

ここでは、［App IDs］を選択した状態で、［Continue］をクリックします。**図9.10**の「Select a type」のページが表示されます。

▼図9.10 Select a typeのページ

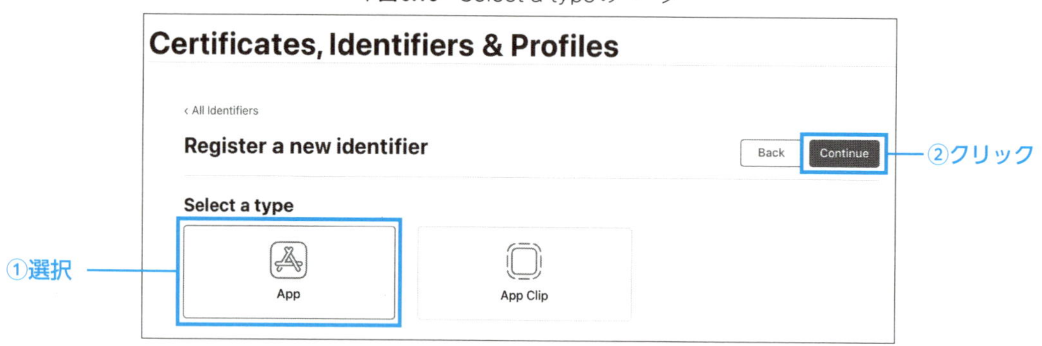

このページでは、登録するApp IDをアプリとして使用するか、App Clipとして使用するかを選択できます。App Clipとは、ユーザーがApp Storeでアプリをインストールする前に試せるミニアプリのことです。

今回は、［App］を選択した状態で、［Continue］をクリックします。**図9.11**のRegister App IDのページに遷移します。

▼図9.11 Register App IDのページ

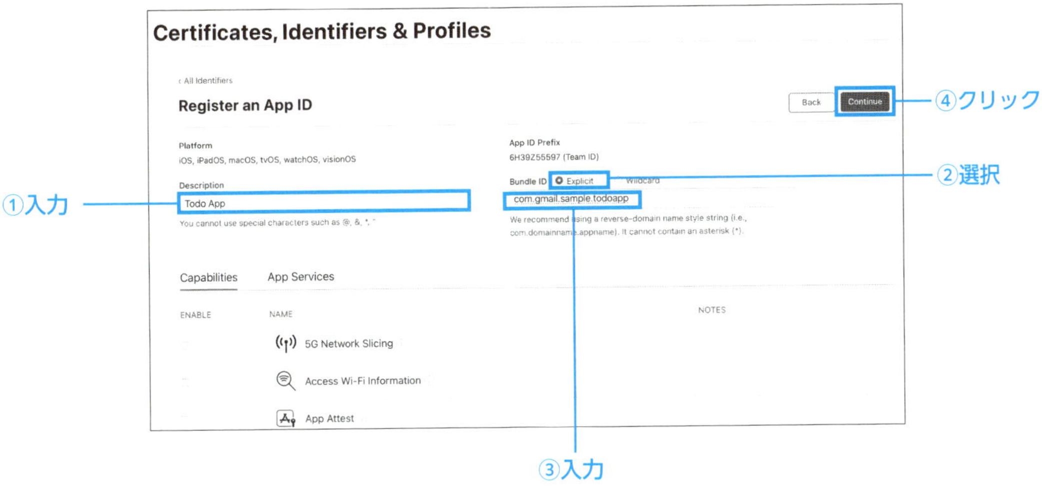

Certificates, Identifiers & Profiles

< All Identifiers

Register an App ID

Back Continue ④クリック

Platform
iOS, iPadOS, macOS, tvOS, watchOS, visionOS

App ID Prefix
6H39Z55597 (Team ID)

Description
①入力 Todo App
You cannot use special characters such as @, &, *, "

Bundle ID ● Explicit ②選択 Wildcard
com.gmail.sample.todoapp
We recommend using a reverse-domain name style string (i.e., com.domainname.appname). It cannot contain an asterisk (*).

③入力

Capabilities App Services

ENABLE NAME NOTES

5G Network Slicing

Access Wi-Fi Information

App Attest

本書で開発したアプリのApp IDを登録する際に、入力すべき項目は［Description］と［Bundle ID］です。**表9.1**に入力内容と入力例を示します。

▼表9.1 App IDの登録の際に入力する項目と内容

項目	入力する内容	入力例
Description	登録するApp IDのタイトルを入力する。	Todo App
Bundle ID	登録するApp IDの文字列を入力する。	com.gmail.sample.todoapp

［Description］には登録するApp IDのタイトルを入力します。この項目はアプリのリリースには直接関係ありませんが、登録が完了したあとは「Certificates, Identifiers & Profiles」のページに表示されます。

［Bundle ID］にはリリースするアプリの識別子を英数字で入力します。このBundle IDがリリースするアプリのApp IDになります。これはFlutterプロジェクトでいうところの「パッケージ名」に相当します（2.5.1節で、Flutterプロジェクトの作成時に［Organization］の項目に入力したもの）。アプリを識別するためのIDです。

Bundle IDはドメインの「逆ドメイン」が推奨されています。逆ドメインとはたとえば、Apple Developer Programにアクティベートしているメールアドレスが「sample@gmail.com」の場合には「com.gmail.sample.xxx」といった文字列になります。「xxx」部分は、ユニークな文字列になるように（ほかのアプリのIDと被らないように）好きな文字列を入れてください。こちらはあとから変更することはできないので、慎重に決めることをおすすめします。

App ID（Bundle ID）には2種類の形式があります。［Explicit］と［Wildcard］です。Explicitは単一のアプリで使用される明示的なIDで、Wildcardは複数のアプリで使用されるIDです[注4]。通常のアプリ開発では、Explicitで登録したApp IDを利用することが一般的ですので、ここではExplicitでApp IDを登録します。

また、ページの下側には［Capabilities］や［App Services］の設定を行う項目がありますが、本書で開発するアプリでは必要ないため、何も選択しなくてかまいません。

注4 https://developer.apple.com/jp/help/account/manage-identifiers/register-an-app-id/

図9.11のように項目を入力して右側の［Continue］をクリックします。**図9.12**のApp IDの確認ページが表示されます。

▼図9.12　Confirm your App IDページ

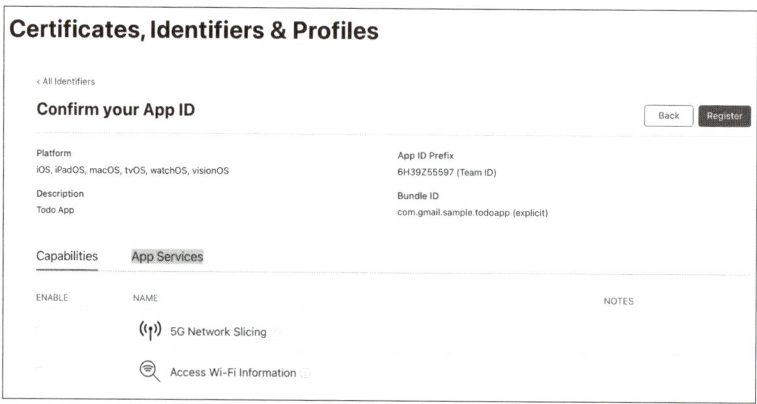

ここでは、入力した文字列に間違いがないかを確認して、右側にある［Register］ボタンをクリックします。すると、Identifiersのページが表示されます。**図9.13**のように登録したApp IDが一覧に表示されているはずです。

▼図9.13　Identifiersのページ

Certificates, Identifiers & Profiles

Certificates
Identifiers
Devices
Profiles
Keys
Services

Identifiers

NAME	IDENTIFIER
Todo App	com.gmail.sample.todoapp

これで、「com.gmail.sample.todoapp」のApp IDを作成できました。

9.2.4　アプリのメタデータの登録

次に、App Store Connectにアプリのメタデータを登録する手順について説明していきます。まずは、Apple Developer Programのアクティベートが完了したApple AccountでApp Store Connectにログインします。

- **App Store Connectログインページ**
  https://appstoreconnect.apple.com/login

ログイン後に［マイApp］の部分をクリックして、Appのページに進みます。表示されたページの左上に［+］

ボタンがあるので、そこをクリックしてアプリを新規作成します。作成するものは「新規App」です。**図9.14**のような登録フォームに情報を入力します。

▼**図9.14** アプリ情報の入力

App Store Connectで入力が必要な情報は次のものです。

①プラットフォーム
②名前
③プライマリ言語
④バンドルID
⑤SKU
⑥ユーザアクセス

それぞれについて解説していきます。

●①プラットフォーム

図9.14の［プラットフォーム］では、アプリをリリースするプラットフォームを選択します。複数のプラットフォームを選択できます。今回はiOSアプリをリリースするため、［iOS］を選択します。

●②名前

図9.14の［名前］にはアプリ名を入力します。この名前がApp Storeのダウンロードページに表示されるアプリのタイトルになります。名前は日本語、英語どちらでもかまいません。あとから変更することも可能です。

●③プライマリ言語

図9.14の［プライマリ言語］では、アプリの審査の申請時に編集できるアプリページの主要言語を選択します。

とくにこだわりがなければ、[日本語]を選択します。

●④バンドルID

図9.14の[バンドルID]では、9.2.3項で登録したApp ID (Bundle ID)を選択します。このバンドルIDが一番重要で、アプリのバイナリデータをApp Store Connectにアップロードするときにアプリ側のバンドルIDが一致していなければアップロードが失敗してしまいます。

●⑤SKU

図9.14の[SKU]には、アプリの型番を入力します。これはダウンロードするユーザーには表示されない項目です。UTF-8の英数字で設定できますが、自分がアクティベートしたApple Developer Programのアカウント内でユニークである必要があります。あとから変更することはできないため、慎重に選んでください。

●⑥ユーザアクセス

図9.14の[ユーザアクセス]では、App Store Connect上で編集できるデベロッパーアカウントに制限を付けるかどうかを決められます。1人で開発している場合はとくに制限をかける必要がなく、チーム開発の場合は任意でデベロッパーのアクセス制限をかけることができます。とくにこだわりがなければ[アクセス制限なし]で問題ありません。

以上の6項目を入力すれば、App Store Connectに新しいアプリを登録できます。

登録が完了できたら、次は「7. App Information」のページが表示され、アプリ情報を入力していきます(9.1.1項で説明したアプリのWebサイトとプライバシーポリシーのページのURLはここで入力します)。

必要項目の入力が完了できたら、あとは次項で説明する手順で、XcodeからApp Store Connectにアプリのバイナリデータをアップロードするだけです。

9.3 アプリのリリース

ここまでで、アプリをリリースする準備は整いました。いよいよリリースします。

9.3.1 App Store Connectにアップロードする

アプリのバイナリデータをApp Store Connectにアップロードします。ここで確認すべき項目は次の4点です。

①アプリバージョン
②Scheme
③Destination
④Archive

①アプリバージョン

Flutterプロジェクトでアプリバージョンに関する設定は、2ヵ所あります。pubspec.yamlとXcodeのinfo.plistです。Flutterでは、pubspec.yamlに記載したバージョンがiOSアプリのバージョンとして反映されます。そのため、pubspec.yamlだけを修正すれば、info.plistにも反映されます。

pubspec.yamlでは、「environment:」の上にある「version:」の項目がアプリのバージョンに該当します（**リスト9.6**）。

▼リスト9.6 pubspec.yamlにアプリのバージョンを指定

```
(..略..)
version: 1.0.0+1

environment:
  sdk: ">=2.7.0 <3.0.0"

(..略..)
```

リスト9.6では、「1.0.0+1」と記載されています。これは「アプリバージョン+ビルド番号」という形式で記述されており、「バージョン1.0.0のビルド番号1」を意味しています。

アプリバージョンはGoogle PlayやApp Storeで表示されるアプリのバージョンのことです。アプリバージョンはドット表記で3つの区別があり、「アプリメジャーバージョン.メジャーバージョン.マイナーバージョン」というような形式が一般的ですが、どんな形式でも問題ありません。

ビルド番号は何回ビルドされたバイナリデータかを表しています。通常、ビルド番号はGoogle Play consoleやApp Store Connectにアップロードするときに、インクリメント（1増加）させます。

注意事項として、一度Google Play consoleやApp Store Connectにアップロードしたアプリバージョンよりも数字を下げたアプリバージョンは指定できません。また、一度アップロードしたビルド番号と同じ番号で再アップロードすることもできません。

②Scheme

SchemeはXcode側で設定します。Xcodeを開き、上のメニューバーから［Product］→［Scheme］でSchemeを変更します。ここでは**図9.15**のように［Runner］を選択します。

▼図9.15　Schemeの選択

●③Destination

DestinationはXcode側で設定します。Schemeのときと同様に、Xcodeを開いて、上のメニューバーから[Product]→[Destination]でDestinationを変更します。**図9.16**のように[Any iOS Device]を選択します。

▼図9.16　Destinationの選択

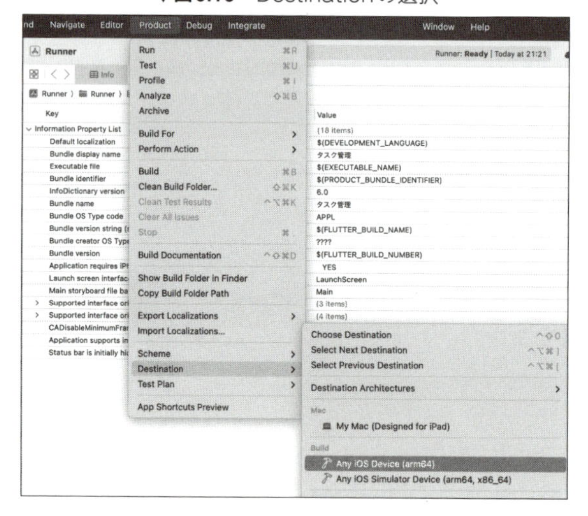

普段は[iOS Simulators]を選択して開発していますが、Appleの審査に提出する際だけ、この部分を変更します。これで最後のArchiveができるようになります。

●④Archive

最後にiOSアプリのアプリのバイナリデータを出力するために「Archive」ビルドを行います。前述の

Destinationまでの設定が完了していれば、Xcodeを開いている状態で上のメニューバーから［Product］→［Archive］でArchiveビルドができます（**図9.17**）。

▼図9.17 アプリのArchive

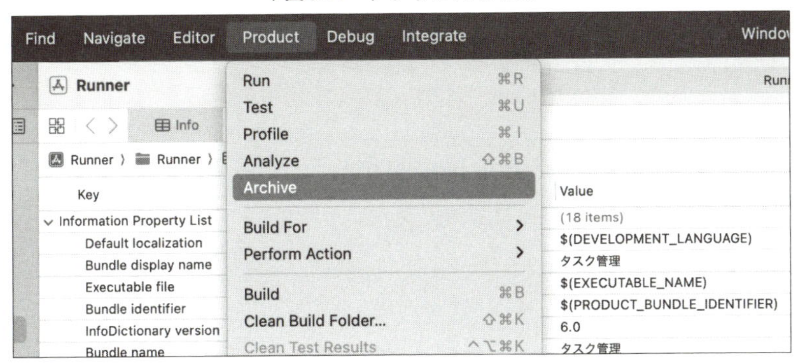

Archiveが完了するとバイナリデータ（ipaファイル）の選択画面に移り、右側のメニューからApp Store Connectへのアップロードするための作業が行えます。App ID（Bundle ID）などが正しく設定できていれば、エラーが発生することなくバイナリデータをアップロードできます。

以上でiOSアプリにおけるApp Store Connectへのアップロードの解説は終わりです。

9.3.2 アプリのビルドと審査

App Store Connectへのバイナリデータのアップロードが完了すると、App Store Connect側でipaファイルのビルドの処理が開始されます。App Store Connectへのアップロードが完了してから1時間ほど時間がかかります。これが完了するとアプリケーション編集画面でバイナリデータを選択できるようになり、Appleの審査に提出できるようになります。

iOSアプリの審査はネイティブアプリ開発でもかなり時間がかかります。一度はやってみて、「これぐらい大変なのだ」ということを実感してみるのもよいでしょう。

索引

記号・数字

A

B

C

D

E

F

G

H

I

L

M

N

O

P

R

S

T

U

V

W

X

あ

い

う

え

お

か

き

く

け

こ

さ

し

■著者プロフィール

Tamappe

モバイルアプリエンジニアとして10年以上の経験を持つ。本書執筆時点では、LINEヤフー株式会社に所属。2014年よりiOSアプリの開発に従事し、2018年からはAndroidアプリ開発にも携わる。Flutterとの出会いは2018年で、現在は社内向けSDKの開発にも関わるなど、幅広いモバイル技術に対応。趣味はシミュレーションゲームや筋トレ、技術書の読書。

カバーデザイン◆トップスタジオデザイン室（轟木 亜紀子）

本文設計・組版◆株式会社トップスタジオ

編集担当◆吉岡 高弘

Flutter（フラッター）で始（はじ）める はじめてのモバイルアプリ開発（かいはつ）

2025年 2月 5日 初 版 第1刷発行

著 者 Tamappe（たまっぺ）
発行者 片岡 巌
発行所 株式会社技術評論社
東京都新宿区市谷左内町 21-13
電話 03-3513-6150 販売促進部
03-3513-6170 第5編集部
印刷／製本 TOPPANクロレ株式会社

定価はカバーに表示してあります

ISBN978-4-297-14639-9 C3055

Printed in Japan

■お問い合わせについて

本書の内容に関するご質問につきましては、下記の宛先までFAXまたは書面にてお送りいただくか、弊社ホームページの該当書籍コーナーからお願いいたします。お電話によるご質問、および本書に記載されている内容以外のご質問には、一切お答えできません。あらかじめご了承ください。

また、ご質問の際には「書籍名」と「該当ページ番号」、「お客様のパソコンなどの動作環境」、「お名前とご連絡先」を明記してください。

宛先：〒162-0846
東京都新宿区市谷左内町 21-13
株式会社技術評論社　第5編集部
『Flutterで始めるはじめてのモバイルアプリ開発』
質問係
FAX：03-3513-6179

■技術評論社 Webサイト

https://gihyo.jp/book/2025/978-4-297-14639-9

お送りいただきましたご質問には、できる限り迅速にお答えするよう努力しておりますが、ご質問の内容によってはお答えするまでに、お時間をいただくこともございます。回答の期日をご指定いただいても、ご希望にお応えできかねる場合もありますので、あらかじめご了承ください。

なお、ご質問の際に記載いただいた個人情報は質問の返答以外の目的には使用いたしません。また、質問の返答後は速やかに破棄させていただきます。